工业和信息产业职业教育教学指导委员会"十二五"规划教材
全国高等职业教育计算机系列规划教材

Windows Server 2008 服务器架设与管理教程
（项目式）

丛书编委会

电子工业出版社
Publishing House of Electronics Industry
北京·BEIJING

内 容 简 介

本书根据高职高专院校学生的培养目标，结合高职教育教学改革的需要，本着"案例驱动、重在实践、方便自学"的原则，以工作为导向、以培养学生的实际动手和操作能力为目的进行编写。重点介绍了 Windows Server 2008 R2 操作系统在企业中的常见应用，内容包括：安装部署、活动目录、DNS、DHCP、Web、FTP、SMTP、远程访问、远程桌面等应用服务。本书内容涵盖日常应用所需，案例丰富，实用性强，讲解深入浅出，既可作为高职高专院校各专业计算机应用基础课程的教材，也可作为初学者掌握计算机相关知识的自学用书。

未经许可，不得以任何方式复制或抄袭本书之部分或全部内容。
版权所有，侵权必究。

图书在版编目（CIP）数据

Windows Server 2008 服务器架设与管理教程：项目式 /《全国高等职业教育计算机系列规划教材》丛书编委会编. —北京：电子工业出版社，2011.6
工业和信息产业职业教育教学指导委员会"十二五"规划教材. 全国高等职业教育计算机系列规划教材
ISBN 978-7-121-13677-1

Ⅰ.①W… Ⅱ.①全… Ⅲ.①服务器－操作系统（软件），Windows Server 2008－高等职业教育－教材 Ⅳ.①TP316.86

中国版本图书馆 CIP 数据核字（2011）第 101228 号

策划编辑：左　雅
责任编辑：陈　虹
印　　刷：北京虎彩文化传播有限公司
装　　订：北京虎彩文化传播有限公司
出版发行：电子工业出版社
　　　　　北京市海淀区万寿路 173 信箱　　邮编　100036
开　　本：787×1 092　1/16　印张：18.25　字数：467 千字
版　　次：2011 年 6 月第 1 版
印　　次：2022 年 12 月第 12 次印刷
定　　价：42.80 元

凡所购买电子工业出版社图书有缺损问题，请向购买书店调换。若书店售缺，请与本社发行部联系，联系及邮购电话：（010）88254888。
质量投诉请发邮件至 zlts@phei.com.cn，盗版侵权举报请发邮件至 dbqq@phei.com.cn。
服务热线：（010）88254580，zuoya@phei.com.cn。

丛 书 编 委 会

主　　任　郝黎明　逄积仁

副 主 任　左　雅　方一新　崔　炜　姜广坤　范海波　敖广武　徐云睛　李华勇

委　　员（按拼音排序）

陈国浪　迟俊鸿　崔爱国　丁　倩　杜文洁　范海绍　何福男
贺　宏　槐彩昌　黄金栋　蒋卫祥　李　琦　刘宝莲　刘红军
刘　凯　刘兴顺　刘　颖　卢锡良　孟宪伟　庞英智　钱　哨
乔国荣　曲伟峰　桑世庆　宋玲玲　王宏宇　王　华　王晶晶
温丹丽　吴学会　邢彩霞　徐其江　严春风　姚　嵩　殷广丽
尹　辉　俞海英　张洪明　张　薇　赵建伟　赵俊平　郑　伟
周绯非　周连兵　周瑞华　朱香卫　邹　羚

本 书 编 委 会

主　编　姚　嵩

副主编　侯俊芳

参　编　李敬辉　贾　珺　刘　颖　张　亮　赵　毅　刘　畅

丛书编委会院校名单

（按拼音排序）

保定职业技术学院	山东省潍坊商业学校
渤海大学	山东司法警官职业学院
常州信息职业技术学院	山东信息职业技术学院
大连工业大学职业技术学院	沈阳师范大学职业技术学院
大连水产学院职业技术学院	石家庄信息工程职业学院
东营职业学院	石家庄职业技术学院
河北建材职业技术学院	苏州工业职业技术学院
河北科技师范学院数学与信息技术学院	苏州托普信息职业技术学院
河南省信息管理学校	天津轻工职业技术学院
黑龙江工商职业技术学院	天津市河东区职工大学
吉林省经济管理干部学院	天津天狮学院
嘉兴职业技术学院	天津铁道职业技术学院
交通运输部管理干部学院	潍坊职业学院
辽宁科技大学高等职业技术学院	温州职业技术学院
辽宁科技学院	无锡旅游商贸高等职业技术学校
南京铁道职业技术学院苏州校区	浙江工商职业技术学院
山东滨州职业学院	浙江同济科技职业学院
山东经贸职业学院	

前　　言

2008 年，继 Windows Server 2003 发布五年之后，微软发布了全新的服务器操作系统 Windows Server 2008。Windows Server 2008 代表了下一代 Windows Server。使用 Windows Server 2008，IT 专业人员对其服务器和网络基础结构的控制能力更强，从而可重点关注关键业务需求。Windows Server 2008 通过加强操作系统和保护网络环境提高了安全性。通过加快 IT 系统的部署与维护、使服务器和应用程序的合并与虚拟化更加简单、提供直观管理工具，Windows Server2008 还为 IT 专业人员提供了灵活性。

2009 年，微软在 Windows Server 2008 的基础上，推出了全新的操作系统 Windows Server 2008 R2。Windows Server 2008 R2 是迄今为止最高级的 Windows Server 操作系统，同时也是目前微软主推的服务器操作系统。其旨在为下一代网络、应用程序和 Web 服务提供支持。通过该操作系统所支持的新特性，我们可以开发、交付和管理丰富的用户体验和应用程序，提供高度安全的网络基础结构，并提高组织内的技术效率和价值。本书所有的内容均使用此版本。虽然 Windows Server 2008 R2 与 Windows Server 2008 是两个不同的操作系统，但由于设置与部署具有相似性，因此本书的绝大部分内容同样适用于 Windows Server 2008。

作为 Windows 7 对应的服务器版本，Windows Server 2008 R2 可以更加充分地发挥服务器的硬件性能，为企业网络提供更高效的网络传输和更可靠的安全管理，可以减轻管理员部署的负担、提高工作效率、降低成本。随着微软新一代客户端 Windows 7 的日益普及，Windows Server 2008 R2 以其独特的优势必将得到迅速的推广。在 Windows Server 2003 推出 6 年之后，Windows Server 2008 R2 的推出具有更加广阔的应用前景。在未来的几年中 Windows Server 2008 R2 将逐渐替代 Windows Server 2003/2008 成为企业应用的首选 Windows 服务器操作系统。

鉴于目前 Windows Server 2008 R2 教材的严重缺乏，与 Windows Server 2008 R2 迅速发展的应用形式，编写一本符合我国高等职业教学需求的采用"项目教学法"编写的"教、学、做"一体化教材尤为重要。

本书根据高职高专院校学生的培养目标，结合高职教育教学改革的需要，本着"案例驱动、重在实践、方便自学"的原则，以工作为导向、以培养学生的实际动手和操作能力为目的进行编写。以实际的职业岗位工作任务为源头，经分析、归纳和提炼，精心设计了一组内容新颖、涉及面广、实用性强的任务，并按照学生的认识规律和任务的难易程度安排教学内容，将抽象的理论知识融入到典型的工作任务中。加强了对学生企业生产环境服务器配置与部署实践能力的培养。

为了保证教材的质量，我们邀请了几所高职院校在教学一线多年的老师、专业培训机构的培训讲师、企业工程师共同编写此书。全书由姚嵩主编，侯俊芳副主编，李敬辉、贾珺、刘颖、张亮、赵毅、刘畅参编。本书的部分示例借鉴了 Internet 上的公共文档中的内容，在此对那些无私提供文档的作者表示衷心的感谢。此外，在本书的编写过程中，还得到了 Thomas 的大力帮助，在此表示衷心感谢。

  由于编者水平所限，加之时间仓促，书中难免有疏漏与不妥之处，敬请专家、同仁和广大读者不吝指正，在此先致以敬意。

编 者

目　　录

项目 1　安装与配置 Windows Server 2008 R2 ···（1）
　1.1　项目分析 ···（1）
　　　1.1.1　Windows Server 2008 R2 系统和硬件设备要求 ···（1）
　　　1.1.2　选择安装方式 ···（3）
　　　1.1.3　安装前的准备工作 ···（4）
　　　1.1.4　安装后的基本配置 ···（5）
　1.2　项目实施 ···（5）
　　　1.2.1　安装操作系统 ···（5）
　　　1.2.2　更改计算机名 ···（9）
　　　1.2.3　设置自动更新 ···（11）
　　　1.2.4　设置个性化桌面 ··（12）
　　　1.2.5　设置网络连接 ···（14）

项目 2　部署目录服务和组策略 ···（17）
　2.1　项目分析 ···（17）
　　　2.1.1　AD DS 逻辑结构 ···（17）
　　　2.1.2　AD DS 物理结构 ···（18）
　　　2.1.3　AD DS 规划与设计 ··（19）
　　　2.1.4　组策略概述 ··（19）
　2.2　项目实施 ···（20）
　　　2.2.1　安装 AD DS 前的准备 ··（20）
　　　2.2.2　安装 AD 域服务器和域控制器 ··（20）
　　　2.2.3　删除 Active Directory ···（27）
　　　2.2.4　管理用户、组与组织单元 ···（28）
　　　2.2.5　管理客户端加入域 ···（30）
　　　2.2.6　使用组策略 ··（32）
　　　2.2.7　组策略实施过程 ··（33）

项目 3　配置与管理 DNS 服务 ··（34）
　3.1　项目分析 ···（34）
　3.2　项目实施 ···（35）
　　　3.2.1　安装 DNS 服务器 ··（35）
　　　3.2.2　配置 DNS 服务器 ··（36）
　　　3.2.3　添加资源记录 ···（41）

· VII ·

3.2.4　创建子域并委派授权 ………………………………………………………………（44）
　　　3.2.5　配置区域传输 ………………………………………………………………………（46）
　　　3.2.6　设置转发器 …………………………………………………………………………（47）

项目 4　配置与管理 DHCP 服务 …………………………………………………………………（49）
　4.1　项目分析 ……………………………………………………………………………………（49）
　4.2　项目实施 ……………………………………………………………………………………（51）
　　　4.2.1　DHCP 服务安装 ……………………………………………………………………（51）
　　　4.2.2　创建地址排除 ………………………………………………………………………（58）
　　　4.2.3　创建保留 ……………………………………………………………………………（59）
　　　4.2.4　调整租用期限 ………………………………………………………………………（61）
　　　4.2.5　配置额外的 DHCP 选项 ……………………………………………………………（61）

项目 5　配置防火墙与 IPSec ……………………………………………………………………（62）
　5.1　项目分析 ……………………………………………………………………………………（62）
　5.2　项目实施 ……………………………………………………………………………………（63）
　　　5.2.1　配置防火墙属性 ……………………………………………………………………（63）
　　　5.2.2　查看防火墙规则 ……………………………………………………………………（64）
　　　5.2.3　创建防火墙规则 ……………………………………………………………………（66）
　　　5.2.4　创建 IPSec 策略 ……………………………………………………………………（73）
　　　5.2.5　添加 IPSec 策略 ……………………………………………………………………（75）
　　　5.2.6　分配 IPSec 策略 ……………………………………………………………………（78）

项目 6　配置 IP 路由与网络地址转换 …………………………………………………………（79）
　6.1　项目分析 ……………………………………………………………………………………（79）
　　　6.1.1　IP 路由 ………………………………………………………………………………（79）
　　　6.1.2　网络地址转换 ………………………………………………………………………（79）
　6.2　项目实施 ……………………………………………………………………………………（80）
　　　6.2.1　安装并配置路由 ……………………………………………………………………（80）
　　　6.2.2　设置静态路由 ………………………………………………………………………（86）
　　　6.2.3　配置网络地址转换 …………………………………………………………………（88）
　　　6.2.4　排除网络地址转换故障 ……………………………………………………………（92）

项目 7　部署 VPN 与 NAP ………………………………………………………………………（93）
　7.1　项目分析 ……………………………………………………………………………………（93）
　　　7.1.1　虚拟专用网络 ………………………………………………………………………（93）
　　　7.1.2　网络访问保护 ………………………………………………………………………（94）
　7.2　项目实施 ……………………………………………………………………………………（96）
　　　7.2.1　VPN 服务器配置 ……………………………………………………………………（96）
　　　7.2.2　VPN 客户端的配置 …………………………………………………………………（101）
　　　7.2.3　安装网络策略服务器 ………………………………………………………………（104）
　　　7.2.4　配置 DHCP 的 NAP 强制 …………………………………………………………（106）

项目 8 部署文件和打印服务 (110)
8.1 项目分析 (110)
8.1.1 文件服务 (110)
8.1.2 打印和文件服务 (110)
8.2 项目实施 (111)
8.2.1 安装文件服务 (111)
8.2.2 共享和存储管理 (117)
8.2.3 分布式文件系统 (128)
8.2.4 文件服务器资源管理器 (130)
8.2.5 安装打印和文件服务 (130)
8.2.6 添加或删除打印服务器 (132)

项目 9 部署 Hyper-V (134)
9.1 项目分析 (134)
9.2 项目实施 (135)
9.2.1 Hyper-V 安装 (135)
9.2.2 创建虚拟机 (139)
9.2.3 配置虚拟机 (144)
9.2.4 使用虚拟机 (146)

项目 10 配置 Web 服务 (151)
10.1 项目分析 (151)
10.1.1 Web 服务器概述 (151)
10.1.2 IIS 7.5 角色服务 (152)
10.2 项目实施 (157)
10.2.1 安装 Web 服务器角色 (157)
10.2.2 使用 IIS 管理工具 (160)
10.2.3 创建和配置网站 (163)
10.2.4 使用 Web 应用程序 (166)
10.2.5 使用应用程序池 (167)
10.2.6 使用虚拟目录 (170)

项目 11 管理 Web 服务器安全性 (171)
11.1 项目分析 (171)
11.1.1 IIS 7.5 安全账户 (171)
11.1.2 管理文件系统权限 (171)
11.1.3 Web 服务的访问控制 (172)
11.2 项目实施 (172)
11.2.1 配置 IIS 管理功能 (172)
11.2.2 管理请求处理程序 (180)
11.2.3 管理 IIS 身份验证 (185)
11.2.4 管理 URL 授权规则 (189)

11.2.5　配置服务器证书 (190)
　　　11.2.6　配置 IP 地址和域限制 (195)
　　　11.2.7　配置.NET 信任级别 (197)
项目 12　部署 FTP 和 SMTP 服务 (199)
　12.1　项目分析 (199)
　　　12.1.1　FTP 服务 (199)
　　　12.1.2　SMTP 服务 (199)
　12.2　项目实施 (199)
　　　12.2.1　安装 FTP 服务 (199)
　　　12.2.2　管理 FTP 站点 (200)
　　　12.2.3　管理 FTP 用户安全性 (206)
　　　12.2.4　配置 FTP 网络安全性 (210)
　　　12.2.5　管理 FTP 站点设置 (214)
　　　12.2.6　安装 SMTP 服务 (216)
　　　12.2.7　配置 SMTP 服务 (218)
项目 13　部署远程桌面服务 (226)
　13.1　项目分析 (226)
　13.2　项目实施 (226)
　　　13.2.1　安装远程桌面服务器 (226)
　　　13.2.2　远程桌面服务管理器 (233)
　　　13.2.3　远程桌面会话主机配置 (234)
　　　13.2.4　RemoteApp 管理器配置 (240)
项目 14　部署系统更新管理 (247)
　14.1　项目分析 (247)
　　　14.1.1　WSUS 概述 (247)
　　　14.1.2　WSUS 架构 (247)
　14.2　项目实施 (248)
　　　14.2.1　安装 WSUS (248)
　　　14.2.2　配置 WSUS (253)
　　　14.2.3　配置客户端计算机 (262)
项目 15　部署服务器存储和群集 (264)
　15.1　项目分析 (264)
　　　15.1.1　服务器存储技术 (264)
　　　15.1.2　服务器群集 (265)
　15.2　项目实施 (265)
　　　15.1.2　存储管理 (265)
　　　15.2.2　配置 NLB 群集 (275)
　　　15.2.3　创建故障转移群集 (278)
参考文献 (281)

项目 1　安装与配置 Windows Server 2008 R2

Windows Server 2008 R2 是迄今为止最高级的 Windows Server 操作系统,旨在为下一代网络、应用程序和 Web 服务提供支持。此操作系统可以用于开发、交付和管理丰富的用户体验和应用程序,提供高度安全的网络基础结构,并提高组织内的技术效率和价值。Windows Server 2008 R2 是对 Windows Server 2008 的一次重大升级,可以更加充分地发挥服务器的硬件性能,为企业网络提供更高效的网络传输和更可靠的安全管理,可以减轻管理员部署工作的负担、提高工作效率、降低成本。

1.1　项目分析

和 Windows Server 2008 相比,Windows Server 2008 R2 并不只是 Windows Server 2008 的简单增强,完全可以将这个版本看成是一次全新的重量级发布,其针对 Windows Server 2008 的多项功能和技术做了大量改动,增加了很多新功能,包括:Hyper-V,IIS 7.5,增加了扩展性,降低了内存占用量,提高了文件传输速度,只支持 64 位版本,采用 Windows 7 界面等。

1.1.1　Windows Server 2008 R2 系统和硬件设备要求

Windows Server 2008 R2 家族共有 7 个版本,每个 Windows Server 2008 R2 版本都提供了关键功能,用于支撑各种规模的业务和 IT 需求,详见表 1-1。

表 1-1　Windows Server 2008 R2 各版本提供的关键功能

版　　本	说　　明
Windows Server 2008 R2 Foundation	是一种成本低廉的项目级技术基础,面向的是小型企业主和 IT 多面手,用于支撑小型的业务。Foundation 是一种成本低廉、容易部署、经过实践证实的可靠技术,为组织提供了一个基础平台,可以运行最常见的业务应用,共享信息和资源
Windows Server 2008 R2 Standard	自带了改进的 Web 和虚拟化功能,这些功能可以提高服务器架构的可靠性和灵活性,同时还能帮助用户节省时间和成本。利用其强大的工具,用户可以更好地控制服务器,提高配置和管理的效率,改进安全性,保护数据和网络,为业务提供一个高度稳定可靠的基础平台
Windows Server 2008 R2 Enterprise	是一个高级服务器平台,为重要应用提供了一种成本较低的高可靠性支持。它还在虚拟化、节电及管理方面增加了新功能,使得流动办公的员工可以更方便地访问公司的资源

续表

版　本	说　明
Windows Server 2008 R2 Datacenter	是一个企业级平台，可以用于部署关键业务应用程序，以及在各种服务器上部署大规模的虚拟化方案。它改进了可用性、电源管理，并集成了移动和分支位置解决方案。通过不受限的虚拟化许可权限合并应用程序，降低了基础架构的成本。它可以支持2~64个处理器。Windows Server 2008 R2 数据中心提供了一个基础平台，在此基础上可以构建企业级虚拟化和按比例增加的解决方案
Windows Web Server 2008 R2	是一个强大的Web应用程序和服务平台。它拥有多功能的IIS 7.5，是一个专门面向Internet应用而设计的服务器，它改进了管理和诊断工具，在各种常用开发平台中使用它们，可以帮助用户降低架构的成本。在其中加入Web服务器和DNS服务器角色后，这个平台的可靠性和可量测性也会得到提升，可以管理最复杂的环境——从专用的Web服务器到整个Web服务器场
Windows HPC Server 2008 R2	是高性能计算（High-Performance Computing，HPC）的下一版本，为高效率的HPC环境提供了企业级的工具
Windows Server 2008 R2 for Itanium-Based Systems	是一个企业级的平台，可以用于部署关键业务应用程序

其中，Windows Server 2008 R2 企业版包含了 Windows Server 2008 R2 所有重要功能，本书中所有项目的部署与配置均使用此版本。

Windows Server 2008 R2 服务器操作系统对计算机硬件配置有一定要求，其最低硬件配置需求见表1-2。值得注意的是，硬件的配置是根据实际需求和安装功能、应用的负荷决定的，所以前期规划出服务器的使用环境是很有必要的。

表1-2　Windows Server 2008 R2 最低硬件配置需求

硬　件	需　求
处理器	最低：1.4 GHz（X64 处理器） 注意：Windows Server 2008 for Itanium-Based Systems 版本需要 Intel Itanium 2 处理器
内存	最低：512 MB RAM 最大：8 GB（基础版）或 32 GB（标准版）或 2 TB（企业版、数据中心版及 Itanium-Based Systems 版）
可用磁盘空间	最低：32 GB 或以上 基础版：10 GB 或以上 注意：配备 16 GB 以上 RAM 的计算机将需要更多的磁盘空间，以进行分页处理、休眠及转储文件
显示器	SVGA（800 × 600）或更高分辨率的显示器
其他	DVD 驱动器、键盘和 Microsoft 鼠标（或兼容的指针设备）、Internet 访问

 学习提示

实际的需求将根据系统配置以及选择安装的应用程序和功能的不同而有所差异。处理器的性能不仅与处理器的时钟频率有关,也与内核个数以及处理器的缓存大小有关。系统分区的磁盘空间需求为估计值。如果是从网络安装的,则可能还需要额外的可用硬盘空间。

1.1.2 选择安装方式

Windows Server 2008 R2 可以针对不同的环境限制采用多种安装方式进行安装,一般情况下在安装系统前要确定一个合理的安装方式,以便更好地顺利安装。常见的安装 Windows Server 2008 R2 的方式如下所述。

1.全新安装

使用光盘启动计算机进行安装是最普遍也是最稳妥的安装方式,只需要配有服务器厂商引导光盘或工具盘,根据提示适时插入安装光盘即可。全新安装也可在原有操作系统的服务器上将安装文件复制到硬盘中再做直接安装,这样安装速度会更快一些,但是需要配合稳定的硬盘工作状态来进行。

2.升级安装

如果计算机原来安装的是 Windows Server 2003 或者 Windows Server 2008 等操作系统,则可以直接升级成 Windows Server 2008 R2,而不需要卸载原来已有的系统,在原来的系统基础上直接升级安装即可,升级后仍可以保留原来的配置。除了上述版本问题,还需要注意以下几种情况不支持升级安装。

- 跨架构升级(如 X86 升级到 X64)不受支持。
- 跨语言版本升级(如英文版升级到中文版)不受支持。
- 跨版本升级(如 Windows Server 2008 Foundation SKU 升级到 Windows Server 2008 Datacenter SKU)不受支持。
- 跨类型替换升级,如从预览版升级到检查版不受支持。

3.Windows Deployment Service 部署服务的远程安装

Windows Server 2008 R2 同先前版本的服务器操作系统一样,也支持通过网络从 Windows 部署服务器远程安装,并且可以通过应答文件实现订制并且自动安装。当然,服务器网卡必须具有 PXE(预引导执行环境)功能,才可以从远程引导唤醒。

4.微软批量安装操作系统解决方案

在大批量部署操作系统的场景下,用户依旧可以使用微软订制的解决方案进行大规模安装,如使用最新支持 Windows 7 和 Windows Server 2008 R2 的 Microsoft Deployment Toolkit 2010 配合 System Center Configuration Manager 实现批量部署。

1.1.3 安装前的准备工作

在安装 Windows Server 2008 R2 系统之前，还应该做些准备工作，虽然这些步骤有的不是必须完成，但是为了顺利完成安装，在实际生产环境下还是应该注意的。

1．系统盘预留空间充足

硬盘系统分区至少预留 10GB，但是为了让系统更好地运行、安装更新文件和其他必要的软件，建议空间设置为 40GB 以上。

2．寻找升级报错和兼容性问题

检查系统日志寻找升级错误、提前检查硬件和软件兼容性并予以修正。

3．备份数据

备份当前计算机运行所需的全部数据和配置信息。对于服务器，尤其是那些提供网络基础结构（如动态主机配置协议 DHCP 服务器）的服务器，进行配置信息的备份是十分重要的。执行备份时，必须包含启动分区和系统分区以及系统状态数据。备份配置信息的另一种方法是创建用于自动系统恢复的备份集。

4．切断不必要的设备连接

如果计算机正与不间断电源（UPS）、打印机或是扫描仪等非必要的外设连接，在安装程序之前建议将其断开，避免安装程序在自动检测这类设备时出现问题。

5．禁用病毒防护软件

病毒防护软件可能会影响安装。例如，扫描复制到本地计算机的每个文件，可能会明显减慢安装速度。

6．提供大容量存储加载驱动程序

如制造商提供了单独的驱动程序文件，则将该文件保存到软盘、CD、DVD 或通用串行总线（USB）闪存驱动器的媒体根目录中。若要在安装期间提供驱动程序，在磁盘选择页上，单击"加载驱动程序"（或按 F6 键）。可以通过浏览找到该驱动程序，也可以让安装程序在媒体中搜索。

7．进行磁盘阵列设置

RAID 是一般情况下都要配备的功能，在安装系统之前对所选择服务器进行系统保护也是非常重要的。

1.1.4 安装后的基本配置

Windows Server 2008 R2 与 Windows Server 2008 相比，不仅增加和完善了许多功能，而且系统界面更倾向于 Windows 7。与之前服务器操作系统类似，Windows Server 2008 R2 在安装过程中没有对计算机名、网络连接、性能优化等进行设置，所以安装时间大大减少。那么，安装完成后，理所应当将要继续完成这样的设置，可以将设置分为三类：工作界面、网络连接和运行环境，这些设置均可以在系统中或"服务器管理器"中完成。

1.2 项目实施

1.2.1 安装操作系统

Windows Server 2008 R2 可以采用多种安装方式进行安装，如光盘安装、硬盘安装、U盘安装、无盘安装等。一般选择光盘介质安装方式，首先要设置 BIOS，更改启动顺序，如服务器有 RAID 则要先创建 RAID，然后保证安装介质 ISO 是正式版本即可开始安装。

首先，开机进入 BIOS，将其设置成光盘启动，然后利用 Windows Server 2008 R2 安装光盘启动计算机，读取光盘信息并准备安装，如图 1-1、图 1-2 所示。

图 1-1 "光盘信息加载"窗口

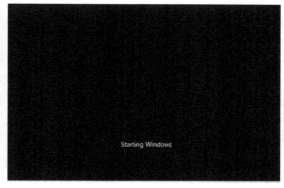
图 1-2 "启动 Windows 安装向导"窗口

进入安装向导，显示"安装 Windows"窗口，如图 1-3 所示，选择语言、时间货币类型和其他选项，根据使用环境选择中文简体语言。单击"下一步"按钮，显示"现在安装"窗口，如图 1-4 所示。

单击"现在安装"按钮，稍后会出现"选择要安装的操作系统"窗口，针对购买的系统版本正确选择一个，单击"下一步"按钮，如图 1-5 所示。若要继续安装则要选中"我接受许可条款"选项，单击"下一步"按钮，如图 1-6 所示。

图 1-3　"安装 Windows"窗口　　　　　　图 1-4　"现在安装"窗口

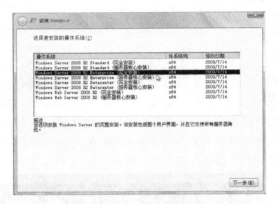

图 1-5　"选择要安装的操作系统"窗口　　图 1-6　"请阅读许可条款"窗口

接下来会看到"选择安装类型"窗口，如经过前期规划设计后，则确定服务器可以升级安装操作系统，则选择"升级"选项；如全新安装的话，则选择"自定义"选项，如图 1-7 所示。选择"自定义(高级)"按钮后，系统将列出当前可提供安装的磁盘，如图 1-8 所示。如果计算机只有一块硬盘，那么默认选择即可；否则，单击"驱动器选项(高级)"按钮，调出分区设置，如图 1-8 所示。

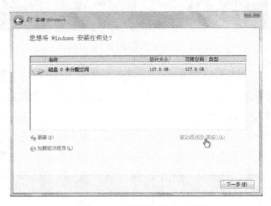

图 1-7　选择自定义安装图　　　　　　　图 1-8　设置安装驱动器

在磁盘上分别建立分区,并选择第一分区为目标分区,即在该分区上安装操作系统,如图 1-9、图 1-10、图 1-11、图 1-12 所示,单击"下一步"按钮。

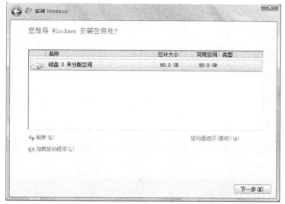

图 1-9　"选择磁盘"窗口　　　　　图 1-10　"建立分区"窗口

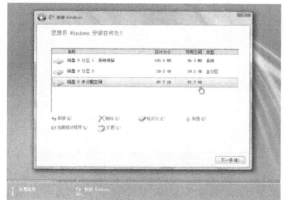

图 1-11　"创建第二个分区"窗口　　图 1-12　"选择第一分区安装"窗口

学习提示

如按上述步骤创建分区按照 Windows Server 2008 R2 建立分区规则,则最多只能创建 4 个主分区,想建立多个磁盘驱动器则要在系统安装完成后进行。这里要注意区别"分区"和"磁盘驱动器"两个概念。

安装过程中,系统会进入无人值守安装状态并自动重启两次。根据服务器硬件性能一般系统安装时间为 20～30min,安装过程如图 1-13、图 1-14、图 1-15、图 1-16 所示。当出现"提示更改密码"窗口时意味着操作系统安装基本完成。

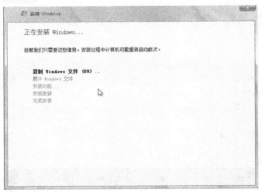
图 1-13 "正在安装 Windows" 窗口

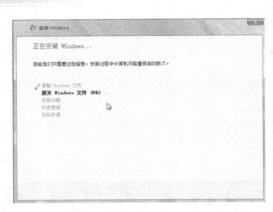
图 1-14 "安装进行中" 窗口

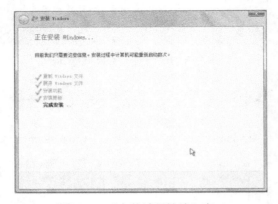
图 1-15 "安装过程继续" 窗口

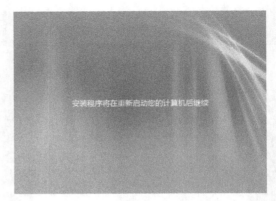
图 1-16 "第二次重启" 窗口

由于安装过程中不会为系统账户设置密码，因此第一次登录系统前必须为管理员账户设置一个密码，然后使用设置好的密码，即可登录到 Windows Server 2008 R2。如图 1-17、图 1-18、图 1-19 所示。登录操作系统后，系统默认自动启动"初始配置任务"控制台和"服务器管理器"控制台，如图 1-20 所示。管理员设置一些初始服务器角色和功能后，Windows Server 2008 R2 即安装成功。

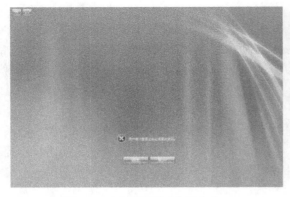
图 1-17 "提示更改密码" 窗口

图 1-18 "更改密码" 窗口

项目 1 安装与配置 Windows Server 2008 R2

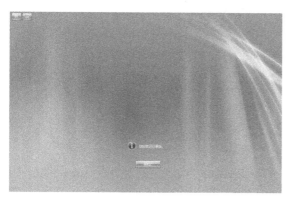
图 1-19 "密码更改成功"窗口

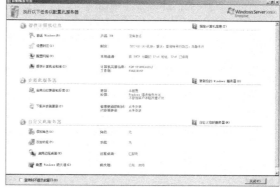
图 1-20 "登录系统"窗口

1.2.2 更改计算机名

在 Windows Server 2008 R2 安装过程中系统会随机设置计算机名，但是系统配置的计算机名不仅冗长，而且没有特点也不便记忆，因此为了更好地标识和识别计算机，一般用户会更改成容易记忆或具有一定场景角色的名称。更改计算机名称，首先打开计算机的属性窗口如图 1-21 所示。在查看有关计算机的基本信息窗口中，单击计算机名称、域和工作组设置的更改设置链接，如图 1-22 所示。

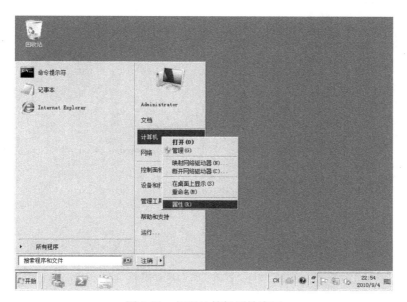
图 1-21 打开计算机属性窗口

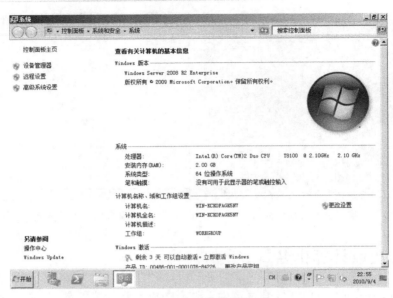

图 1-22 更改设置

在"计算机名/域更改"对话框中,输入新的计算机名称,如图 1-23 所示。

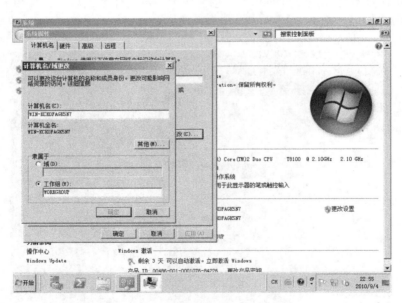

图 1-23 输入新的计算机名

单击"确定"按钮,显示提示框,提示必须重新启动计算机才能应用这些更改,如图 1-24 所示。单击"确定"按钮,重新启动计算机以应用更改。

项目1 安装与配置 Windows Server 2008 R2

图 1-24 提示重新启动计算机

1.2.3 设置自动更新

系统更新一向是 Windows 操作系统必不可少的功能，Windows Server 2008 R2 也是如此。为了增加系统功能，避免因漏洞而造成故障，必须启动自动更新功能，下载并安装更新程序，以保护系统的安全。设置系统自动更新，首先在"控制面板"中选择"Windows Update"，然后单击"启用自动更新"按钮，启动系统自动更新功能，如图 1-25 所示。

图 1-25 启用自动更新

在启用自动更新后，单击左侧的"重要更新"下拉列表，设置更新方式、安装更新的频率和时间等，如图 1-26 所示。

11

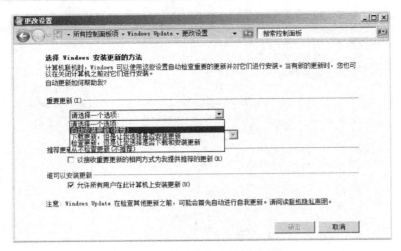

图 1-26　更改自动更新方式

完成设置后,在"Windows Update"窗口的左侧栏中,单击"检查更新"按钮即开始检查更新,Windows Server 2008 会根据所做配置自动从 Windows Update 网站检测并下载更新,如图 1-27 所示。

图 1-27　Windows Update 检查更新

1.2.4　设置个性化桌面

在上述设置完成之后,还应该对整个系统底层应用平台的性能进行调优。主要根据管理员使用方式和所担任的角色对操作系统设置进行相应的更改。

首先,右击"我的电脑"选择"属性"命令,显示系统属性窗口,分别对"性能"、"用户设置文件"、"启动故障恢复"等进行相应设置,如图 1-28 所示。对"性能"选项做视觉效果的设置,根据服务器所担当的角色选择最佳适用方式,如图 1-29 所示。单击"高级"选项卡,如果服务器主要运行程序,则应将处理器资源优先分给"程序",如图 1-30 所示。为特定程序设置数据执行保护,如图 1-31 所示。

项目1　安装与配置 Windows Server 2008 R2

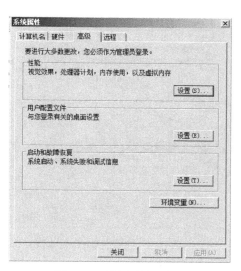

图 1-28　设置系统属性

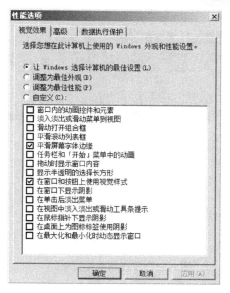

图 1-29　设置"视觉效果"选项卡

图 1-30　设置"高级"选项卡　　　　　图 1-31　设置"数据执行保护"选项卡

　　还可以在"用户配置文件"中进行登录有关的桌面设置，如图 1-32 所示。最后，在"启动和故障恢复"设置项中，将该对话框中的所有选项全部取消选中，同时单击"写入调试信息"设置项旁边的下拉按钮，从下拉列表中选择"无"选项，再单击"确定"按钮保存上述设置操作，如图 1-33 所示。

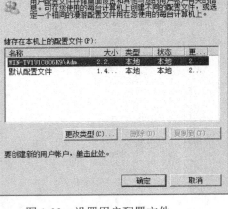

图 1-32　设置用户配置文件

图 1-33　设置启动和故障恢复

其他常见系统设置，如桌面分辨率、系统 DirectX 加速、磁盘写入缓存、电源管理优化等这里不再赘述。

1.2.5　设置网络连接

1．设置 IP 地址

如果网络中安装有 DHCP 服务器，则使用默认的"自动获得 IP 地址"即可，否则，就需要手动指定 IP 地址。设置 IP 地址时，右击桌面状态栏托盘区域中的网络连接图标，选择快捷菜单中的"网络和共享中心"命令，打开"网络和共享中心"窗口，如图 1-34 所示。在"查看活动网络"区域中，显示了当前网络连接的状态。

图 1-34　网络和共享中心

单击"本地连接"链接，如图 1-35 所示，打开"本地连接 状态"对话框，显示当前的连接信息。单击"属性"按钮，如图 1-36 所示，打开"本地连接 属性"对话框，可以根据需要配置不同的协议。由于目前网络应用 IPv6 较少，因此可以取消"Internet 协议版本 6（TCP/IPv6）"的选中。

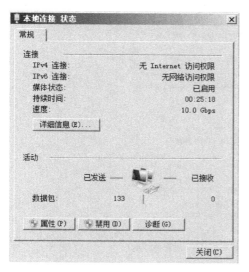

图 1-35 "本地连接 状态"对话框

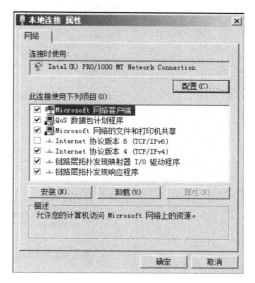

图 1-36 "本地连接 属性"对话框

选中"Internet 协议版本 4（TCP/IPv4）"选项，单击"属性"按钮，进入"Internet 协议版本 4（TCP/IPv4）属性"对话框，即可设置 IP 地址等相关信息。在默认情况下，系统选择自动获得 IP 地址和 DNS 服务器地址，如图 1-37 所示。选中"使用下面的 IP 地址"和"使用下面的 DNS 服务器地址"单选按钮，即可手动输入 IP 地址、子网掩码、默认网关、首选 DNS 服务器和备用 DNS 服务器等，如图 1-38 所示。在完成所有操作后，依次单击"确定"按钮保存，IP 地址信息设置完成。

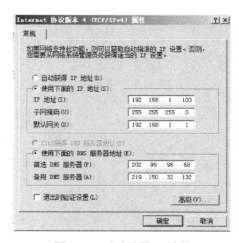

图 1-37 IP 地址默认设置   图 1-38 手动设置 IP 地址

2．配置网络和共享中心

与 Windows 7 一样，服务器版本的操作系统依然可以在"高级共享设置"窗口设置可见、共享和一些网络参数，如图 1-39 所示。

图 1-39 "高级共享设置"窗口

项目 2　部署目录服务和组策略

目录服务在 Windows Server 2008 R2 中又称为 Active Directory 域服务，是一个非常重要的目录服务，用来管理网络中的用户、计算机、打印机、应用程序和共享资源。Windows Server 2008 R2 中的 Active Directory 域服务在原功能的基础上进行了很大扩展，管理员可以更加方便地管理用户、计算机和资源，并易于部署和管理各种网络服务。通过组策略实现对运行在操作系统上的应用程序和作业系统的集中配置管理。

2.1　项目分析

活动目录结构主要是指网络中管理的资源的层次关系，就像是一个标准的大型仓库中分出的很多个单独的储物间，每个储物间要用来存放一些不同类别的东西。目录服务不同于目录，它由目录信息来源和服务组成，为用户提供信息服务。目录服务即是一种管理工具，也是最终用户的工具。

组策略是管理员为用户和计算机定义并控制程序、网络资源及操作系统行为的主要工具。通过使用组策略可以设置各种软件、计算机和用户策略。它以 Windows 中的一个 MMC 管理单元的形式存在，可以帮助系统管理员针对整个计算机或是特定用户来设置多种配置。

2.1.1　AD DS 逻辑结构

活动目录中的逻辑单元包括域、组织单元（OU）、域树和域林，如图 2-1 所示。

（1）域（Domain），既是活动目录中的逻辑组织单元，也是网络的安全边界。每个域都有自己的安全策略，以及它与其他域的安全信任关系。

（2）组织单元（OU），是一个容器对象，如它可以包含用户账户、用户组、PC、服务器、打印机也可是其他 OU。对于企业来讲，可以按照部门或是一类人群这样的用户和设备组成一个 OU 层次结构，也可以按照所处位置、功能和权限设计 OU。

（3）域树（Tree），属于共享连续名字空间的层次结构，从根域开始，每加入一个域，则新域就成为树种的一个子域。例如：bj.contoso.com 是 contoso.com 的子域，也是 tx.bj.contoso.com 的父域，域树中的多个域通过双向可传递的信任关系连接在一起，用户须在每个域的基础上指派权力和权限。

（4）域林（Forest），是活动目录中不共享连续名字空间的域树组成的结构，但是域林中的每个域树互相信任，共享同一套配置、表结构以及全局目录。

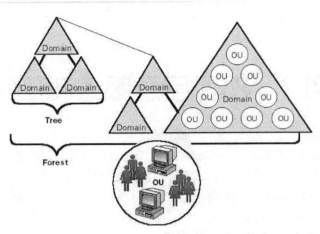

图 2-1 活动目录的逻辑单元

2.1.2 AD DS 物理结构

活动目录的物理结构与逻辑结构有很大不同，是彼此独立的两个概念。逻辑结构侧重于网络资源的管理，而物理结构则侧重于活动目录信息的复制和用户登录网络时的性能优化。

1．站点

站点是由一个或多个 IP 子网组成的，这些子网通过网络设备连接在一起。站点往往由企业的物理位置分布情况决定，可以依据站点结构配置活动目录的访问和复制拓扑关系，这样使得网络更有效地连接，并且可使复制策略更合理，用户登录更快速。活动目录中的站点与域是两个完全独立的概念，一个站点中可以有多个域，多个站点也可以位于同一域中。使用站点可以提高验证过程的效率，平衡复制频率，并可提供有关站点的链接信息。

2．域控制器

域控制器是指安装了 Active Directory 域服务的 Windows Server 2000/2003/2008 服务器，它保存了活动目录信息的副本。域控制器管理目录信息的变化，并可将这些变化复制到同一个域中的其他域控制器上，使各域控制器上的目录信息保持同步。域控制器也负责用户的登录过程以及其他与域有关的操作，如身份验证、目录信息查找等。一个域中可以有多个域控制器，通常，主域控制器用于身份验证等实际应用，而辅助域控制器则通常用于容错性检查。尽管活动目录支持多主机复制方案，但是，由于复制会引起通信流量以及网络潜在的冲突变化，使传播难以顺利进行。因此，需要在域控制器中指定全局目录服务器以及操作主机。全局目录是一个信息仓库，包含活动目录中所有对象的一部分属性，且往往是在查询过程中访问最为频繁的属性。利用这些信息，可以定位到任何一个对象的实际位置，而全局目录服务器是一个域控制器，保存了全局目录的一份副本，并执行对全局目录的查询操作。全局目录服务器可以提高活动目录中大范围内对象的检索性能，如果没有全局目录服务器，那么，查询操作必须要调动域林中每一个域的查询过程；如果域中只有一个域控制器，它就是全局目录服务器；如有多个域控制器，则需把一个域控制器配置为全局目录控制器。

2.1.3　AD DS 规划与设计

为了使用户更好地使用域服务，在部署 AD DS 域服务之前，必须规划好域结构、域名等信息。

1. 规划域结构

活动目录可包含一个或多个域，只有合理地规划目录结构，才能充分发挥活动目录的优越性。选择根域最为关键，根域名字的选择可以有以下几种方案：

- 使用一个已经注册的 DNS 域名作为活动目录的根域名，使得企业的公共网络和私有网络使用同样的 DNS 名字。由于使用活动目录的意义之一就在于使内、外部网络使用统一的目录服务，采用统一的命名方案，以方便网络管理和商务往来，因此推荐采用该方案。
- 使用一个已经注册的 DNS 域名的子域名作为活动目录的根域名。
- 活动目录使用与已经注册的 DNS 域名完全不同的域名，使企业网络在内部和互联网上呈现出两种完全不同的命名结构。

2. 域名策划

活动目录需要使用 DNS 域名，通常是该域的完整 DNS 名称，如 contoso.com。如果该 DNS 域名要应用于 Internet，就必须使用在 Internet 中有效的域名，并且 DNS 服务器要拥有在 Internet 中有效的 IP 地址。用户可以向域名机构申请有效的域名，并且将域名与 IP 地址在域名机构注册，使 Internet 上的用户能够访问。如果 DNS 域名仅在局域网中应用，并且局域网使用了 Internet 连接共享，那么，可以使用任何的域名，但尽量不要使用 Internet 中已存在的 DNS 域名，以免局域网用户在访问时解析错误。在域中，为了确保向下兼容，每个域还应当有一个与 Windows 2000 以前版本相兼容的名称，如 contoso。

2.1.4　组策略概述

在 Active Directory 域服务中，最重要的就是对用户账户的管理，无论是登录域还是使用域中的资源，都必须使用域用户账户进行验证。但网络中的用户比较多，而且职能各有不同，为了便于管理网络，应当为每个用户都创建一个域用户账户，通过网络验证才能访问网内资源。

在 Windows Server 2008 R2 中组通常用于定义 AD 域服务或本地计算机对象，其中包含用户、联系人、计算机或其他组。组是用户账户的集合，使用组的目的是通过允许网络管理员授予组而不是单个用户权限用以简化并进行集中管理。管理员可以使用组策略来管理计算机和用户组配置，还可以配置很多服务器特定的操作和安全设置。当创建一个组时，它即被分配了组作用域。根据分配的权限划分，组的作用域有全局范围、域本地范围和通用范围。

创建的组策略设置包含在 GPO 中。若要创建和编辑 GPO，需要使用组策略管理控制台 (GPMC)。通过使用 GPMC 将 GPO 链接到选定 Active Directory 站点、域和组织单位 (OU)，这样就可以将 GPO 中的策略设置应用于这些 Active Directory 对象中的用户和计算机了。

OU 是可以分配组策略设置的最低级别的 Active Directory 容器。

2.2 项目实施

在 Windows 2003 系统中，可以直接运行 dcpromo 命令来启动"Active Directory 安装向导"，从而安装活动目录。而将 Windows Server 2008 R2 升级为域控制器时，必须先安装 Active Directory 域服务，然后才能再运行 dcpromo 命令安装互动目录。

2.2.1 安装 AD DS 前的准备

在安装 AD DS 之前，要做好准备工作，如网络环境、系统环境等，主要包括：
➢ 规划好 DNS 域名。
➢ 活动目录必须安装在 NTFS 分区，因此，在安装 Active Directory 服务器之前，要求 Windows Server 2008 R2 系统所在的分区采用 NTFS 文件系统。
➢ 必须正确安装了网卡驱动程序，安装并启动了 TCP/IP 协议，并记录计算机的相关参数，如 IP 地址和计算机名等。

学习提示

如果计算机将要升级到 Active Directory 服务器，"首选 DNS 服务器"必须设置为本地计算机的 IP 地址，并且必须是一个静态地址。

2.2.2 安装 AD 域服务器和域控制器

将 Windows Server 2008 R2 系统升级为域控制器时，需要先安装 Active Directory 域服务，然后再运行 dcpromo 命令启动"Active Directory 安装向导"安装活动目录。当然，也可以直接运行 dcpromo 命令升级为域控制器，系统会自动安装 Active Directory 域服务。

1. 安装 AD 域服务

在"初始配置任务"或者"服务器管理器"窗口中，单击"添加角色"超级链接，如图 2-2 所示，打开"添加角色向导"对话框，如图 2-3 所示。

单击"下一步"按钮，打开"选择服务器角色"窗口，如图 2-4 所示，列出了操作系统中已集成的所有网络服务。

在"角色"列表框中选中"Active Directory 域服务"复选框。

项目2 部署目录服务和组策略

图 2-2 添加角色

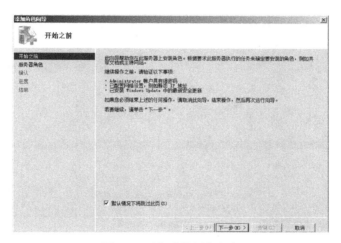

图 2-3 已集成的网络服务

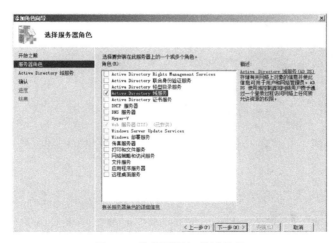

图 2-4 选择要添加的域角色

单击"下一步"按钮，显示"Active Directory 域服务"窗口，这里简要介绍了域服务的作用及注意事项，如图 2-5 所示。

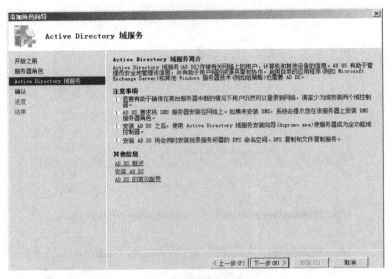

图 2-5　域服务简介

单击"下一步"按钮，确认要安装的服务，如图 2-6 所示。

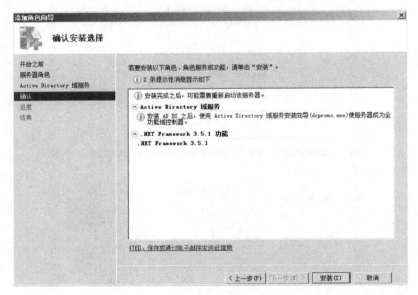

图 2-6　确认安装选择

单击"安装"按钮，即可开始安装域服务。安装完成后，如图 2-7 所示，显示"安装结果"对话框，提示域服务已安装成功。

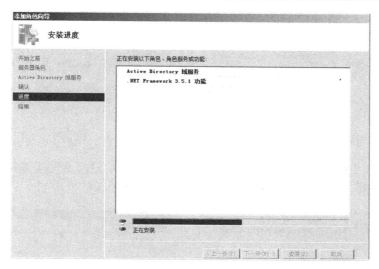

图 2-7　安装域服务过程

单击"关闭"按钮，Active Directory 域服务安装完成，如图 2-8 所示。

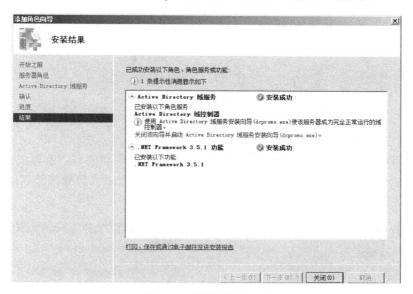

图 2-8　域服务安装完成

2．升级域控制器

Active Directory 域服务安装完成以后，需要通过运行 dcpromo 命令来启动 Active Directory 安装向导，将服务器升级为域控制器。

首先，运行 dcpromo 命令，启动 Active Directory 安装向导，如图 2-9～2-11 所示。在图 2-11 中，选中"使用高级模式安装"复选框，则可使用更详细的选项，例如，在安装的同时与其他域建立信任关系，并可更改 NetBIOS 名等。默认为不选中该复选框。

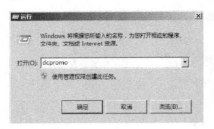
图 2-9 运行 dcpromo

图 2-10 建立信任关系

单击"下一步"按钮,显示"操作系统兼容性"对话框,这里介绍了 Windows Server 2008 R2 中改进的安全设置对旧版 Windows 的影响,如图 2-12 所示。

图 2-11 选用一般模式安装

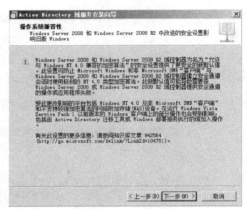
图 2-12 提示操作系统兼容性

连续单击"下一步"按钮,显示"选择某一部署配置"对话框,如图 2-13 所示。由于该服务器将是网络中的第一台域控制器,因此,选择"在新林中新建域"单选按钮。单击"下一步"按钮,显示"命名林根域"对话框,如图 2-14 所示。在"目录林根级域的 FQDN"文本框中,输入事先规划好的 DNS 域名 contoso.com。

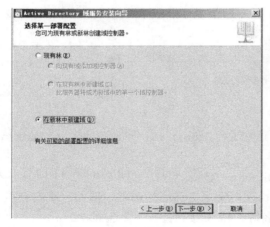
图 2-13 在新林中新建域

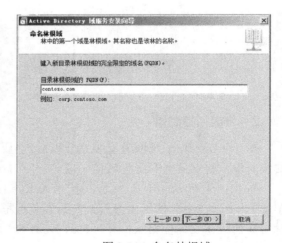
图 2-14 命名林根域

单击"下一步"按钮,开始检查该域名及 NetBIOS 名是否已在网络中使用,并显示"设置林功能级别"对话框,如图 2-15 所示。此处应根据网络中存在的最低 Windows 版本的域控制器来选择。和 Windows Server 2008 不同,Windows Server 2008 R2 中提供了 Windows Server 2003、Windows Server 2008 和 Windows Server 2008 R2 三种模式,不再提供对 Windows 2000 的支持。选择完成后,单击"下一步"按钮,显示"设置域功能级别"对话框,如图 2-16 所示。如果此林中存在多个域,那么需要在"域功能级别"下拉列表中选择相应的域功能级别,最低级别为 Windows Server 2003。同样,也要根据网络中存在的最低 Windows Server 版本来选择。由于实验步骤是单林单域的环境,所以此处选择域功能级别为"Windows Server 2008 R2"。

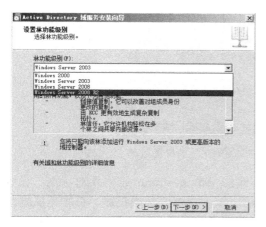

图 2-15　设置林功能级别

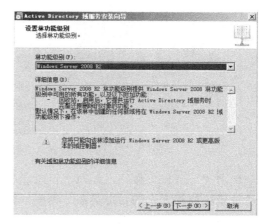

图 2-16　设置域的功能级别

单击"下一步"按钮,显示"其他域控制器选项"对话框,如图 2-17 所示。默认选中"DNS 服务器",可以将 DNS 服务器安装在该域控制器上。由于域中的第一个域控制器必须是全局编录服务器,因此,"全局编录"选项为必选项且为不可更改状态。单击"下一步"按钮,开始检查 DNS 配置,如图 2-18 所示,警告提示没有找到父域,无法创建 DNS 服务器委派。

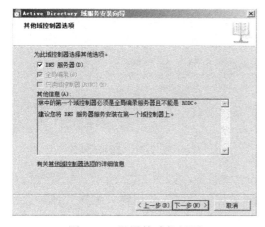

图 2-17　设置林功能级别

图 2-18　设置域的功能级别

单击"是"按钮,显示"数据库、日志文件和 SYSVOL 的位置"对话框,如图 2-19 所示。为了提高系统性能,并便于日后出现故障时恢复,建议将数据库、日志文件和 SYSVOL 文件夹指定为非系统分区。

图 2-19 "数据库、日志文件和 SYSVOL"的位置指定

单击"下一步"按钮,显示"目录服务还原模式的 Administrator 密码"对话框,设置登录"目录还原模式"的管理员账户密码,如图 2-20 所示。该密码必须设置,否则无法继续安装。单击"下一步"按钮,显示"摘要"对话框,列出了前面所做的配置信息,如图 2-21 所示。如果需要更改,可单击"上一步"按钮返回。

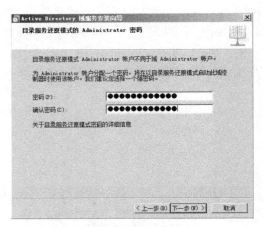

图 2-20 目录还原模式密码

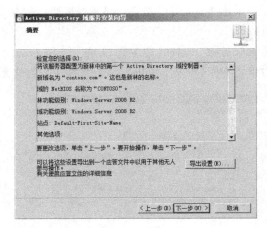

图 2-21 摘要信息

单击"下一步"按钮,开始配置 Active Directory 域服务,如图 2-22 所示。配置过程可能需要几分钟到几小时,如果不想等待,可选中"完成后重新启动"复选框,配置完成后会自动重新启动系统。配置完成后,显示"完成 Active Directory 域服务安装向导"对话框,提示 Active Directory 域服务安装完成,如图 2-23 所示。

项目2 部署目录服务和组策略

图 2-22 安装服务过程

图 2-23 向导提示完成安装

单击"完成"按钮，显示提示框，提示必须重新启动计算机才能使更改生效，如图 2-24 所示。单击"立即重新启动"按钮，重新启动计算机即可登录到域，不过，无论是 Administrator 账户，还是其他用户账户，都必须使用"域名\账户名"的格式登陆，如图 2-25 所示。

图 2-24 重启后生效

图 2-25 域名\账户名格式登录

2.2.3 删除 Active Directory

如果网络中不再需要使用活动目录，就可以将其删除。在删除之前，要注意以下几点：
➢ 确保域中已没有其他域控制器。
➢ 域中的所有成员服务器已从域中退出。
➢ 网络中已没有需要在域中验证的服务。

删除 Active Directory 域服务的顺序为：先使用 dcpromo 命令将域控制器降级为独立服务器，再在"服务器管理器"中删除 Active Directory 域服务即可。

 学习提示

企业网络环境中，很多时候在安装活动目录域服务（Active Directory Domain Services）的同时，还需要安装活动目录证书服务（Active Directory Certificate Services）。Active Directory 证书服务用于颁发和管理在采用公钥技术的软件安全系统中使用的公钥证书。通过将个人、设备

或服务的标识与相应的私钥进行绑定，组织可使用 AD CS 来增强安全性。AD CS 为企业提供了一种对证书的分发和使用进行管理的经济、高效和安全的方法。由于本书篇幅所限在此就不重点说明了，如有需要可以参考 http://technet.microsoft.com/zh-cn/library/dd578336(WS.10).aspx，以及公钥基础结构等知识。

2.2.4 管理用户、组与组织单元

首先，选择"开始"→"管理工具"→"Active Directory 用户和计算机"菜单命令，如图 2-26、图 2-27 所示，展开左侧树形列表，选择"Users"项，可以看到默认已经存在的所有域用户账户及组，右击此选项，依次选择如图 2-28 所示菜单中的"新建"→"用户"命令输入相关名称，根据需要选择适当的域。

图 2-26 用户和计算机添加用户

图 2-27 展开的域树

图 2-28 新建用户

单击"下一步"按钮，显示"新建对象—用户"对话框，如图 2-29 所示，确定输入要设定的账户密码，最后根据需要选择 4 个选项，如图 2-30 所示。

项目 2 部署目录服务和组策略

图 2-29 填写域登录名　　　　　　　图 2-30 4 个密码项的选择

单击"下一步"→"完成"按钮，用户账户添加完成，默认所有新建用户都会显示在"Users"组里。至此已建立了一个普通的域用户账户，但是只具有最基本的权限。管理员一般会根据需要对用户属性进行配置。在"Users"组选择要设置的用户，如图 2-31 所示，右击并选择"属性"选项，默认显示如图"常规"选项卡，选择"帐户"选项卡则可以重新设置用户登录名和密码。

图 2-31 修改账户属性

在"帐户"选项卡里，设置用户名下方的"登录时间"和"登录到"可以分别控制用户登录时间和将用户限制为只能在自己的计算机或者特定的一台或几台计算机上登录，如图 2-32 所示。将多个用户添加到同一个组中，可以为这个组的所有用户一次设置相同权限，方便了用户的规划和属性操作，如图 2-33 所示。选择"隶属于"选项卡，默认所有新建用户都会自动添加到"Domain Users"组中。单击"添加"按钮，如图 2-34 所示，可以在"输入对象名称来选择"文本框中直接输入欲添加的组。若不知道组的名称，可单击"高级"通过"立即查找"从"搜索结果"中选择组。

29

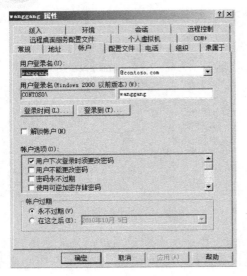
图 2-32 设置账户属性

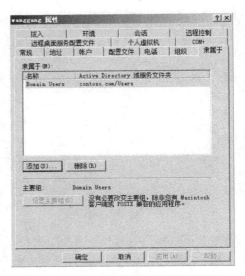
图 2-33 默认该用户隶属于域用户组

图 2-34 选择隶属于的组

2.2.5 管理客户端加入域

用户要使用域中的资源,则必须先将客户端计算机加入到域,且需用域用户账户登录方可。目前的 Windows 操作系统中,除 Home 版的操作系统外,都可以添加到域。需要注意的是加入某个域前,客户端计算机的 DNS 应提前设置为域控制器 DC 的 IP,否则不能连通。下面以最新的客户端操作系统 Windows 7 为例进行介绍。

首先,使用本地管理员账户登录 Windows 7 系统,一般情况下管理员会根据域用户命名的要求对计算机名称做命名修改,如图 2-35 所示,右击"计算机"从快捷菜单中选择"属性"

选项,打开"系统"窗口,在"计算机名称、域和工作组"区域中,单击"改变设置"按钮,如图 2-36 所示,修改成符合命名标准的名称后,重启系统生效。

图 2-35 设置计算机属性

图 2-36 更改标准计算机名

打开"网络和共享中心"设置与域控制器同一网段的 IP 地址,切记将 DNS 地址改为所加域的域控制器的 IP 地址,如图 2-37 所示。接下来修改计算机隶属的域,选中"隶属于"栏下的"域"单选项,输入要加入的域的名称,如图 2-38 所示。

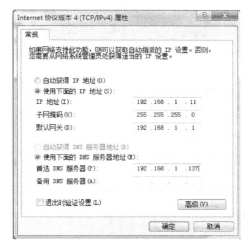

图 2-37 更改 DNS 为域控 IP

图 2-38 选择加入域

单击"确定"后,如能正确连接到域控制器,则显示"Windows 安全"对话框,要求输入实现设置的具有加入域权限的用户名和密码,如图 2-39 所示。输入正确后,单击"确定"提示加入域成功,如图 2-40、图 2-41 所示,并要求重启。

图 2-39　选择域用户登录

 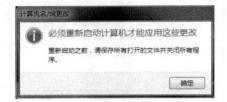

图 2-40　成功加入域　　　　　　　图 2-41　提示重启计算机

重启后，如图 2-42 所示，在登录界面单击"切换用户"按钮，选择"其他用户"在"用户名"文本框中输入欲登录的域用户账户，输入 6698 对应密码即可登录到域。

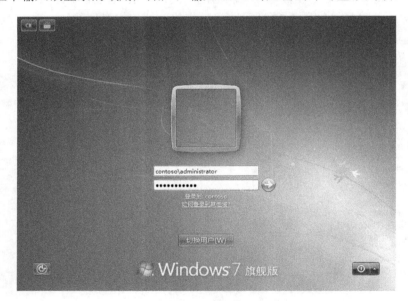

图 2-42　域用户登录

2.2.6　使用组策略

Windows Server 2008 R2 中的组策略首选项提供了 20 多个组策略扩展，它们将扩展组策略对象中的可配置首选项设置的范围，其中包括驱动器映射、注册表设置、本地用户和组、服务、文件和文件夹、电源任务、计划任务等。使用首选项可以减少脚本和系统映像，实现标准化管理以及更好地保护网络的安全。策略组管理编辑器控制台，如图 2-43 所示。

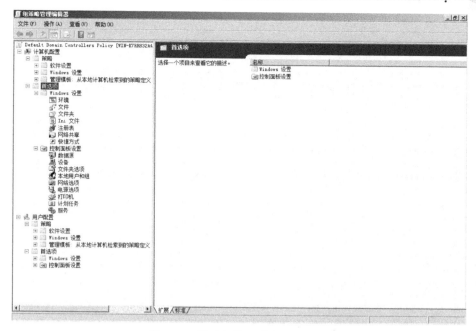

图 2-43　策略组管理编辑器控制台

2.2.7　组策略实施过程

在规划组策略设计时，需要确保设计 OU 结构以简化组策略管理并符合服务级别协议。制订使用 GPO 的正确操作步骤如下：

在设计阶段：

- 定义组策略的应用范围。
- 确定适用于所有企业用户的策略设置。
- 基于角色和位置对用户和计算机进行分类。
- 基于用户和计算机要求规划桌面配置。
- 规划完善的设计有助于确保成功部署组策略。

部署阶段从测试环境中的暂存过程开始，该过程包括：

- 创建标准桌面配置。
- 筛选 GPO 的应用范围。
- 指定默认组策略继承的例外情况。
- 委派组策略管理。
- 使用组策略建模评估有效的策略设置。
- 使用组策略结果评估这些结果。

暂存过程至关重要。应在测试环境中全面测试组策略实现，然后再将其部署到生产环境中。完成暂存和测试后，使用 GPMC 将 GPO 迁移到生产环境中。应考虑循环反复的组策略实现，以验证组策略基础结构是否正常工作。最后，制订使用组策略以及通过 GPMC 解决 GPO 问题的控制过程以准备维护组策略。

项目 3　配置与管理 DNS 服务

域名系统（DNS）主要将 IP 主机名或域名解析为 IP 地址，它也可以在反向查找 DNS 区域中将 IP 地址解析为主机名或域名。因为 IPv4 地址不便记忆，所以名称解析对 IPv4 是十分重要的。

3.1　项目分析

域名系统 (DNS) 是用于命名计算机和网络服务的系统，该系统将这些计算机和网络服务组织到域的层次结构中。DNS 命名用于 TCP/IP 网络（如 Internet），使用户可以通过名称查找计算机和服务。当用户在应用程序中输入 DNS 名称时，DNS 服务可以将此名称解析为与此名称相关的其他信息，如 IP 地址。为了更容易地使用网络资源，名称系统（如 DNS）提供了一种方法，即将计算机或服务的名称映射到其数字地址。Windows Server 2008 R2 中的 DNS 服务器角色既能支持标准 DNS 协议，同时又具备与 Active Directory 域服务及其他 Windows 联网和安全功能集成的优点。

当 DNS 客户端要查询某个对象或服务使用的名称时，它会通过查询 DNS 服务器来解析该名称。客户端发送的每条查询消息均包含以下 3 种信息。

（1）用 FQDN 表示的 DNS 域名。
（2）指定的查询类型，可以通过资源记录的类型或查询操作的类型来指定查询类型。
（3）指定的 DNS 域名类别。

一般，DNS 查询过程分为两个阶段，本地解析和查询 DNS 服务器，过程如图 3-1 所示。

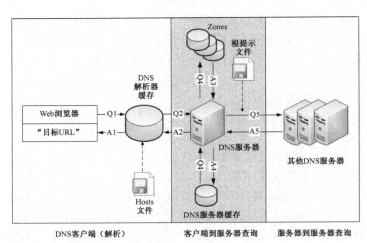

图 3-1　DNS 查询过程

大型网络和小型网络对 DNS 的要求都是相似的，但许多小型网络通常在没有反向查找区域的情况下也可以正常工作，如果内部域名不同于公共 Internet 域名，那么必须配置内部 DNS 服务器以支持内部网络。"DNS 服务器配置向导"使得设置 DNS 服务器变得十分容易。

3.2　项目实施

3.2.1　安装 DNS 服务器

在 Windows Server 2008 R2 中安装"DNS 服务器角色"，可执行下列步骤。首先，选择菜单命令"开始""服务器管理器"。在结果窗口的"角色摘要"下，如图 3-2 所示，选中"添加角色"链接，将弹出"添加角色向导"对话框。

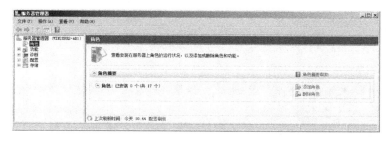

图 3-2　在服务器管理器中添加角色

在"添加角色向导"对话框的"开始之前"页面中，如图 3-3 所示，单击"下一步"按钮，进入"选择服务器角色"页面。

在"角色"列表中，选择"DNS 服务器"复选框，如图 3-4 所示，单击"下一步"按钮，进入"DNS 服务器"页面。

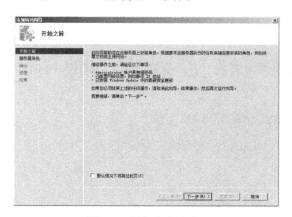

图 3-3　添加角色向导

图 3-4　选择服务器角色

阅读"DNS 服务器"页面上的信息，如图 3-5 所示，单击"下一步"按钮，进入"结果"页面。

在"确认安装选择"页面上,验证将安装的 DNS 服务器角色,然后单击"安装"按钮。安装完成后,系统会提示安装成功并显示相关信息,如图 3-6 所示。

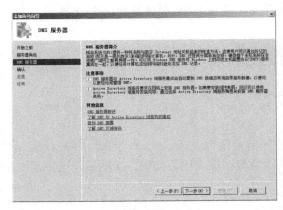
图 3-5 DNS 服务器简介

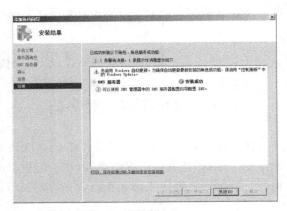
图 3-6 DNS 服务器安装结果

 学习提示

> 建议将计算机配置为使用静态 IP 地址。如果 DNS 服务器被配置为使用由 DHCP 分配的动态地址,则当 DHCP 服务器向 DNS 服务器分配新的 IP 地址时,被配置为使用该 DNS 服务器上一 IP 地址的 DNS 客户端将不能解析为上一 IP 地址和定位该 DNS 服务器。
>
> 安装 DNS 服务器后,可以决定如何管理它及其区域。虽然可以使用文本编辑器更改服务器启动和区域文件,但不建议采用此方法。可以使用 DNS 管理器和 DNS 命令行工具 dnscmd 对这些文件进行维护。在使用 DNS 管理器或命令行对这些文件进行管理后,建议不要手动编辑这些文件。对于与 AD DS 集成的 DNS 区域,只能使用 DNS 管理器或 dnscmd 命令行工具进行管理,不能使用文本编辑器对这些区域进行管理。

3.2.2 配置 DNS 服务器

使用 DNS 服务器配置向导时,首先在菜单命令"开始"→"管理工具"中打开"DNS 管理器"页面,如图 3-7 所示。

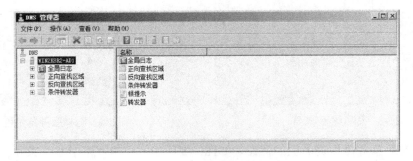
图 3-7 "DNS 管理器"配置

选择要配置的 DNS 服务器，在右键快捷菜单中选择"配置 DNS 服务器"命令，如图 3-8 所示。

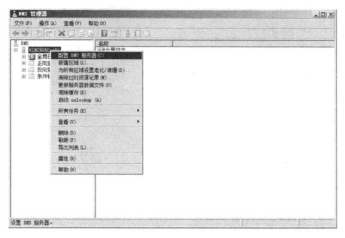

图 3-8　配置 DNS 服务器选项

单击"下一步"按钮，打开"DNS 服务器配置向导"的配置页面，然后选择创建正向和反向查找区域，如图 3-9、图 3-10 所示。

图 3-9　欢迎页面　　　　　　　　　图 3-10　选择配置页面

单击"下一步"按钮，打开正向查找区域页面，选择"是"单选框，创建正向查找区域，如图 3-11 所示。

单击"下一步"按钮，打开区域类型页面，如图 3-12 所示，选中区域类型的 3 种之一。

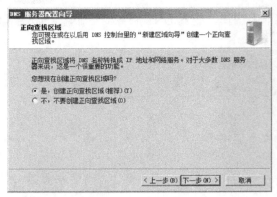
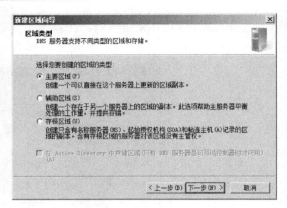

图 3-11　创建正向查找区域页面　　　　图 3-12　创建区域类型页面

 学习提示

主要区域：若要将 DNS 服务器授权给预创建的区域，则使用此选项。只有授权服务器可以更新 DNS 数据库。

辅助区域：如果 DNS 服务器托管在其他服务器上，则使用此区域。如果此服务器对于此区域中从主 DNS 服务器中获得的所有数据具有只读权限，则也应该使用它。

存根区域：使用这种类型的区域来创建伪区域。伪区域允许服务器通过查询根存服务器或 Internet DNS 服务器来直接查询指定区域中的 DNS 服务器，而无须查找此区域的 DNS 服务器。

如果在域控制器中创建了区域并且选择了主区域，则还需要在 Active Directory 中存储此区域。

单击"下一步"按钮，打开区域名称页面。输入 DNS 区域的全名，如图 3-13 所示。

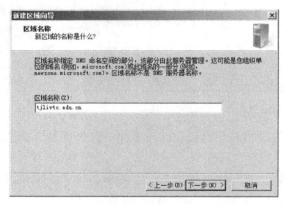

图 3-13　指定区域名称页面

单击"下一步"按钮，打开"区域文件选择"页面，可以创建新的 DNS 文件名，也可从其他 DNS 服务器上复制，如图 3-14 所示。

单击"下一步"按钮，如果此处设置的 DNS 是主要区域，将会显示动态更新页面。从选择中选择 DNS 区域是否接受动态更新，如图 3-15 所示。

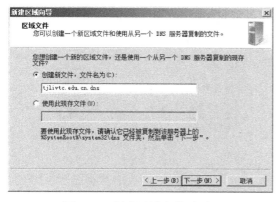

图 3-14 创建区域文件页面　　　　　图 3-15 设置动态更新页面

 学习提示

> 只允许安全动态更新：此项是 AD 集成区域的默认值，它提供有最好的安全性。
> 允许非安全和安全动态更新：此项为标准区域的推荐设置。
> 不允许动态更新：所有更改必须手动进行，此项只适用于区域中的所有计算机使用 IP 地址或 DHCP 保留地址的静态环境。

单击"下一步"按钮，打开"反向查找区域"页面。选择"是"单选框，创建反向查找区域，如图 3-16 所示。

单击"下一步"按钮，打开"区域类型"页面，如图 3-17 所示。

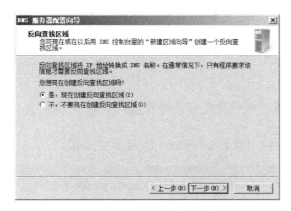 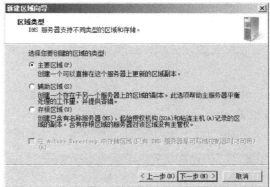

图 3-16 创建反向查找区域页面　　　　　图 3-17 选择区域类型页面

单击"下一步"按钮，打开"反向查找区域名称"页面，选择反向查找区域 IP 地址类型，如图 3-18 所示。如果选择"IPv4"项，则随后需要设置 IP 地址；如果选择"IPv6"项，则随后需要设置 IPv6 地址前缀。

单击"下一步"按钮，进入反向查找区域网络 ID 或区域名称设置页面，输入 IP 地址，如图 3-19 所示。

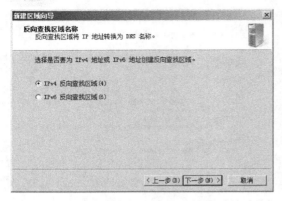
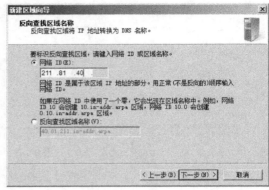

图 3-18　选择反向查找区域 IP 地址类型页面　　　图 3-19　设置反向查找区域网络 ID 或区域名称

单击"下一步"按钮，打开区域文件选择页面，可以创建新的 DNS 反向查找区域文件，也可从其他 DNS 服务器上复制，如图 3-20 所示。

单击"下一步"按钮，从中选择 DNS 区域是否接受动态更新，如图 3-21 所示。

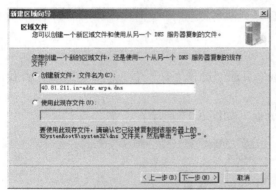
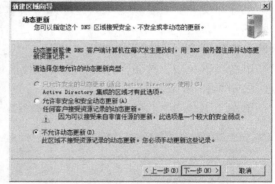

图 3-20　设置反向查找区域文件　　　　　　　　图 3-21　设置动态更新

单击"下一步"按钮，打开"转发器"页面，选择是否将查询转发到其他 DNS 服务器，如图 3-22 所示。

单击"下一步"按钮，然后单击"完成"按钮创建 DNS 区域，如图 3-23 所示。

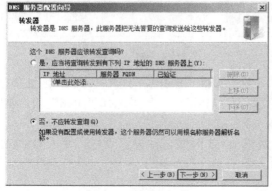
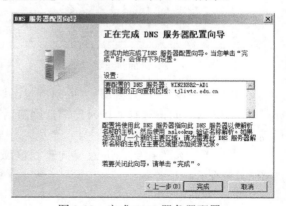

图 3-22　设置转发器　　　　　　　　　　　　　图 3-23　完成 DNS 服务器配置

3.2.3 添加资源记录

在企业实际环境中,经常还需要手动创建一些资源记录,其中主要包括:
- 新主机记录 A:即通信记录,用于完全限定域名 FQDN 映射到 32 位 IPv4 地址中。
- 新指针记录 PTR:即指针资源记录,用于反向查找中,指向 A 记录。
- 别名记录 CNAME:即规范名称或别名记录,用于将虚拟域名称映射到真实域名中。
- 邮件交换器 MX:即邮件交换记录,用于将旧邮箱名称映射到用于转发的新邮箱名称中。

1. 添加主机记录

添加主机记录的步骤,如图 3-24~3-26 所示。首先,选择主机所属的区域,在右键菜单中选择"新建主机"命令,在"新建主机"对话框中输入主机名称及 IP 地址,然后单击"添加主机"按钮,即可完成添加主机记录,并弹出成功添加提示。添加后的主机记录将在该区域中显示,如图 3-27 所示。

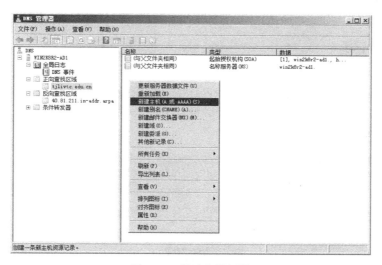

图 3-24 新建主机记录

图 3-25 "新建主机"对话框

图 3-26 成功添加主机记录

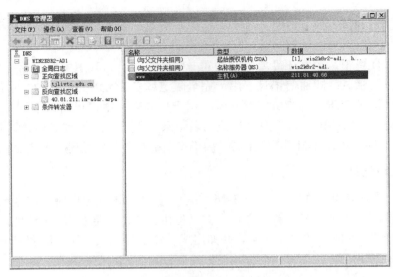

图 3-27　添加后的该区域中的主机记录

2．添加指针记录

添加指针记录的步骤，如图 3-28～3-34 所示。首先，选择主机所属的区域（反向查找区域），在右键菜单中选择"新建指针"命令，在"新建资源记录"对话框中，单击"浏览"按钮，选择服务器正向查找区域中的对应主机记录，确定后即可完成添加指针记录。添加后的指针记录将在该区域中显示，如图 3-35 所示。

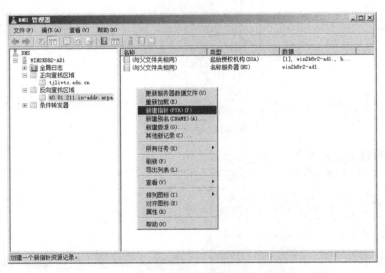

图 3-28　新建指针记录

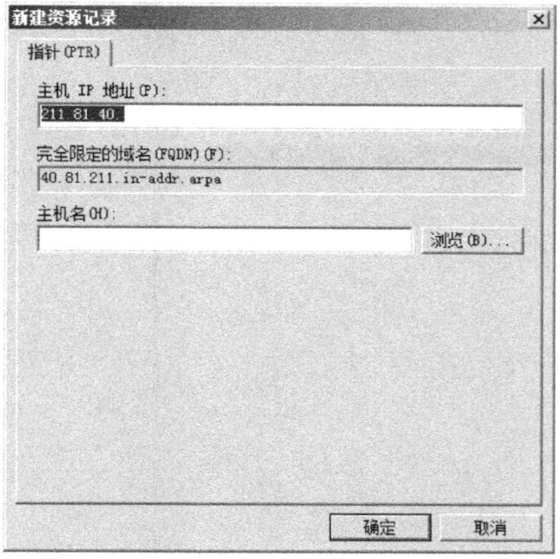

项目 3　配置与管理 DNS 服务

图 3-29　"新建资源记录"对话框

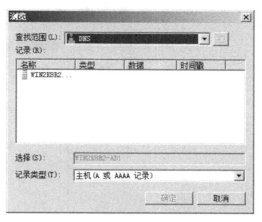

图 3-30　选择服务器

图 3-31　选择正向查找区域

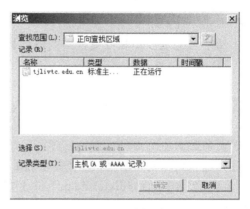

图 3-32　选择标准区域

图 3-33　选择主机记录

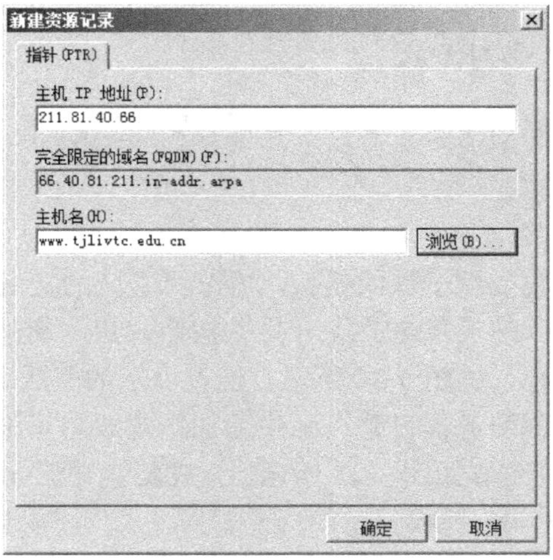

图 3-34　完成设置并确定

43

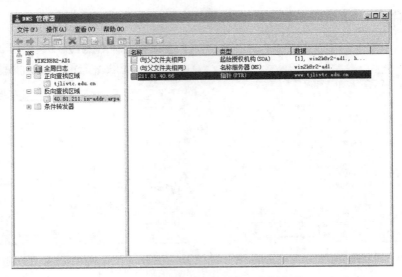

图 3-35　添加后的该区域中的指针记录

添加别名记录以及邮件交换器的过程与上述添加主机记录、添加指针记录的过程类似，这里不再赘述。

3.2.4　创建子域并委派授权

在大多数大型网络环境中，需要创建子域并将其管理委派给其他 DNS 服务器宿主的其他 DNS 区域。这样做可以消除单个服务器在单个区域宿主大型命名空间的不利状况。因此，当拥有一个包含根域 tjlivtc.edu.cn 和子域 eng.tjlivtc.edu.cn 的区域时，可能会将子域 eng.tjlivtc.edu.cn 及其子域委派给由另一台 DNS 服务器宿主的单独区域。在区域中新建委派的步骤如图 3-36～3-42 所示，完成后如图 3-43 所示。

 学习提示

子域不一定必须委派给不同的 DNS 服务器。子域可以在新区域文件中创建并由同一服务器管理。

要委派子域的授权，需选择子域的父域，在右键菜单中选择"新建委派"命令，如图 3-36 所示。然后单击"下一步"按钮，启动新建委派向导，如图 3-37 所示。输入想要委派的子域的名称，如图 3-38 所示，检查显示的子域完全限定名称是否正确，然后单击"下一步"按钮。在名称服务器设置页面中添加指定要将子域委派给的服务器，如图 3-39～3-41 所示。单击"完成"按钮，如图 3-42 所示，完成新建委派向导。建立好的子域及委派将在 DNS 管理器中显示，如图 3-43 所示。

项目 3　配置与管理 DNS 服务

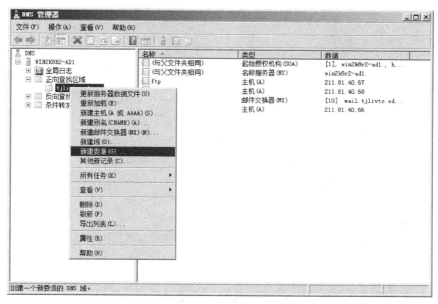

图 3-36　新建委派

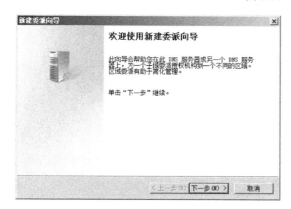

图 3-37　新建委派向导

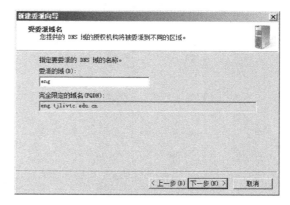

图 3-38　设置委派的域

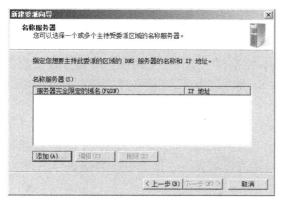

图 3-39　添加名称服务器

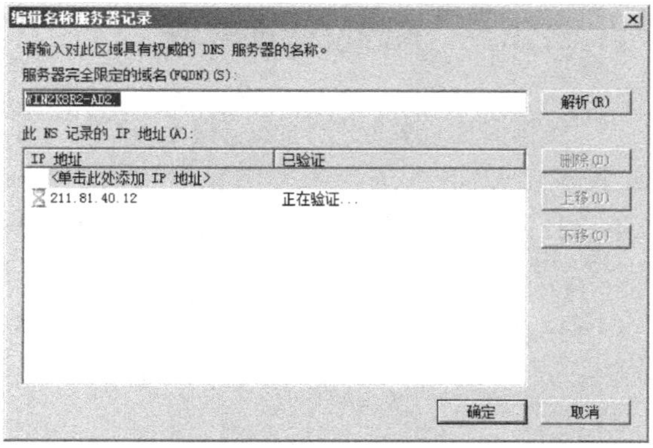

图 3-40　新建名称服务器记录

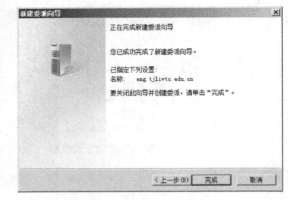

图 3-41　完成名称服务器设置　　　　图 3-42　完成新建委派向导

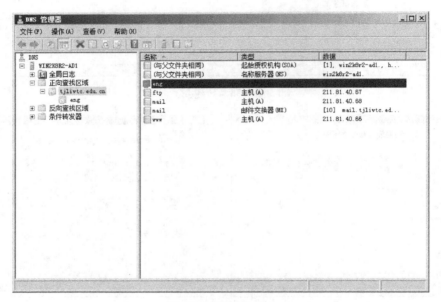

图 3-43　子域及委派

3.2.5　配置区域传输

因为 DNS 服务对于现代基于 TCP/IP 的网络非常重要，所以在大型网络中每个区域都会配置多个 DNS 服务器来提供容错功能。Windows Sever 2008 R2 支持多种方法在管理区域的 DNS 服务器之间实现区域传输。如果 DNS 服务器正在使用 AD 存储其区域数据，则 AD 将处理区域复制，从而允许一个完全的多主机模型，其中所有服务器是对等的，任何一个都可以更改 DNS 数据库。另外，区域传输以增量方式进行，以便与更改的记录同步。要配置区域传输，可以选择目标区域右键菜单中的"属性"命令，设置"区域传送"选项卡，如图 3-44 所示。

项目3 配置与管理 DNS 服务

学习提示

配置区域传送时需要注意的是，AD 默认集成 DNS 不允许对任何不是域控制器的计算机进行区域传送。这就意味着，如果在区域中设置辅助 DNS 服务器，则首先应该为辅助服务器创建名称服务器资源记录，然后再配置区域的属性，以仅对区域属性的名称服务器选项卡中列出的服务器执行区域传递，这样可以确保恶意 DNS 服务器不能从此服务器下载记录。

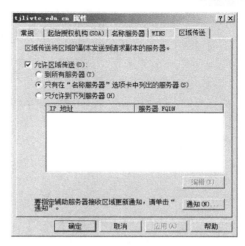

图 3-44 "区域传送"选项卡

3.2.6 设置转发器

没有一个 DNS 服务器可以应答所有客户端的查询，每当遇到 DNS 服务器区域中不存在 DNS 名称时，DNS 服务器就将转向 Internet 中的 DNS 域树的顶层，然后由顶层服务器为第一层提供 DNS 服务器的地址，如此一层一层进行的过程称为递归。

在具有多台 DNS 服务器和域的网络中，让 DNS 服务器将其未解析的查询转发给其他 DNS 服务器是非常必要的。设置 DNS 服务器将未解析的查询转发给其他 DNS 服务器的步骤如下。

首先，打开 DNS 管理器，在控制台树中选择要启用转发的 DNS 服务器，从操作菜单中选择"属性"命令，然后单击"转发器"选项卡，如图 3-45、图 3-46 所示。

图 3-45 设置 DNS 服务器属性

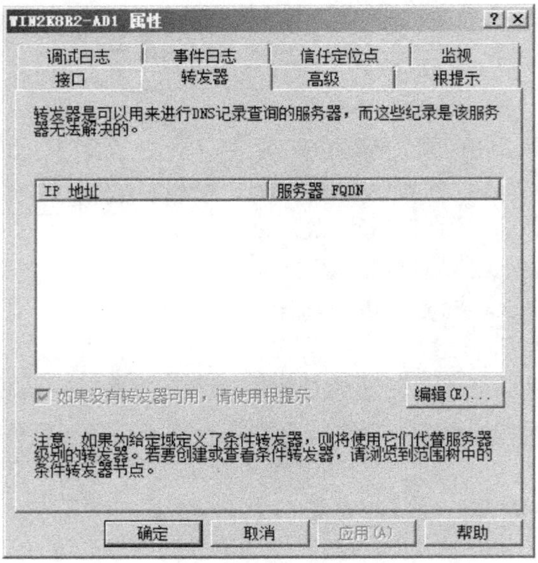

图 3-46 "转发器"选项卡

单击"转发器"选项卡中的"编辑"按钮，打开"编辑转发器"对话框，在列表框中输入一个或多个 IP 地址或 DNS 名称。如果地址或名称成功解析，且 DNS 服务器响应，则显示一个绿色复选标记，指明地址已验证，如图 3-47 所示。如果默认的 3 秒不成功，则可以尝试调整超时设定。完成设置后单击"确定"按钮，如图 3-48 所示，完成转发器设置。单击"确定"按钮，关闭"DNS 服务器属性"对话框，并启动转发。如果要启用特定 DNS 服务器的特定域的转发查询，则可以在 DNS 管理器中，设置条件转发器。基本操作类似，这里不再特别说明。

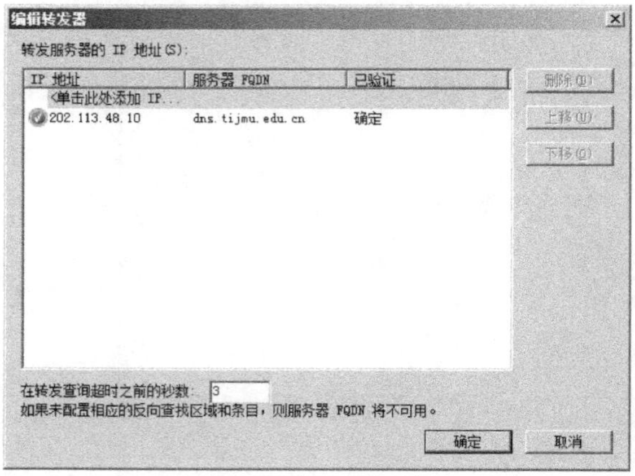

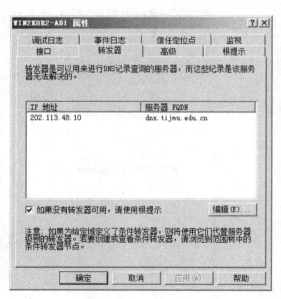

图 3-47 "编辑转发器"对话框　　　　图 3-48 完成转发器设置

项目 4　配置与管理 DHCP 服务

动态主机配置协议（Dynamic Host Configuration Protocol，DHCP）使管理员能够为局域网上的客户端分配 IP 地址、子网掩码、网关、DNS 等其他配置信息。本章将介绍与 DHCP 相关的概念，以及在网络上部署和配置 DHCP 服务器的步骤。

4.1　项目分析

为了与 IP 网络进行通信，每台计算机都需要 IP 地址，这个地址可以手动配置，也可以自动配置。对于 IPv4 协议，局域网内部绝大多数设备的配置都是通过 DHCP 服务器自动获取的。除此之外，DHCP 服务器还可以分配 IPv6 地址，但这在应用中并不常见，因为 IPv6 主机默认可以自行配置地址。

DHCP 服务器旨在为计算机分配 IP 地址。没有 IPv4 地址的计算机要自动获取地址时，首先会在网络上广播 DHCP Discover 数据包。这些 DHCP Discover 消息会通过相邻的网线、集线器和交换机传播。如果 DHCP 服务器处在该计算机的广播范围内，那么服务器便会收到消息，并为客户端计算机提供 IPv4 地址配置，从而对其进行响应。配置中至少包含一个 IPv4 地址和一个子网掩码，但通常还有默认网关、DNS 服务器等其他设置。DHCP 客户端与 DHCP 服务器间的协商过程分为 4 个阶段，如图 4-1 所示。

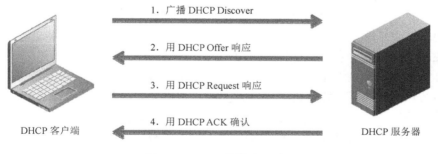

图 4-1　DHCP 地址分配过程

（1）广播 DHCP Discover。

在这个阶段中，客户端在局域网中广播 DHCP Discover 消息，以查找可用的 DHCP 服务器。这种广播只能到达最近的路由器（如果该路由器不将其转发）。

（2）用 DHCP Offer 响应。

如果 DHCP 服务器连接到局域网，能够为 DHCP 客户端分配 IP 地址，那么它会向 DHCP 客户端单播一条 DHCP Offer 消息。DHCP Offer 消息包含 DHCP 配置参数和 DHCP 作用域中可用的 IP 地址。如果 DHCP 服务器上有与 DHCP 客户端的 MAC 地址匹配的保留，则会为该 DHCP 客户端提供保留的 IP 地址。

（3）用 DHCP Request 响应。

在 DHCP 协商的第三个阶段中，DHCP 客户端会响应 DHCP Offer 消息，请求 DHCP Offer 消息中包含的 IP 地址。

（4）用 DHCP ACK 确认。

如果 DHCP 客户端请求的 IP 地址仍然可用，那么 DHCP 服务器会用 DHCP ACK 确认消息进行响应。这样，客户端就可以使用该 IP 地址了。

 学习提示

1. 地址租约

每台 DHCP 服务器都会维护一个数据库，存储分发给客户端的地址。在默认情况下，若 DHCP 服务器为某台计算机分配一个地址，该地址会有 6～8 天的租用期限（具体取决于服务器的配置）。DHCP 服务器会跟踪已出租的地址，防止同一地址分配给多个客户端。为防止将 IP 地址分配给从网络断开的客户端，DHCP 服务器在 DHCP 租用期限过后会将其收回。若 DHCP 租用期限过半，DHCP 客户端会向 DHCP 服务器提交续订请求。如果 DHCP 服务器在线，那么该 DHCP 服务器一般会接受续订，租约周期重新开始。如果 DHCP 服务器不可用，DHCP 客户端则会在剩余租期过半时尝试刷新 DHCP 租约。如果 DHCP 服务器在租用期限到达 87.5% 时仍不可用，DHCP 客户端会尝试定位新的 DHCP 服务器，这样可能会得到不同的 IP 地址。如果 DHCP 客户端正常关机，或其管理员运行 ipconfig / release 命令，客户端会向分配 IP 地址的 DHCP 服务器发送 DHCP Release 消息。随后，DHCP 服务器会将该地址标记为可用，可以再将其分配给其他 DHCP 客户端。如果 DHCP 客户端突然从网络上断开，而没有机会发送 DHCP Release 消息，那么在 DHCP 租用期满之前，DHCP 服务器不会将这个 IP 地址分配给其他客户端。考虑到这一点，对于客户端频繁连接和断开的网络，缩短 DHCP 租约用期很重要。

2. DHCP 作用域

在 DHCP 服务器能够将 IP 地址租给客户端之前，必须为 DHCP 服务器定义 IP 地址范围。这个范围称为"作用域"，其定义了网络上 DHCP 服务所针对的单个物理子网。当 DHCP 服务器同时连接多个子网时，必须为每个子网定义作用域和相关联的地址范围。作用域为 DHCP 服务器管理网络上客户端 IP 地址和选项的分发与分配提供了重要手段。

3. DHCP 选项

除地址租约外，DHCP 选项还会为客户端提供额外的配置参数(例如，DNS 或 WINS 服务器地址)。如果某客户端计算机的 TCP / IP 属性已被配置为自动获取 DNS 服务器地址，那么这台计算机便依赖于 DHCP 服务器上配置的 DHCP 选项来获取 DNS 服务器地址。目前 DHCP 服务的选项共有 60 余个，就 IPv4 配置而言，最常见的选项包括以下几个：

（1）003 路由器。该选项用于指定与 DHCP 客户端位于同一子网的路由器的 IPv4 地址列表。客户端会在必要时与这些路由器联系，以便向远程主机转发 IPv4 数据包。

（2）006 DNS 服务器。该选项用于指定 DNS 名称服务器的 IP 地址，DHCP 客户端可以通过这种服务器来处理域名查询。

（3）015 DNS 域名。该选项用于指定在 DHCP 客户端进行 DNS 域名解析的过程中遇到非限定性名称时所使用的域名。该选项还使客户端能够执行动态 DNS 更新。

（4）051 租约。该选项只会为远程访问客户端分配特殊的租用期限。该选项依赖于这种类型的客户端发布的用户类别信息。

DHCP 选项可以分配给整个作用域，可以在服务器层面进行分配，可以将设置应用于 DHCP 服务器安装定义的所有作用域中的所有租约，也可以在保留层面针对单个计算机进行分配。

在添加"DHCP 服务器"角色之后，管理员可以使用 DHCP 控制台来完成进一步的配置任务。这些任务包括配置排除，创建地址保留，调整作用域的租用期限，配置额外的作用域或服务器选项。

4.2 项目实施

4.2.1 DHCP 服务安装

要在运行 Windows Server 2008 R2 的计算机上安装和配置 DHCP 服务器，首先应在需要提供寻址的物理子网上部署服务器。必须为该服务器分配静态 IP 地址，且该地址要在为局域网计划分配的地址范围内。在为该服务器分配静态地址之后，可以从"初始配置任务"或"服务器管理器"窗口中使用"添加角色向导"，选中"DHCP 服务器"角色复选框，为这台计算机添加"DHCP 服务器"角色，如图 4-2 所示。

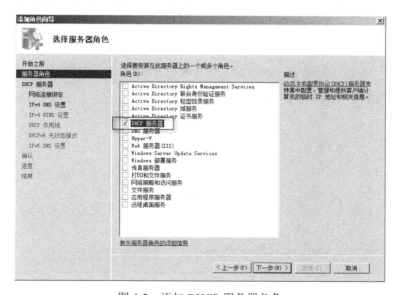

图 4-2 添加 DHCP 服务器角色

单击"下一步"按钮进入 DHCP 服务器简介页面，如图 4-3 所示。下面将逐一介绍"添加角色向导"页面中的配置选项。

1．选择网络连接绑定

在"添加角色向导"的"选择网络连接绑定"页面中，如图 4-4 所示，可以指定 DHCP 服务器为客户端服务所选用一个或多个网络适配器。如果 DHCP 服务器是多连接的，那么在该页面中可以选择将 DHCP 服务限制在一个网络中。此外还需要注意的是，与适配器关联的 IP 地址必须是手动分配的地址，从服务器分配给客户端的地址与这个静态分配的地址必须都属于同一个逻辑子网（除非使用"DHCP 中继代理"为远程子网提供服务）。

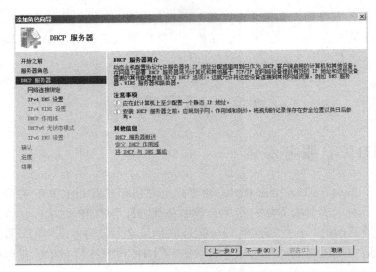

图 4-3　DHCP 服务器简介页面

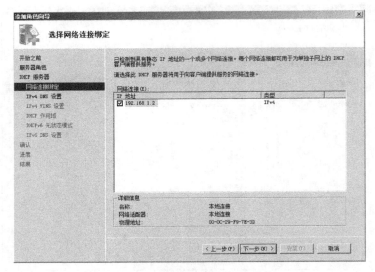

图 4-4　选择网络连接绑定页面

项目 4　配置与管理 DHCP 服务

2. 指定 IPv4 DNS 服务器设置

在"添加角色向导"的"指定 IPv4 DNS 服务器选项"页面，如图 4-5 所示。我们可以对"015 DNS 域名"和"006 DNS 服务器"选项进行配置。这些选项应用于 DHCP 服务器上创建的所有作用域。

对于那些从 DHCP 服务器获取地址租约的客户端连接，"015 DNS 域名"选项使管理员能够为其设置 DNS 后缀。这个 DNS 后缀就是"指定 IPv4 DNS 服务器设置"页面的"父域"文本框中的值。

对于那些从 DHCP 服务器获取地址租约的客户端连接，"006 DNS 服务器"选项使管理员能够为其配置 DNS 服务器地址列表。虽然该选项没有限制可以指定的地址数，但"指定 IPv4 DNS 服务器设置"页面只允许配置两个地址。在分配给每个 DHCP 客户端的 DNS 服务器列表中，"首选 DNS 服务器 IPv4 地址"中指定的值对应于列表中的第一个地址，"备用 DNS 服务器 IPv4 地址"中指定的值对应于列表中的第二个地址。

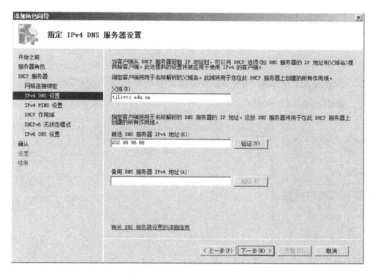

图 4-5 "指定 IPv4 DNS 服务器设置"页面

3. 指定 IPv4 WINS 服务器设置

在"指定 IPv4 WINS 服务器设置"页面中，如图 4-6 所示，能够配置"044 WINS/NBNS 服务器"选项，以指定分配给客户端的 WINS 服务器列表。选择"此网络上的应用程序需要 WINS"，然后指定首选的 WINS 服务器地址，备用地址是可选的。

4. 添加 DHCP 作用域

在"添加或编辑 DHCP 作用域"页面中，如图 4-7 所示，能够定义或编辑 DHCP 服务器上的作用域。

作用域是 IP 地址的管理组，针对的是子网上使用 DHCP 服务的计算机。每个子网只能配置一个具有连续 IP 地址范围的 DHCP 作用域。要添加新的作用域，须单击"添加"按钮，将打开"添加作用域"对话框，如图 4-8 所示。

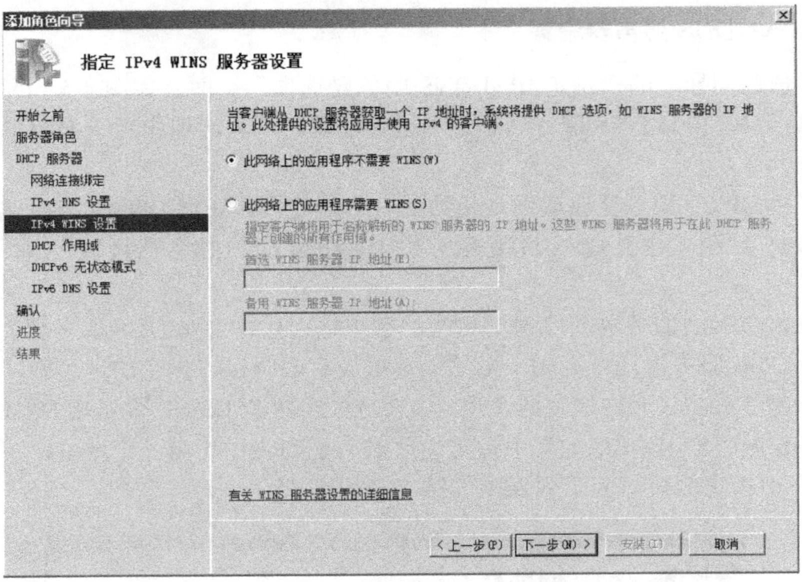

Windows Server 2008 服务器架设与管理教程（项目式）

图 4-6 "指定 IPv4 WINS 服务器设置"页面

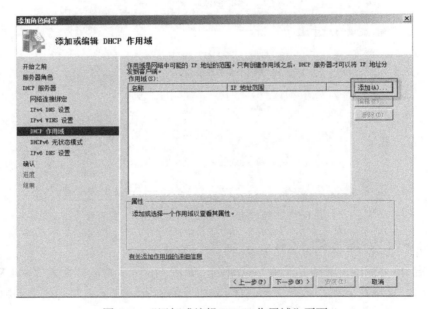

图 4-7 "添加或编辑 DHCP 作用域"页面

项目 4 配置与管理 DHCP 服务

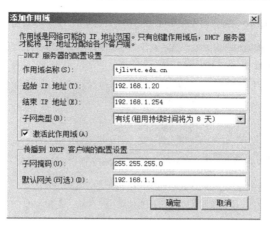

图 4-8 "添加作用域"对话框

创建作用域是配置 DHCP 服务器最重要的步骤。下面将详细介绍通过该对话框来配置作用域涉及的选项。

（1）作用域名称。这个值不会影响 DHCP 客户端。它只用于标记作用域，以便将其显示在 DHCP 控制台中。

（2）起始 IP 地址和结束 IP 地址。在定义作用域的 IP 地址范围时，可根据 DHCP 服务器所针对的子网选择一段连续的地址。然而，对于为网络上现有或已计划的服务器静态分配的地址，应从这个范围中排除。例如，在同一子网上，需要为本地 DHCP 服务器、路由器（默认网关）、DNS 服务器、WINS 服务器和域控制器分配静态 IP 地址。要排除这些地址，只须限制作用域的范围，使其不包含分配给服务器的静态地址即可。

（3）子网类型。该设置主要用于为当前作用域选择租用期限，共有两个可选项。在默认情况下，作用域会被设置为"有线"型子网，其租用期限为 8 天。另一个设置为"无线"，对应的租用期限为 8h。

（4）激活此作用域。仅当作用域处于激活状态时，它才会向外出租地址。在默认情况下，新作用域的激活设置是开启的。

（5）子网掩码。这里选择的子网掩码是将要分配给作用域内接收地址租约的 DHCP 客户端的子网掩码。应确保这里选择的子网掩码与 DHCP 服务器本身配置的值相同。

（6）默认网关（可选）。此项使管理员能够快速配置"003 路由器"选项，该选项将默认网关地址分配给该作用域内接收地址租约的 DHCP 客户端。

5．配置 DHCPv6 无状态模式

DHCPv6 指的是针对 IPv6 的 DHCP，而无状态模式指的是 IPv6 主机的默认寻址模式。

在无状态模式下，不需要使用 DHCP 服务器，即可自动配置 IPv6 客户端。若 IPv6 主机自动获取地址，而不使用 DHCP 服务器，那么无状态模式下的主机会与相邻的 IPv6 路由器交换"路由器请求"和"路由器通告"消息，从而自行配置与本地子网兼容的地址。在"配置 DHCPv6 无状态模式"页面中，可以禁用 DHCP 服务器上的无状态模式，如图 4-9 所示，使其能够响应启用有状态寻址的 IPv6 主机。若 IPv6 主机启用有状态寻址，那么它们会通过 DHCPv6 协议向 DHCP 服务器请求 IPv6 地址，但可能还会请求其他 IPv6 配置选项。

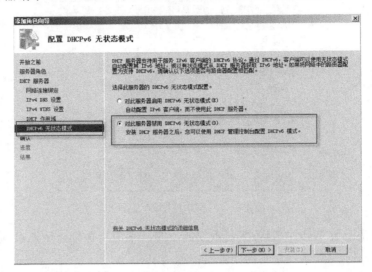

图 4-9　禁用 DHCPv6 无状态模式

如果在"配置 DHCPv6 无状态模式"页面中选择对此 DHCP 服务器启用无状态寻址，如图 4-10 所示，则需要在下一步指定 IPv6 DNS 服务器设置，如果禁用无状态 DHCPv6 模式，则跳过此步。

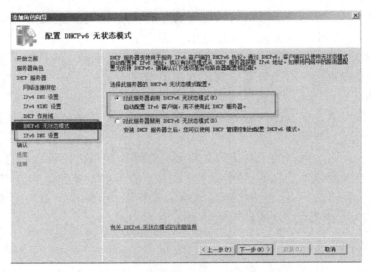

图 4-10　启用 DHCPv6 无状态模式

6. 确认安装

在完成所有配置后，可在"确认安装选择页面"中显示所有配置信息，如图 4-11 所示。如果设置顺利完成，即可单击"安装"按钮开始安装"DHCP 服务器角色"。安装完成后，"安装结果"页面将打开。如果没有安装错误，页面将显示"安装成功"消息，如图 4-12 所示。

项目 4　配置与管理 DHCP 服务

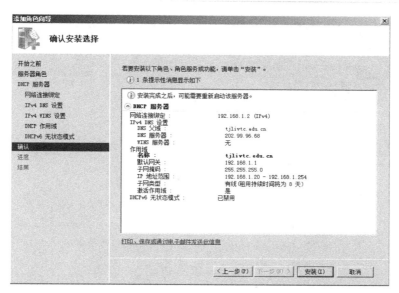

图 4-11　"确认安装选择"页面

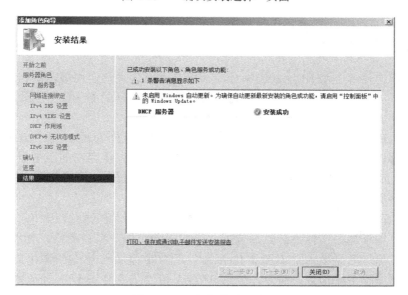

图 4-12　"安装结果"页面

在添加"DHCP 服务器"角色之后，管理员就可以使用 DHCP 控制台来完成进一步的配置任务了，如图 4-13 所示。

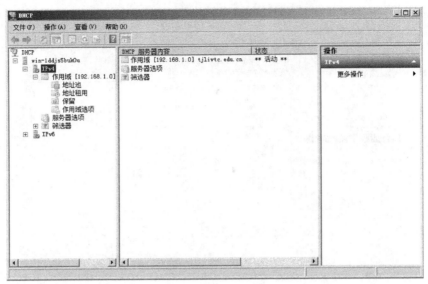

图 4-13　DHCP 控制台

4.2.2　创建地址排除

排除范围指的是若干个 IP 地址的集合，其包含于已定义的作用域范围内，但又不希望将其租给 DHCP 客户端。排除范围可以确保 DHCP 服务器不分配那些已手动分配给服务器或其他计算机的地址。

例如，如果 DHCP 服务器定义了一个新的作用域，地址范围为 192.168.1.20～192.168.1.254。但是在 DHCP 服务器所服务的子网中，可能有一些之前就已经存在的服务器，其静态地址在 192.168.1.200～192.168.1.220 范围内。通过为这些地址设置排除，可以使 DHCP 客户端从服务器请求租约时，不会获得这些地址。

要创建排除范围，可以在 DHCP 控制台树中找到"DHCP\服务器节点\IPv4\作用域\地址池"文件夹。右击"地址池"文件夹，然后选择"新建排除范围"菜单命令，如图 4-14 所示。在打开的"添加排除"对话框中，如图 4-15 所示，配置希望从已定义的作用域范围中排除的地址范围。如果要排除单个地址，将"起始 IP 地址"和"结束 IP 地址"都配置为该地址即可；如果希望排除多段连续的地址，或者要排除单独的地址，则需要创建多个排除范围。完成地址排除设置后的界面，如图 4-16 所示。

项目 4　配置与管理 DHCP 服务

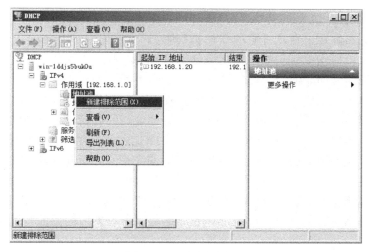

图 4-14　添加排除范围

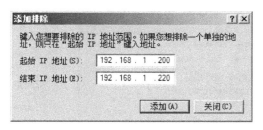

图 4-15　"添加排除"对话框

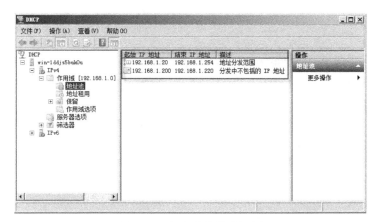

图 4-16　完成地址排除设置

4.2.3　创建保留

为了使 DHCP 服务器能够分配永久的地址租约，可以使用保留将 IP 地址与 MAC 地址关联。保留能够使子网上指定的硬件设备总是使用相同的 IP 地址，而不需要手动配置地址。例如，如果将 DHCP 作用域定义在 192.168.1.20~192.168.1.254 这个范围，那么可以在该作用域内为硬件地址为 00-0C-29-08-66-EB 的网络适配器保留 IP 地址 192.168.1.100，每当安装此适配器的计算机启动时，服务器都会识别此适配器的 MAC 地址，然后出租 192.168.1.100 这个地址。与地址的手动配置相比，保留的优势在于，它可以集中管理，不容易被错误配置。而缺点是，地址是计算机启动过程的后期分配的，且依赖于 DHCP 服务器，因而某些基础服务器(如 DNS 服务器)不适合选用这种地址配置方式。然而，有些服务器(如应用程序服务器、打印服务器甚至某些域控制器)可以采用永久地址，不需要手动为其配置地址，则可以采用这种地址配置方式。

要创建保留，可以在 DHCP 控制台树中找到"DHCP\服务器节点\IPv4\作用域\保留"文件夹。右击"保留"文件夹，然后选择"新建保留"菜单命令，如图 4-17 所示。然后，在打开的"新建保留"对话框中，可以为保留指定名称、IP 地址和 MAC 地址。通过图 4-18 所配置的保留，DHCP 服务器可以发现源自硬件地址为 00-0C-29-08-66-EB 的 DHCP 请求，并将 IP 地址 192.168.1.100 分配给这个 MAC 地址。完成地址保留设置后的界面，如图 4-19 所示。

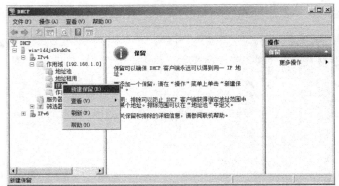

图 4-17　创建地址保留　　　　　　　　　　图 4-18　新建保留对话框

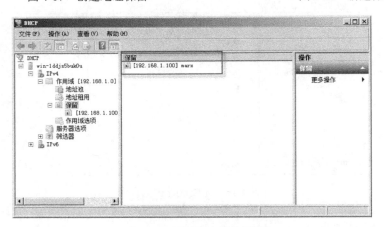

图 4-19　完成地址保留设置

4.2.4 调整租用期限

可以修改 IP 地址租用期限。对于大多数局域网（LAN），默认值（8 天）是可以接受的，但如网络上的计算机很少变动，则还可以增加这个值；如地址紧缺，或者用户连接的时间较短，则应缩短租用期限。要调整租用期限的长短，需要打开所要调整租用期限的作用域的属性窗口，在"常规"选项卡的"DHCP 客户端租用期限"区域中进行设置，如图 4-20 所示。

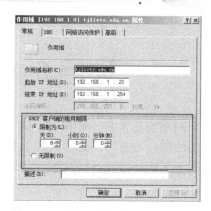

图 4-20 为作用域调整地址租用期限

4.2.5 配置额外的 DHCP 选项

DHCP 选项可以分为服务器、作用域和保留三个层面。定义在服务器层面的选项会由该服务器上配置的所有作用域继承。定义在作用域层面的选项会由该作用域中的所有租约和保留继承。定义在保留层面的选项只应用于该保留。这 3 个层面上的 DHCP 选项种类和数目都是相同的。

虽然可以通过"添加角色向导"添加少数服务器和作用域选项，但完全的 DHCP 选项需要在 DHCP 控制台中配置。要查看可以配置的内建选项，可以在 DHCP 控制台中找到"DHCP\服务器节点\IPv4\作用域\服务器选项"文件夹，右击"服务器选项"文件夹，然后选择菜单命令"配置选项"，如图 4-21 所示。然后通过"服务器 选项"对话框来选择作用域的选项，如图 4-22 所示。

图 4-21 配置现有作用域选项

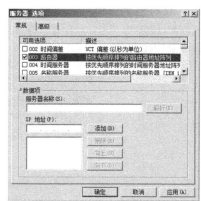

图 4-22 "服务器选项"对话框

项目 5　配置防火墙与 IPSec

网络在提供便捷通信的同时也带来了无穷的安全隐患。Windows 防火墙可以对传入和传出的通信内容进行筛选，使用复杂的条件来区分合法通信和具有潜在威胁的通信。Internet 协议安全（IPSec）能够通过加密来保护 IP 数据包并强制建立受信任的通信以保护网络。

5.1　项目分析

当今几乎所有的计算机都已连接到网络，保护网络和信息安全需要分层、深度防御的安全模型。高级安全 Windows 防火墙是分层安全模型的重要部分。通过为计算机提供基于主机的双向网络通信筛选，高级安全 Windows 防火墙可以阻止未授权的网络流量流向或流出本地计算机。高级安全 Windows 防火墙还可以通过网络感知将相应安全设置应用到计算机连接到的网络类型。由于 Windows 防火墙和 Internet 协议保护（IPSec）配置设置集成到名为高级安全 Windows 防火墙的单个 Microsoft 管理控制台（MMC），因此 Windows 防火墙也成为网络隔离策略的重要部分。

在 Windows Server 2008 R2 中，可以在"管理工具"中单击"高级安全 Windows 防火墙"选项，启动高级安全 Windows 防火墙、高级安全 Windows 防火墙窗口，如图 5-1 所示。概述窗格为每个配置文件（域、专用、公用）提供配置高级安全 Windows 防火墙方式的快照。位于左侧的控制台树为查看和创建入站和出站规则、计算机连接规则以及为监视当前活动和强制执行的规则提供快速访问。右侧的"操作"窗格提供了可根据要查看的内容进行更改的上下文相关操作列表。

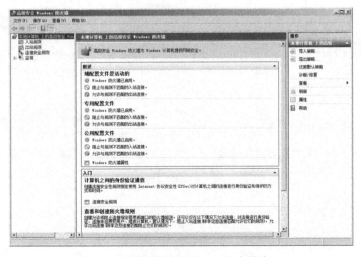

图 5-1　高级安全 Windows 防火墙窗口

IPSec 是一种开放标准的框架结构,它通过使用加密安全服务来确保 IP 网络上保密安全的通信,IPSec 策略用于配置 IPSec 安全服务。这些策略可为大多数现有网络中的大多数通信类型提供各种级别的保护。可以根据计算机、组织单位 (OU)、域、站点或全球性企业的安全需要来配置 IPSec 策略。在 Windows Server 2008 R2 中可以使用"IP 安全策略"管理单元,通过组策略对象(适用于域成员)或在本地计算机上定义计算机的 IPSec 策略,也可定义适用于远程计算机的 IPSec 策略。

5.2 项目实施

5.2.1 配置防火墙属性

若要配置系统范围的防火墙属性,可以在"概述"窗口中,单击"Windows 防火墙属性"。高级安全 Windows 防火墙属性对话框,如图 5-2 所示。

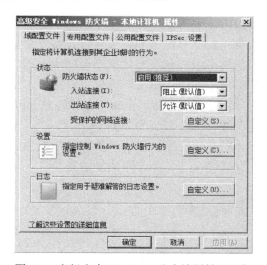

图 5-2 高级安全 Windows 防火墙属性对话框

(1)在状态区域可以进行如下配置:
➢ 防火墙状态,可以为每个配置文件单独打开或关闭高级安全 Windows 防火墙。
➢ 入站连接,可以将入站连接配置为阻止、阻止所有连接或允许。选择阻止(默认)时,高级安全 Windows 防火墙阻止与任何活动防火墙规则不匹配的入站连接,在选择此设置后,必须创建入站允许规则以允许应用程序所需的流量。选择阻止所有连接时,高级安全 Windows 防火墙忽略所有入站规则,从而有效阻止所有入站连接。选择允许时,高级安全 Windows 防火墙允许与活动防火墙规则不匹配的入站连接,在选择此设置后,必须创建入站阻止规则以阻止不希望出现的流量。
➢ 出站连接。可以将出站连接配置为允许或阻止。当选择允许(默认)时,高级安全 Windows 防火墙允许与任何活动防火墙规则不匹配的出站连接,选择此设置后,必须创建出站规则以阻止不希望出现的出站网络流量。当选择阻止时,高级安全 Windows 防火墙阻止与活动防火墙规则不匹配的出站连接,在选择此设置后,必须创建出站规则以允许的应用程序所需的出站网络流量。
- ➢ 受保护的网络连接,可以配置哪个活动网络连接受此配置文件要求限制。默认情况下,所有网络连接受所有配置文件限制。单击"自定义",然后选择希望保护的网络连接。

(2)单击"设置"区域中的"自定义"可以进行如下配置:
- ➢ 当阻止某个程序接收入站通信时,会向用户显示通知。该设置控制 Windows 是否显示通知,并允许用户知道某个入站连接已被阻止。
- ➢ 允许多播或广播请求的单播响应。该设置允许计算机接收对其传出多播或广播请求的单播响应。
- ➢ 应用本地防火墙规则。除了组策略应用的特定于此计算机的防火墙规则之外,还要在允许本地管理员在此计算机上创建和应用防火墙规则时,选择此选项。当清除该选项时,管理员仍然可以创建规则,但不会应用规则。只有当通过组策略配置策略时才能使用该设置。
- ➢ 允许本地连接安全规则。除了组策略应用的特定于此计算机的连接安全规则之外,还要在允许本地管理员在此计算机上创建和应用连接安全规则时,选择此选项。当清除该选项时,管理员仍然可以创建规则,但不会应用规则。

(3)单击"日志记录"区域中的"自定义"可配置以下日志记录选项:
- ➢ 名称。默认情况下,该文件存储在%windir%\system32\logfiles\firewall\pfirewall.log 中。
- ➢ 大小限制。默认情况下,大小限制为 4096 KB。
- ➢ 记录丢弃的数据包。默认情况下,不记录丢弃的数据包。
- ➢ 记录成功的连接。默认情况下,不记录成功的连接。

5.2.2 查看防火墙规则

在高级安全 Windows 防火墙中,规则允许特定的程序、协议或服务通过防火墙。要查看高级安全 Windows 防火墙中的当前规则,可以在控制台树中单击"入站规则"文件夹或"出站规则"文件夹。"入站规则"显示如图 5-3 所示。"出站规则"显示如图 5-4 所示。若要启用某个规则,请单击此规则,然后在"操作"列表中,单击"启用规则"。若要禁用某个规则,则单击此规则,然后单击"禁用规则"。若要查看和修改规则的属性,可以单击此规则然后单击"属性"。规则的属性页,如图 5-5 所示。

项目 5　配置防火墙与 IPSec

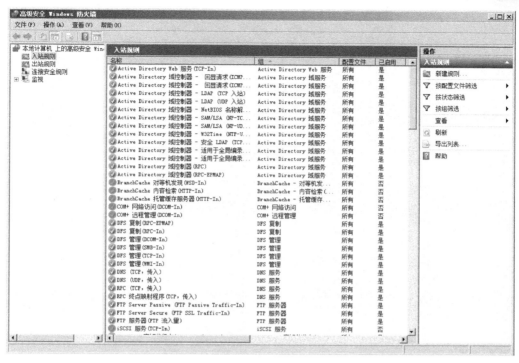

图 5-3　查看入站规则

图 5-4　查看出站规则

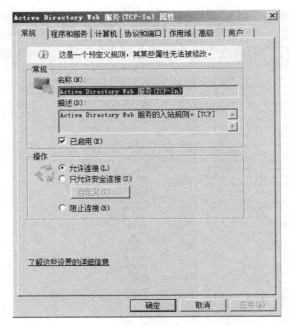

图 5-5　规则的属性页

5.2.3　创建防火墙规则

高级安全 Windows 防火墙允许创建以下类型的防火墙规则：
- 程序规则。这种类型的规则允许指定程序的流量，可以通过程序路径和可执行文件名来标识程序。
- 端口规则。这种类型的规则允许在指定 TCP 或 UDP 端口号或者端口号范围的流量。
- 预定义规则。Windows 包含很多可以启用的 Windows 功能，如文件和打印机共享、远程协助以及 Windows 协作。创建预定义规则实际上是创建一组启用指定 Windows 功能访问网络的规则。
- 自定义规则。这种类型的规则允许创建使用其他类型的规则无法创建的规则。自定义规则允许合并任何规则元素。

1．创建程序规则

在高级安全 Windows 防火墙控制台树中，选择并右击"入站规则"或"出站规则"，具体取决于要创建的类型，然后单击"新建规则"项。此操作打开新入站规则向导或新出站规则向导。创建入站规则或出站规则的步骤相同。

首先，在"规则类型"页上，选中"程序"单选框，然后单击"下一步"按钮，如图 5-6 所示。

项目 5　配置防火墙与 IPSec

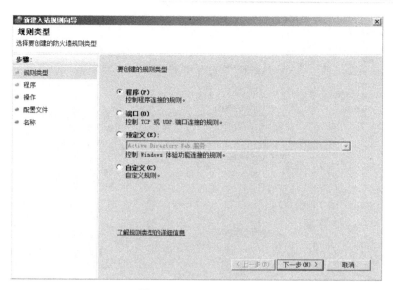

图 5-6　选择类型页面

在"程序"页上，选中"此程序路径"单选框。输入该程序的可执行文件路径，或单击"浏览"按钮使用 Windows 资源管理器找到该程序。单击"下一步"按钮，如图 5-7 所示。

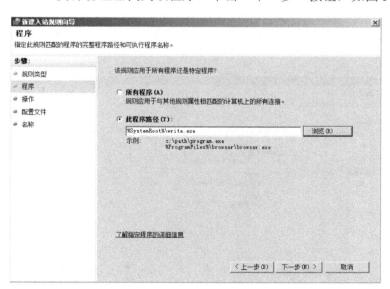

图 5-7　选择程序页面

在"操作"页上选择所需的行为，然后单击"下一步"按钮，如图 5-8 所示。

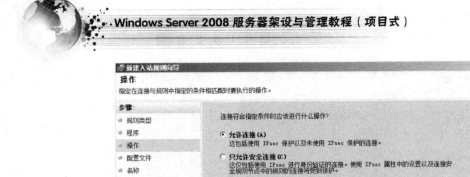

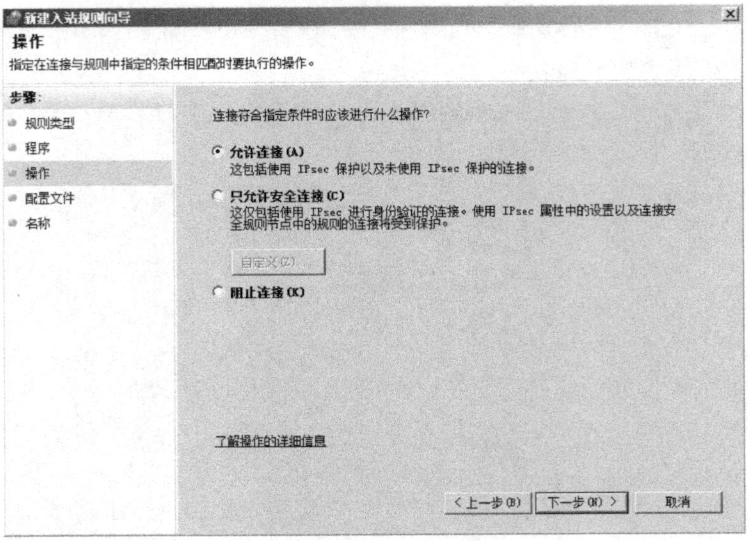

图 5-8　选择操作页面

如果已选择"操作"页上的"只允许安全连接",则会显示"用户"页和"计算机"页,在这些页上可以指定允许通过此防火墙规则访问计算机的用户账户和计算机账户。如果指定用户或计算机,则必须单独创建连接安全规则,该规则要求与此规则匹配的网络流量进行身份验证。

在"配置文件"页上,选择此规则将应适用的配置文件,然后单击"下一步"按钮,如图 5-9 所示。

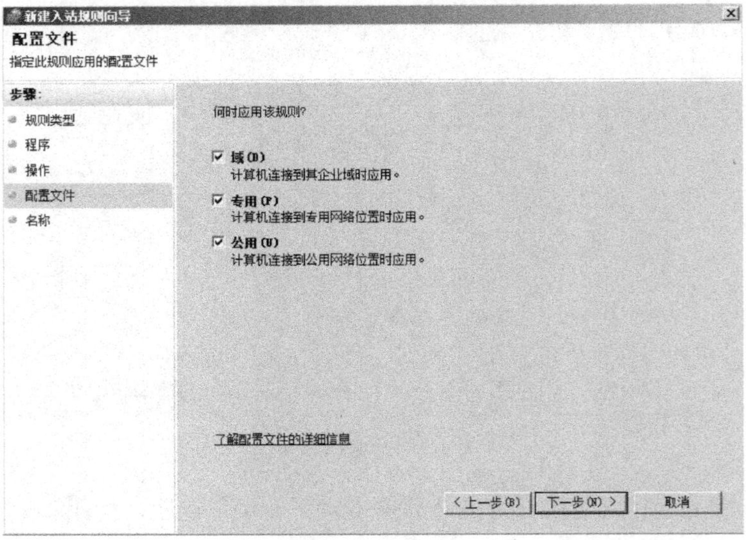

图 5-9　选择配置文件页面

在"名称"页上,输入规则的名称和说明,然后单击"完成"按钮,如图 5-10 所示。

项目 5 配置防火墙与 IPSec

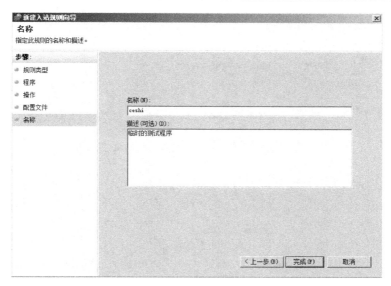

图 5-10 名称页面

2．创建端口规则

与创建程序规则类似，要创建端口规则，首先在高级安全 Windows 防火墙控制台树中，选择并右击"入站规则"或"出站规则"，具体取决于要创建的类型，然后单击"新建规则"项。打开新入站规则向导或新出站规则向导。在"规则类型"页上，选中"端口"单选框，然后单击"下一步"按钮，如图 5-11 所示。

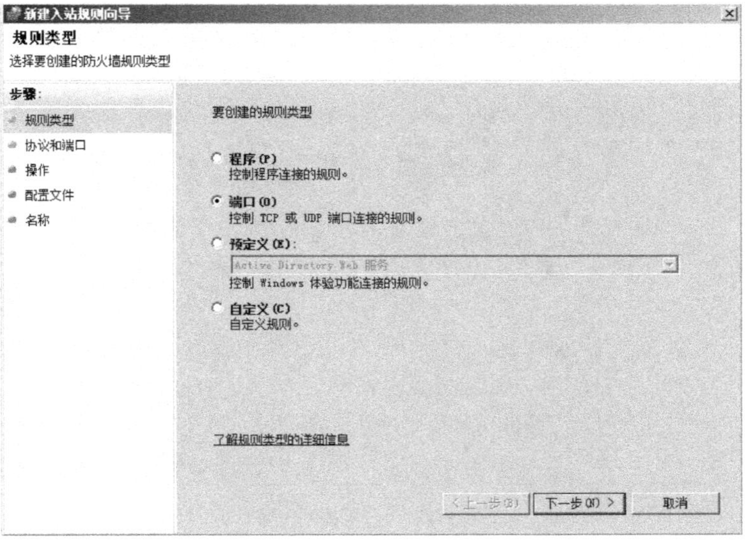

图 5-11 选择类型页面

在"协议和端口"页上，选择该规则应使用 TCP 还是 UDP 协议。选中"特定本地端口"单选框，输入需要为其创建规则的端口的数量，然后单击"下一步"按钮，如图 5-12 所示。

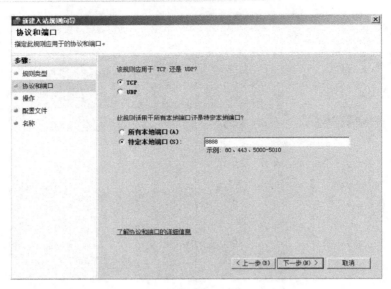

图 5-12　选择协议和端口页面

在"操作"页上，选择所需的行为，然后单击"下一步"按钮，如图 5-13 所示。如果已选择"操作"页上的"只允许安全连接"，则会显示"用户"页和"计算机"页，在这些页上可以指定允许通过此防火墙规则访问计算机的用户账户和计算机账户。如果指定用户或计算机，则必须单独创建连接安全规则，该规则要求与此规则匹配的网络流量进行身份验证。

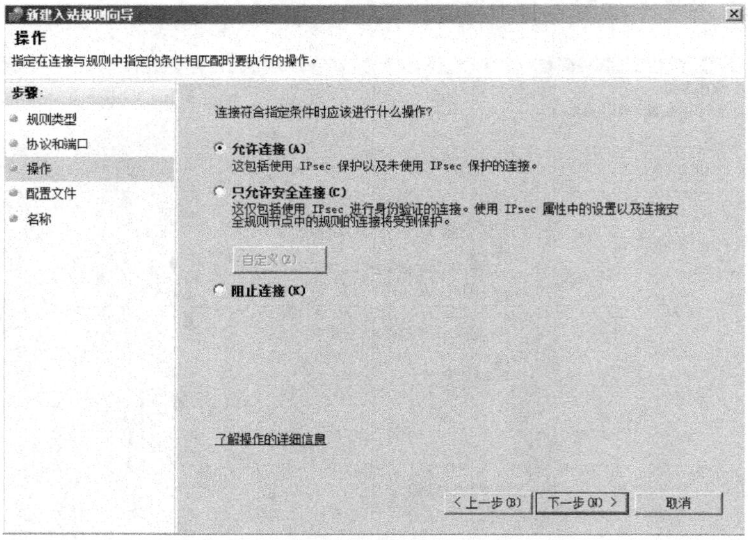

图 5-13　选择操作页面

在"配置文件"页上，选择此规则将应适用的配置文件，然后单击"下一步"按钮，如图 5-14 所示。

项目 5　配置防火墙与 IPSec

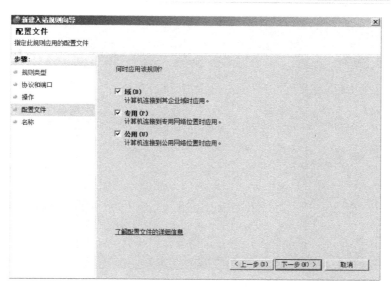

图 5-14　选择配置文件页面

在"名称"页上，输入规则的名称和说明，然后单击"完成"按钮，如图 5-15 所示。

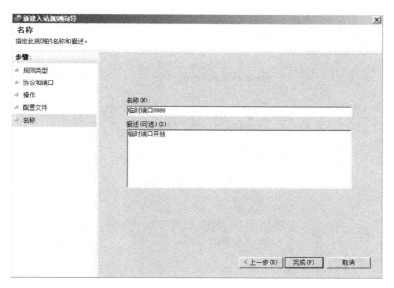

图 5-15　名称页面

3．创建连接安全规则

创建连接安全规则，首先在高级安全 Windows 防火墙中的控制台树中，选中"连接安全规则"项。在"操作"列表中，单击"新建规则"项，如图 5-16 所示。

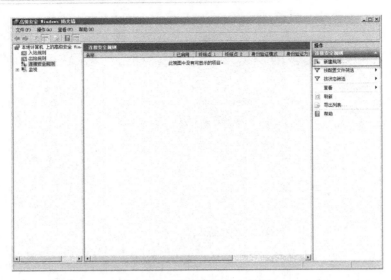

图 5-16　创建连接安全规则

在"规则类型"页中，选择要创建规则的类型。选择一个类型，并根据以下部分中的信息使用向导配置新规则，如图 5-17 所示。

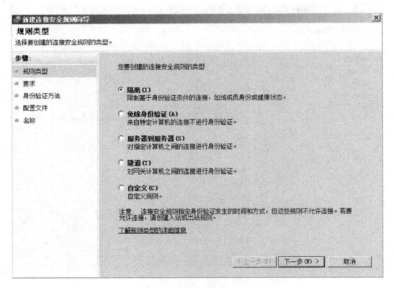

图 5-17　规则类型页面

使用高级安全 Windows 防火墙，可以创建以下部分中所述的规则类型：
➢ 隔离：使用隔离规则隔离计算机，方法是限制基于凭据的入站连接，如域成员身份或符合定义所需软件和软件配置的策略。隔离规则允许管理员实施服务器或域隔离策略。
➢ 免除身份验证：可以使用身份验证豁免来指定不需要进行身份验证的计算机。位于隔离域中的计算机可以与此规则中列出的计算机通信，即使他们无法进行身份验证。可以通过 IP 地址、IP 地址范围、子网或预定义组（如网关）来指定计算机。

- 服务器到服务器：服务器到服务器规则保护指定计算机之间的连接。这种类型的规则通常保护服务器之间的连接。创建该规则时，指定保护期间通信的网络终结点。然后指定要使用的身份验证要求和身份验证类型。
- 隧道：隧道规则允许您保护网关计算机之间的连接，通常在 Internet 上连接两个安全网关时使用。
- 自定义：当使用新连接安全规则向导中的其他类型的可用规则无法设置所需的身份验证规则时，使用自定义规则对两个终结点之间的连接进行身份验证。

5.2.4 创建 IPSec 策略

IPSec 策略由常规 IPSec 策略设置和规则组成。常规 IPSec 策略设置应用而不考虑配置规则的类型。这些设置决定策略名称、其管理目的描述、密钥交换设置以及密钥交换措施。一个或多个 IPSec 规则决定了 IPSec 必须检查的通信类型、处理通信的方式、验证 IPSec 对等端及其他设置的身份的方式。创建策略之后，可以在域、站点、OU 和本地级别应用这些策略。一台计算机上每次只能有一个策略处于活动状态。使用组策略对象分发和应用的策略可替代本地策略。在组策略管理编辑器中，设置 IP 安全策略，如图 5-18 所示。

图 5-18 在 GPO 中分配"IPSec"策略

创建新的 IPSec 策略，首先右击 IP 安全策略节点，然后单击"创建 IP 安全策略"项，如图 5-19 所示。

图 5-19　创建 IP 安全策略

在"IP 安全策略向导"页面中,单击"下一步"按钮,如图 5-20 所示。

在"IP 安全策略名称"页面中,输入策略的名称和描述,然后单击"下一步"按钮,如图 5-21 所示。

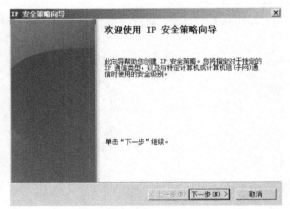 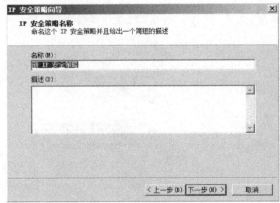

图 5-20　IP 安全策略向导　　　　　　　　图 5-21　设置 IP 安全策略名称

在"安全通讯请求"页面中,选中"激活默认响应规则"复选框或者将其设置为未选中状态,然后单击"下一步"按钮,如图 5-22 所示。

如果要使用默认响应规则,请选择身份验证方法,然后单击"下一步"按钮,如图 5-23 所示。

项目 5　配置防火墙与 IPSec

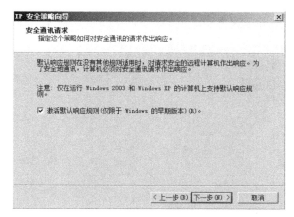 

图 5-22　设置安全通讯请求　　　　　　图 5-23　设置默认响应规则身份验证方法

在"正在完成 IP 安全策略向导"页面中，选中"编辑属性"复选框，然后单击"完成"按钮，如图 5-24 所示。

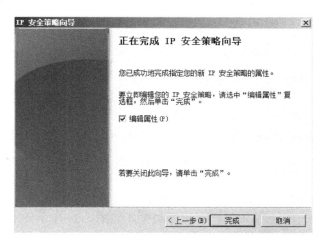

图 5-24　"正在完成 IP 安全策略向导"页面

5.2.5　添加 IPSec 策略

在安全策略中添加策略规则，可以右击 IPSec 策略，然后单击"属性"按钮，如图 5-25 所示。

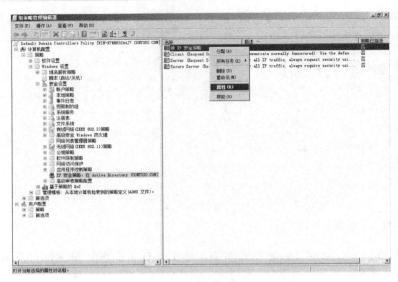

图 5-25　选择 IPSec 属性

图 5-26　使用添加向导添加 IP 安全规则

如果要在属性对话框中创建规则,则需要清除"使用添加向导"复选框。若要使用向导,则需要选中此复选框,再单击"添加"按钮,如图 5-26 所示。

在"创建 IP 安全规则"向导中,单击"下一步"按钮,如图 5-27 所示。

如果要使用隧道,则在"隧道设置"选项卡上指定终结点。默认情况下,未使用任何隧道,如图 5-28 所示。

在"网络类型"选项卡上,选择安全规则应用的网络类型,如图 5-29 所示。

在"IP 筛选器列表"选项卡中,选择适当的筛选器列表,或单击"添加"按钮以添加一个新筛选器列表。如果已经创建筛选器列表,则将在"IP 筛选器列表"列表中显示,如图 5-30 所示。

在"筛选器操作"选项卡上,选择适当的筛选器操作,或单击"添加"按钮添加新的筛选器操作,如图 5-31 所示。

在"身份验证方法"选项卡上,选择适当的方法,或单击"添加"按钮来添加新方法,如图 5-32 所示。

完成所有设置之后,单击"完成"按钮,如图 5-33 所示。

项目 5　配置防火墙与 IPSec

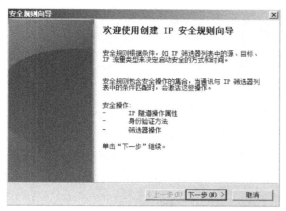

图 5-27　创建 IP 安全规则向导

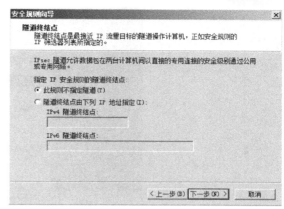

图 5-28　设置隧道终结点

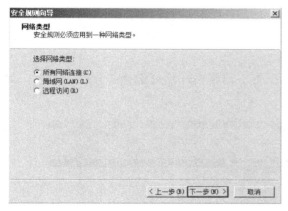

图 5-29　设置网络类型

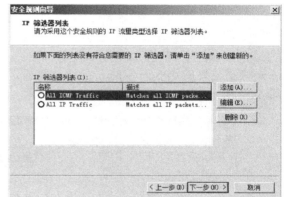

图 5-30　设置 IP 筛选器列表

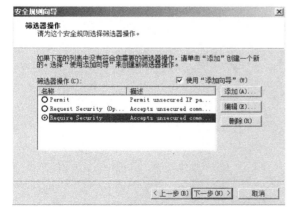

图 5-31　设置筛选器操作

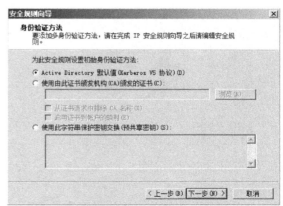

图 5-32　设置身份验证方法

77

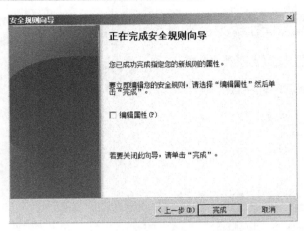

图 5-33 完成安全规则向导

5.2.6 分配 IPSec 策略

将创建好的 IPSec 策略分配给计算机，可以右击该策略，然后选择"分配"命令，如图 5-34 所示。

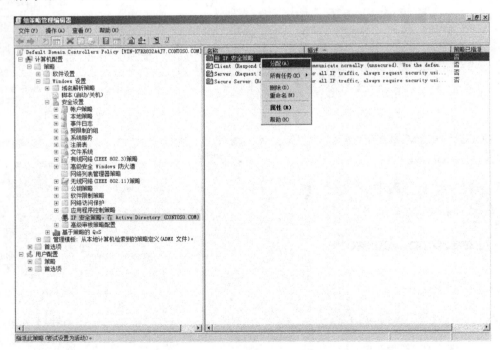

图 5-34 分配 IPSec 策略

项目 6 配置 IP 路由与网络地址转换

在 IP 网络中,如果单个子网连接多台路由器,则需要为网络上的计算机配置更为复杂的路由,使用 Windows Server 2008 R2 可以将计算机当路由器使用。同时利用 NAT 等常用的网络连接方式,可以实现多种复杂的网络应用。

6.1 项目分析

6.1.1 IP 路由

路由是网络信息从信源到信宿的路径,具体工作包含最佳路径选择和通过网络传输信息。路由使路由器能够在主机之间转发通信内容,从而实现客户端与服务器间跨子网的通信。Windows Server 2008 R2 支持 RIP 版本 2,为启用该服务,需安装"路由和远程访问服务"角色服务,可以使用静态路由来使计算机将目标不同的通信内容转发给相应的多个子网。

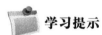
学习提示

> 路由协议:路由协议通过在路由器之间共享路由信息来支持路由协议。路由信息在相邻路由器之间传递,确保所有路由器知道到其他路由器的路径。总之,路由协议创建了路由表,描述了网络拓扑结构;路由协议与路由器协同工作,执行路由选择和数据包转发功能。
> 第 2 层地址和第 3 层地址:数据包的目标 IP 地址(第 3 层地址)不会更改,总是目标计算机的 IP 地址。将数据包转发给路由器修改的不是目标 IP 地址,而是 MAC 地址(第 2 层地址)。因此,数据包在网络间转发的过程中,源 IP 地址和目标 IP 地址是不变的,而源 MAC 地址和目标 MAC 地址会在客户端与服务器间的网络中被修改。

在 Windows 操作系统中,可以使用 pathping 命令和 tracert 命令显示源和目标间的路由,用于排查路由故障,探查当前计算机与目标之间数据包的传送过程。这两个工具所提供的结果类似。tracert 的响应更快,而 pathping 的结果更详细,能够提供可靠的网络性能分析。

6.1.2 网络地址转换

随着 Internet 的高速发展,公共 IP 地址资源几近耗尽。目前,绝大多数企业内部网络都使用私有 IP 地址。由于私有 IP 地址不能在 Internet 上通信,因此需要使用"网络地址转换"(NAT)

服务来将通信转发至 Internet，同时将私有 IP 地址转换为公共 IP 地址。

由于 IP 地址的短缺，Internet 服务提供商（ISP）一般只为每一个需要 Internet 连接的组织分配少量公共 IP 地址，与组织内部的计算机数量相比，显然严重不足。网络地址转换（NAT）使具有公共 IP 地址的计算机（或其他类型的网络设备，如路由器）能够为企业内部网络中成千上万台主机提供 Internet 访问功能。企业内部网络上的主机可以使用以下私有 IP 地址。

> A 类私有地址：10.0.0.0～10.255.255.255
> B 类私有地址：172.16.0.0～172.31.255.255
> C 类私有地址：192.168.0.0～192.168.255.255

NAT 服务器处在公共 Internet 和专用企业内部网络的边界上，能够将传出连接的专用 IP 地址转换为公共 IP 地址。Windows Server 2008 R2 可以使用路由和远程访问服务实现 NAT 服务。

6.2 项目实施

6.2.1 安装并配置路由

使用 Windows Server 2008 R2 充当路由器的工作，首先需要安装"路由和远程访问服务"角色，打开"服务器管理器"窗口，在左侧窗格中选择"角色"项，然后在右侧窗格中单击"添加角色"按钮，如图 6-1 所示。

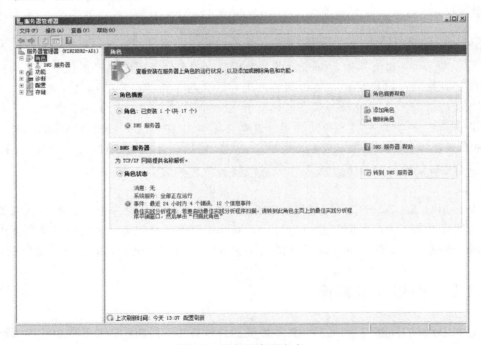

图 6-1　添加服务器角色

单击"下一步"按钮，显示"开始之前"页面，如图6-2所示。

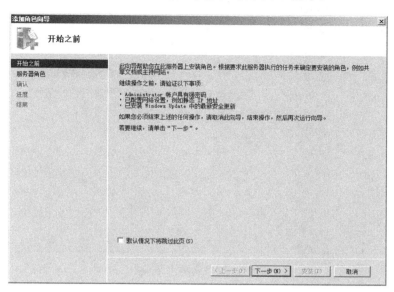

图6-2 "开始之前"页面

单击"下一步"按钮，在"选择服务器角色"页面中，选中"网络策略和访问服务"复选框，如图6-3所示。

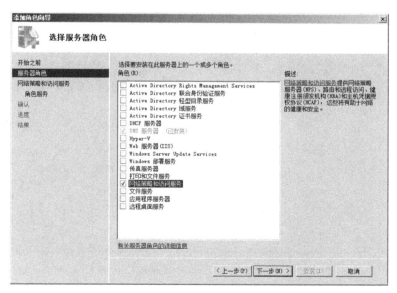

图6-3 "选择服务器角色"页面

单击"下一步"按钮，显示"网络策略和访问服务"简介页面，如图6-4所示。

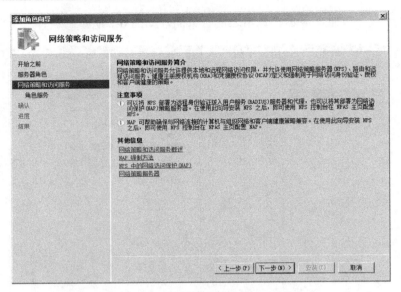

图 6-4 "网络策略和访问服务"页面

单击"下一步"按钮，在"选择角色服务"页面中，选中"路由和远程访问服务"复选框。向导会自动选中"远程访问服务"和"路由"复选框，如图 6-5 所示。

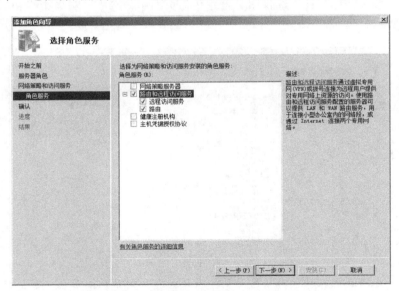

图 6-5 "选择角色服务"页面

单击"下一步"按钮，在"确认安装选择"页面中，单击"安装"按钮，如图 6-6 所示。

项目 6 配置 IP 路由与网络地址转换

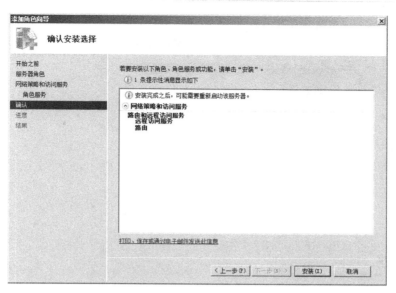

图 6-6 确认安装选择

在"添加角色向导"完成安装后，显示安装结果，如图 6-7 所示，单击"关闭"按钮。

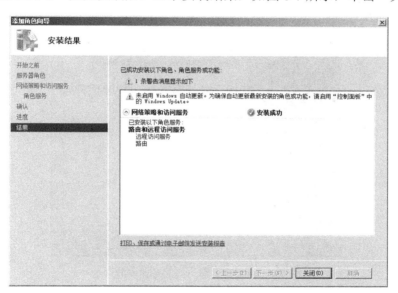

图 6-7 查看安装结果

在"服务器管理器"控制树中，依次展开"角色"和"网络策略和访问服务"节点，选择"路由和远程访问"项，右击"路由和远程访问"项，选择"配置并启用路由和远程访问"菜单命令，如图 6-8 所示。

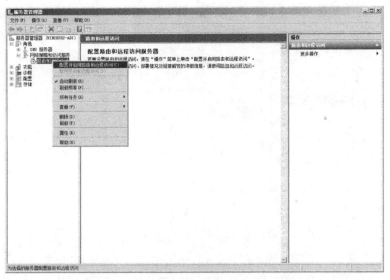

图 6-8　配置并启用路由和远程访问

此时会显示"路由和远程访问服务器安装向导"页面。在"欢迎使用路由和远程访问服务器安装向导"页面中，单击"下一步"按钮，如图 6-9 所示。

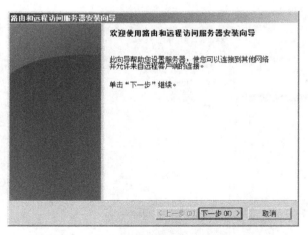

图 6-9　路由和远程访问服务器安装向导

在"配置"页面中，选中"自定义配置"单选框，如图 6-10 所示，然后单击"下一步"按钮。

在"自定义配置"页面中，选中"LAN 路由"复选框，如图 6-11 所示，然后单击"下一步"按钮。

项目 6　配置 IP 路由与网络地址转换

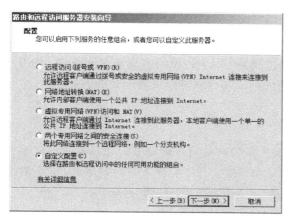 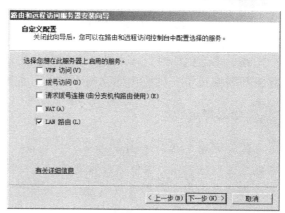

图 6-10　"路由和远程访问服务器安装向导"　　　图 6-11　"路由和远程访问服务器安装向导"
　　　　　配置页面　　　　　　　　　　　　　　　　　　　　自定义配置页面

在"正在完成路由和远程访问服务器安装向导"页面上,将显示"路由和远程访问"对话框,如图 6-12 所示,单击"启动服务"按钮,进行初始化设置,如图 6-13 所示。初始化结束后,单击"完成"按钮,结束安装,如图 6-14 所示。

 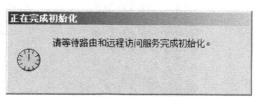

图 6-12　启动路由和远程访问服务　　　　　　图 6-13　运行初始化设置

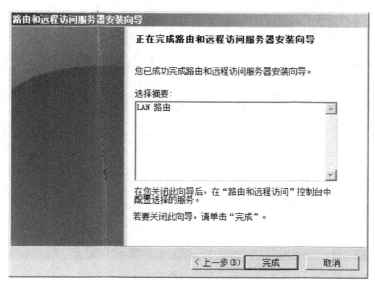

图 6-14　"正在完成路由和远程访问服务器安装向导"页面

6.2.2 设置静态路由

在大多数网络中，客户端计算机需要配置默认网关，用于处理所有与子网的通信。如果计算机需要通过不同的路由器来与不同的远程网络通信，那么这时就需要配置静态路由。

 学习提示

拨号网络和虚拟专用网络（VPN）能够自动更改客户端的路由配置，根据连接的配置，可能更改默认网关，以便通过按需连接发送所有通信内容，也可能建立临时的路由，使针对专用网络的通信内容能够通过按需连接发送。这两种方式都不需要手动配置路由。

1. 使用 route 命令配置静态路由

在命令提示符下可以使用 route 命令来检查和配置静态路由。要查看路由表（routing table），可以运行 route print 命令，其输出如图 6-15 所示。

图 6-15　查看路由表

在路由表中列出了目标网络和用于访问该网络的接口或路由器。虽然路由表看起来很复杂，但具体信息很容易理解。Windows 为 IPv4 和 IPv6 各维护一个路由表。在目前大多数网络只使用 IPv4，所以在"IPv4 路由表"区段中，"永久路由"包含的是已添加的远程网络静态路由。

在命令行中添加静态路由，使用 route add 命令。例如，如果相邻的路由器的地址为 211.81.40.11，能够提供到 192.168.1.0/24 网络（子网掩码为 255.255.255.0）的访问，应运行命令 "route -p add 192.168.1.0 mask 255.255.255.0 211.81.40.11" 来向网络中添加静态路由。对于 route add 命令，-P 参数可以使路由变为永久的。如果某条路由不是永久的，那么它会在计算机最新启动后被移除。添加静态路由后，再查看路由表，在 IPv4 路由表中，可以查看新添加的路由，如图 6-16 所示。

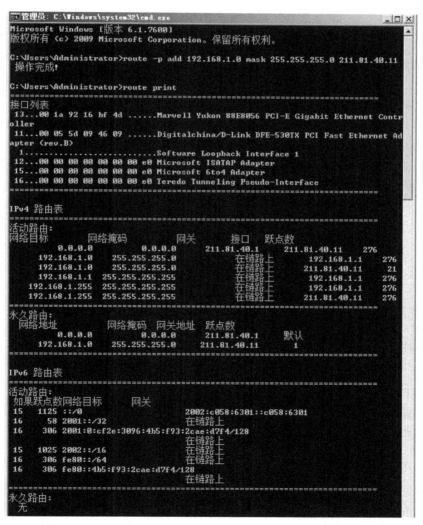

图 6-16　添加静态路由后查看路由表

2. 使用"路由和远程访问"来配置静态路由

在安装"路由和远程访问服务"后，可以查看 IP 路由表。在"服务器管理器"中，导航至"角色"\"网络策略和访问服务"\"路由和远程访问"\"IPv4"\"静态路由"，右击"静态路由"项，然后选择"显示 IP 路由表"命令。如图 6-17 所示，路由和远程访问，能够显示静态路由表（不包括通过 RIP 添加的动态路由）。

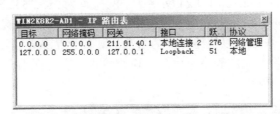

图 6-17　静态路由表

添加静态路由，可以在"服务器管理器"中，导航至"角色"\"网络策略和访问服务"\"路由和远程访问"\"IPv4"\"静态路由"，右击"静态路由"项，然后选择"新建静态路由"命令，如图 6-18 所示。

在"IPv4 静态路由"对话框中，选择用于将通信内容转发给远程网络的网络接口。在"目标"框中，输入目标网络的网络 ID。在"网络掩码"文本框中，输入目标网络的子网掩码。在"网关"文本框中，输入将转发目标数据包的网关地址。只有当到达同一目标网络有多条路径并且希望计算机选择其中的一个网关时，才需配置"跃点数"。单击"确定"按钮，完成设置，如图 6-19 所示。

图 6-18　新建静态路由

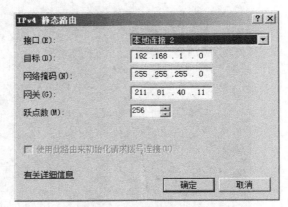

图 6-19　添加 IPv4 静态路由

6.2.3　配置网络地址转换

使用"路由和远程访问"可以充分利用 NAT 功能，实现多个内部网络与外网的路由，并结合其他服务实现更为复杂的网络功能。

1. 启用 NAT

在 Windows Server 2008 R2 上配置"路由和远程访问"的 NAT,首先需要配置一台带有两个接口的 NAT 服务器,其中一个接口连接到 Internet,具有公有 IP 地址,另一个接口连接到专用的企业内部网络,具有专用的静态 IP 地址。然后,在"服务器管理器"中,选择"角色"对象,单击"添加角色"按钮,添加"网络策略和访问服务"角色,同时安装"路由和远程访问服务"角色服务。再在"服务器管理器"中,导航至"角色"\"网络策略和访问服务"\"路由和远程访问",右击"路由和远程访问"命令,然后选择"配置并启用路由和远程访问"项,如图 6-20 所示。

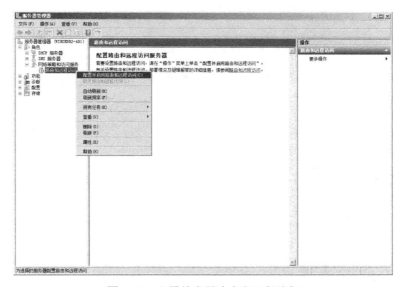

图 6-20　配置并启用路由和远程访问

在"欢迎使用路由和远程访问服务器安装向导"页面中,单击"下一步"按钮,如图 6-21 所示。

图 6-21　使用路由和远程访问服务器安装向导

在"配置"页面中,选择"网络地址转换(NAT)",然后单击"下一步"按钮,如图6-22所示。

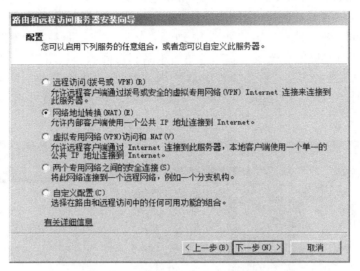

图6-22 选择配置"网络地址转换"

在"NAT Internet 连接"页面中,选择将服务器连接到 Internet 的接口,然后单击"下一步"按钮,如图6-23所示。

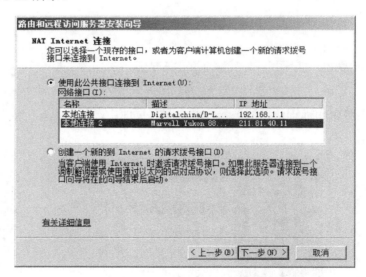

图6-23 选择 NAT Internet 连接端口

在"正在完成路由和远程访问服务器安装向导"页面中,单击"完成"按钮,如图 6-24 所示。系统将自动完成路由和远程访问初始化,如图 6-25 所示。初始化完成后,该服务器就可以将企业内部网络的数据包转发到 Internet 了。

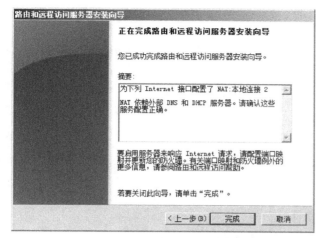

图 6-24 完成路由和远程访问服务器安装向导

图 6-25 正在完成初始化

2. 启用 DHCP

如企业内部有成千上万台主机，则如果全部使用静态 IP 地址，将会大大增加网络维护的开销。为解决此问题，可以在启用 NAT 后，配合使用 DHCP 服务，在 Windows Server 2008 R2 服务器上添加"DHCP 服务器"角色。虽然 NAT 提供的 DHCP 功能有限，但仍然能够为单个子网上的 DHCP 客户端提供 IP 地址配置。要设置 NAT DHCP 服务器，首先需要在"服务器管理器"中，导航至"角色"\"网络策略和访问服务"\"路由和远程访问"\"IPv4"\"NAT"，在 NAT 上右击，然后选择"属性"命令。在"地址分配"选项卡中，选中"使用 DHCP 分配器自动分配 IP 地址"复选框，输入专用网络地址和子网掩码，如图 6-26 所示。

若需要排除以静态方式分配给现有服务器的特定地址，可以单击"排除"按钮，然后使用"配出保留地址"对话框来添加不希望分配给 DHCP 客户端的地址。要查看 DHCP 服务器的统计信息，在"服务器管理器"中，导航至"角色"\"网络策略和访问服务"\"路由和远程访问"\"IPv4"\"NAT"，右击 NAT，然后选择"显示 DHCP 分配器信息"。

3. 实现 DNS 请求的转发

接入 Internet，NAT 客户端要能够处理 DNS 请求。为此，需要使用"DNS 服务器"角色。对于不需要 DNS 服务器的小型网络,可以让 NAT 来将 DNS 请求转发给 NAT 服务器上的 DNS 服务器。通常设置为 ISP 的 DNS 服务器。要配置 DNS 请求的转发，可以在"服务器管理器"中，导航至"角色"\"网络策略和访问服务"\"路由和远程访问"\"IPv4"\"NAT"，然后选择"属性"命令。在"名称解析"选项卡中，选中"使用域名系统（DNS）的客户端"复选框，如图 6-27 所示。如果 NAT 服务器必须通过 VPN 连接或拨号连接才能访问网络，应选中"当名称需要解析时连接到公用网络"复选框，然后选择相应的拨号连接。要查看 DNS 服务器的统计信息，在"服务器管理器"中，导航至"角色"\"网络策略和访问服务"\"路由和远程访问"\"IPv4"\"NAT"，在 NAT 节点上右击，然后选择"显示 DNS 代理信息"。

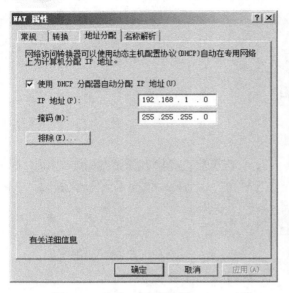
图 6-26　修改 NAT 属性的 DHCP 功能

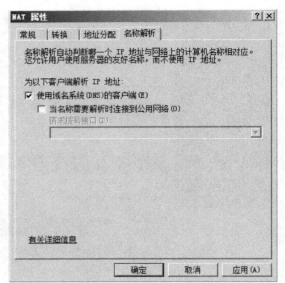
图 6-27　设置 NAT 名称解析

6.2.4　排除网络地址转换故障

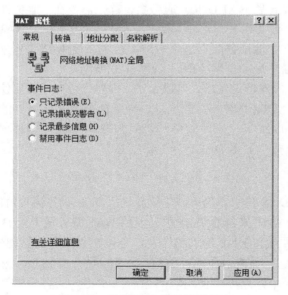

图 6-28　设置 NAT 属性事件日志

在默认情况下,"路由和远程访问服务"的 NAT 组件会将 NAT 错误记录在"系统"事件日志中,管理员可以在"服务器管理器"中浏览"诊断"\"事件查看器"\"Windows 日志"\"系统"中来源为 ShareAccess_NAT 的事件。

管理员也可以使 NAT 记录警告,执行详细记录,或者完全禁用日志记录。要配置 NAT 的日志记录,可在"服务器管理器"中,导航至"角色"\"网络策略和访问服务"\"路由和远程访问"\"IPv4"\"NAT",右击 NAT,然后选择"属性"命令。在"常规"选项卡中,选择所需的记录级别,然后单击"确定"按钮,如图 6-28 所示。

项目 7　部署 VPN 与 NAP

Windows Server 2008 R2 可以通过虚拟专用网络（VPN）实现远程用户通过外网连接到企业内部的网络资源。网络访问保护（NAP）可以使企业网络管理员能够针对客户端计算机的健康状态对网络访问进行限制。

7.1　项目分析

7.1.1　虚拟专用网络

为使用户能够在 Internet 中连接企业内部服务器并进行交换文件、同步数据，需要配置远程访问。远程访问一般有拨号或 VPN 两种形式。使用 VPN 方式将具有更加优越的性能，但必须在客户端和服务器之间存在活动的链接。

虚拟专用网络（VPN）是跨专用网络或公用网络的点对点连接。VPN 客户端使用基于 TCP/IP 的隧道协议对 VPN 服务器上的虚拟端口进行虚拟呼叫。在典型的 VPN 部署中，客户端通过 Internet 启动与远程访问服务器的虚拟点对点连接。远程访问服务器应答呼叫，对呼叫方进行身份验证，并在 VPN 客户端与组织的专用网络之间传输数据。这种封装并加密专用数据的链路称为 VPN 连接。

VPN 连接有两种常见类型：

➢ 远程访问 VPN：远程访问 VPN 连接使在家中或路上工作的用户可以使用公用网络提供的基础结构来访问专用网络上的服务器。从用户的角度来看，VPN 是客户端计算机与组织的服务器之间的点对点连接。与共享网络或公用网络确切的基础结构不相关，因为 VPN 是以逻辑形式出现，正如数据通过专用链路发送一样。

➢ 站点间 VPN：站点间 VPN 连接，也称为路由器间 VPN 连接，其使组织可以在各个独立办公室之间或与其他组织之间通过公用网络建立路由的连接，同时帮助保证通信的安全。跨 Internet 的路由 VPN 连接在逻辑上作为专用广域网链路使用。通过 Internet 连接网络时，如图 7-1 所示，路由器将通过 VPN 连接将数据包转发到其他路由器。对于路由器来说，VPN 连接是作为数据链路层链路使用的。站点间 VPN 连接用于连接专用网络的两个部分。VPN 服务器提供与 VPN 服务器连接到的网络的路由连接。呼叫路由器（VPN 客户端）向应答路由器（VPN 服务器）进行自我身份验证，为了进行相互身份验证，应答路由器也向呼叫路由器进行自我身份验证。

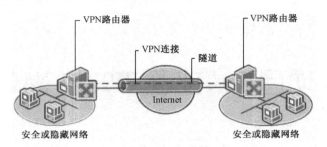

图 7-1　跨 Internet 连接两个远程站点的 VPN

使用 PPTP、L2TP/IPSec 和 SSTP 的 VPN 连接具有下列属性：
- 封装：借助 VPN 技术，专用数据被封装，其标头包含的路由信息使数据可以在网络之间传输。
- 身份验证：VPN 连接的身份验证可采用 3 种不同的形式，①使用 PPP 身份验证的用户级身份验证；②使用 Internet 密钥交换的计算机级身份验证；③数据源身份验证和数据完整性。
- 数据加密：为了保证数据在共享传输网络或公用传输网络上传输时的机密性，由发送方对数据进行加密，由接收方对数据进行解密。加密和解密过程依赖于使用通用加密密钥的发送方和接收方。没有通用加密密钥的用户即使截获了在传输网络中通过 VPN 连接发送的数据包，也无法解析数据。加密密钥的长度是保证数据机密性的重要安全参数。

7.1.2　网络访问保护

在网络环境中使用网络访问保护功能，可确保访问重要资源的计算机能够满足一定的客户端健康标准。这些标准可以是最新的更新、反病毒或者反间谍软件，并且启用了防火墙等安全设置。

网络访问保护（NAP)是在 Windows Server 2008 以及 Windows Server 2008 R2 操作系统中新增加的功能。NAP 是一个新平台，它允许网络管理员根据客户端的标识定义网络访问级别、客户端所属的组以及客户端符合企业管理策略的程度。如果客户端不符合，NAP 将提供可使客户端自动符合（此过程称为更新）并且随后动态提高其网络访问级别的机制。Windows（R）7、Windows Vista（R）、Windows（R） XP Service Pack 3（SP3）、Windows Server 2008 和 Windows Server（R） 2008 R2 都支持 NAP。

网络访问保护（NAP）基础结构包括 NAP 客户端计算机、NAP 强制点和 NAP 健康策略服务器，可选组件包括更新服务器和健康要求服务器。

1．NAP 客户端计算机

若要访问网络，NAP 客户端将首先从本地安装的软件（称为系统健康代理 SHA）收集有关该客户端健康状况的信息。安装在客户端计算机上的每个 SHA 都提供当前设置或设计用于监视的活动的相关信息。NAP 代理是一种在本地计算机上运行的服务，能够收集来自 SHA 的信息。NAP 代理服务将汇总该计算机的健康状态信息并将此信息传递给一个或多个 NAP 强制客户端。强制客户端是与 NAP 强制点交互以便在网络上进行访问或通信的软件。

2. NAP 强制点

NAP 强制点是一个服务器或硬件设备，它向 NAP 客户端计算机提供某个级别的网络访问权限。每个 NAP 强制技术都使用不同类型的 NAP 强制点，如表 7-1 所示。

表 7-1 NAP 强制方法与 NAP 强制点的对应关系

NAP 强制方法	NAP 强制点
Internet 协议安全性（IPSec）	健康注册机构（HRA）和网络策略服务器（NPS）
802.1X	交换机（有线）或无线访问点（无线）
VPN	RRAS
DHCP	DHCP 和 NPS
远程桌面网关（RD 网关）	RD 网关和 NPS

当 NAP 强制点运行 Windows Server 2008 或 Windows Server 2008 R2 时，即称为 NAP 强制服务器。所有 NAP 强制服务器都必须运行 Windows Server 2008 或 Windows Server 2008 R2。在使用 802.1X 强制的 NAP 中，NAP 强制点是兼容 IEEE 802.1X 的交换机或无线访问点。IPSec、DHCP 和 RD 网关强制方法的 NAP 强制服务器也必须运行配置为 RADIUS 代理或 NAP 健康策略服务器的 NPS。使用 VPN 强制的 NAP 不要求在 VPN 服务器上安装 NPS。

3. NAP 健康策略服务器

NAP 健康策略服务器是一台运行 Windows Server 2008 或 Windows Server 2008 R2 的计算机，并且已安装和配置了 NPS 角色服务，可用于评估 NAP 客户端计算机的健康状况。所有的 NAP 强制技术至少需要一个健康策略服务器。NAP 健康策略服务器使用策略和设置对 NAP 客户端计算机提交的网络访问请求进行评估。

4. NAP 更新服务器

NAP 更新服务器能够向不兼容的客户端计算机提供更新和服务。根据更新网络的设计，兼容的计算机也可以访问更新服务器。NAP 更新服务器的示例包括：

- 防病毒签名服务器。如果健康策略要求计算机必须有最新的防病毒签名，则不兼容的计算机必须具有对提供这些更新的服务器的访问权限。
- Windows Server Update Services。如果健康策略要求计算机必须有最新的安全更新或其他软件更新，可以通过将 WSUS 放置在更新网络上来提供这些更新。
- System Center 组件服务器。System Center Configuration Manager 管理点、软件更新点和分发点用于承载使计算机兼容所需的软件更新。使用配置管理器部署 NAP 时，支持 NAP 的计算机要求访问运行这些站点系统角色的计算机才能下载其客户端策略、扫描软件更新兼容性以及下载所需的软件更新。
- 域控制器。不兼容的计算机可能会要求访问不兼容网络上的域服务以进行身份验证，以便从组策略下载策略或维护域配置文件设置。
- DNS 服务器。不兼容的计算机必须具有对 DNS 的访问权限才能解析主机名。

- DHCP 服务器。当不兼容网络上的客户端 IP 配置文件更改或 DHCP 租用过期时，不兼容的计算机必须具有访问 DHCP 服务器的权限。
- 服务器问题疑难解答。配置更新服务器组时，可以选择提供包含有关如何使计算机符合健康策略的说明的疑难解答 URL。可以为每个网络策略提供不同的 URL。这些 URL 必须能够在更新网络上访问。
- 其他服务。可以在更新网络上提供对 Internet 的访问权限，使不兼容的计算机能够访问更新服务，如 Windows Update 和其他 Internet 资源。

5. NAP 健康要求服务器

健康要求服务器是能够向一个或多个系统健康验证程序（SHV）提供健康策略要求和健康评估信息的计算机。如果 NAP 客户端计算机报告的健康状态能够在不咨询其他设备的情况下通过 NPS 的验证，则不需要健康要求服务器。使用配置管理器 SHV 部署 NAP 时将使用健康要求服务器。配置管理器 SHV 将联系全局编录服务器，通过检查向 Active Directory 域服务（ADDS）发布的健康状态参考来验证客户端的健康状态。因此，部署配置管理器 SHV 后，域控制器将用做健康要求服务器，其他 SHV 也可以使用健康要求服务器。

7.2 项目实施

7.2.1 VPN 服务器配置

Windows Server 2008 R2 支持 3 种 VPN 技术，分别为：点对点隧道协议（PPTP）、第二层隧道协议（L2TP）和安全套接字隧道协议（SSTP）。在 PPTP、L2TP/IPSec 和 SSTP 远程访问 VPN 解决方案之间进行选择时，需要考虑到各自的特点以及应用环境的需求。

PPTP 可以用于各种 Microsoft 客户端。与 L2TP/IPsec 不同，PPTP 不要求使用公钥结构（PKI）。基于 PPTP 的 VPN 连接使用加密来提供数据保密性，但不提供数据完整性或数据源身份验证。

L2TP 支持将计算机证书或预共享密钥作为 IPSec 的身份验证方法。在使用计算机证书身份验证时，要求使用 PKI 来向 VPN 服务器计算机和所有 VPN 客户端计算机颁发计算机证书。L2TP/IPSec VPN 连接使用 IPSec 来提供数据保密性、数据完整性和数据身份验证。与 PPTP 和 SSTP 不同，L2TP/IPSec 启用 IPSec 层的计算机身份验证和 PPP 层的用户级身份验证。

SSTP 只能用于运行 Windows Vista Service Pack 1、Windows Server 2008 或 Windows Server 2008 R2 的客户端计算机。SSTP VPN 连接使用 SSL 来提供数据保密性、数据完整性和数据身份验证。

要配置远程访问 VPN 服务器，首先为 VPN 服务器配置至少两个网络适配器，一个用于连接到 Internet，另一个用于连接到企业内部。然后，添加"网络策略和访问服务"，如前所述。随后再设置启用服务器的请求拨号路由。

在"服务器管理器"中，导航至"角色"\"网络策略和访问服务"\"路由和远程访问"，右击"路由和远程访问"项,选择"配置并启用路由和远程访问"命令。在"路由和远程访问服务器安装向导"页面中,单击"下一步"按钮。在"配置"页面中,选中"远程访问"选项,然后单击"下一步"按钮,如图7-2所示。

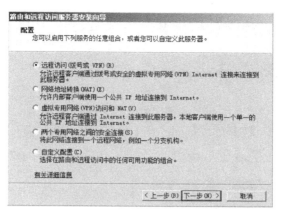

图7-2 选中"远程访问"选项

在"远程访问"页面中,选中"VPN"复选框,然后单击"下一步"按钮,如图7-3所示。在"VPN连接"页面中,选择将服务器连接到Internet的网络接口,同时选中"通过设置静态数据包筛选器来对选择的接口进行保护"复选框,然后单击"下一步"按钮,如图7-4所示。在"IP地址分配"页面中,如果网络上已经有DHCP服务器,则选中"自动"单选框。如果希望由VPN服务器从池中分配尚未分配给DHCP服务器的IP地址,则选中"来自一个指定的地址范围"单选框,单击"下一步"按钮,如图7-5所示。如果选择了"来自一个指定的地址范围"则会显示"地址范围分配"页面,如图7-6所示。单击"新建"按钮,输入IPv4地址范围,如图7-7所示,然后单击"确定"按钮,添加所有所需的地址范围。在"管理多个远程访问服务器"页面中,选择如何对用户进行身份验证。如果有单独的RADIUS服务器,则选中"是"单选框。如果希望通过"路由和远程访问"来进行身份验证,则选中"否"单选框,然后单击"下一步"按钮,如图7-8所示。在"正在完成路由和远程访问服务器安装向导"页面中,单击"完成"按钮,完成设置,如图7-9所示。

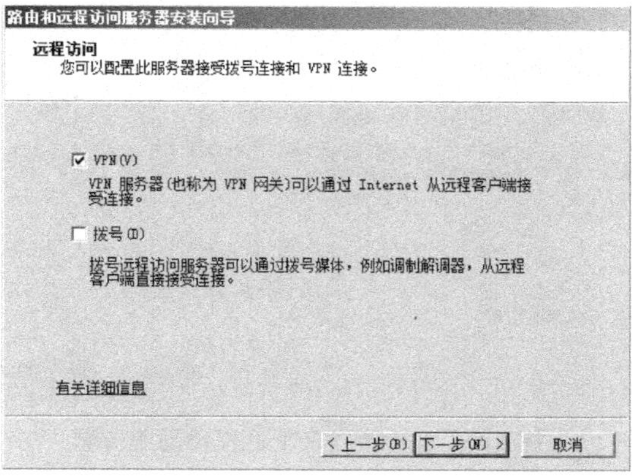

图7-3 选中VPN复选框

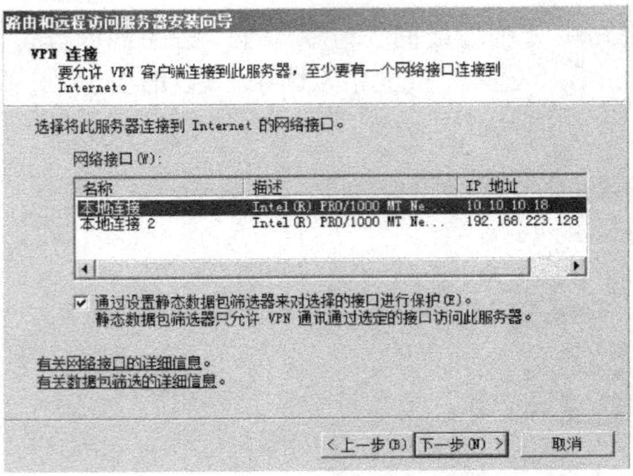

图 7-4　设置连接至 Internet 的网络接口 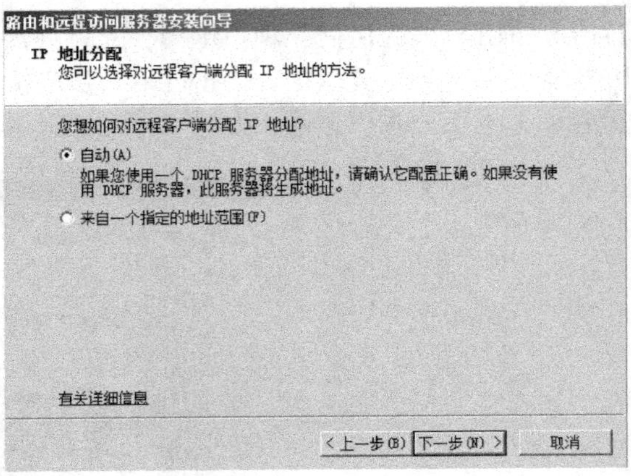　　　　图 7-5　为远程客户端分配 IP 地址

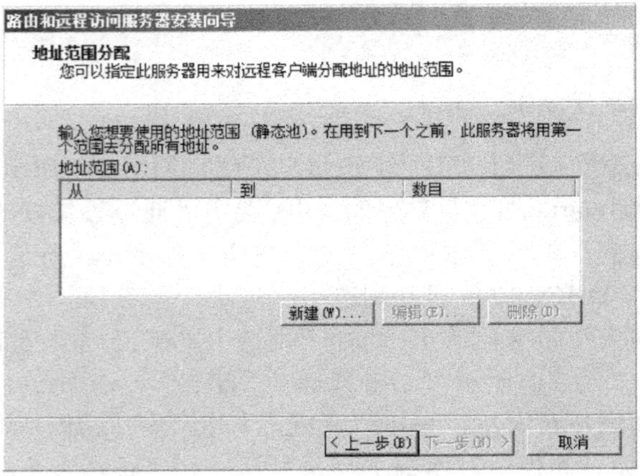

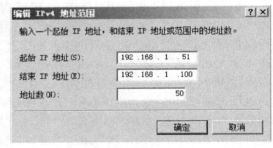

图 7-6　指定为远程客户端分配地址的范围　　　图 7-7　编辑 IPv4 地址范围

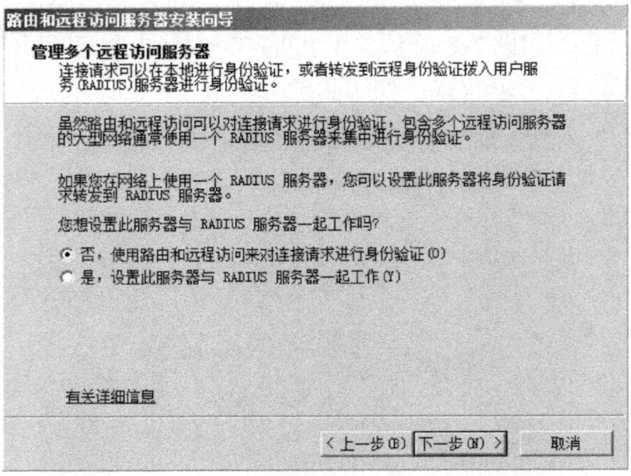

图 7-8　设置管理多个远程访问服务器

项目 7 部署 VPN 与 NAP

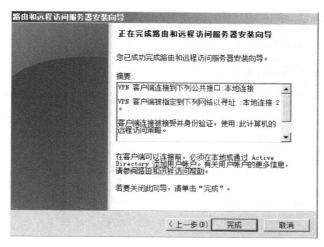

图 7-9 完成路由和远程访问服务器安装向导

在完成安装后,就可以通过选择"角色"\"网络策略和访问服务"\"路由和远程访问"\"端口"节点来查看能够接受传入 VPN 连接的可用 VPN 端口,如图 7-10 所示。在默认情况下,Windows Server 2008 R2 会为每种 VPN 技术分别创建 128 个端口。每个 VPN 连接需要一个端口。要添加或移除端口,可在端口节点上右击,然后选择"属性"命令。在"端口属性"对话框中,单击希望调整的端口类型,然后单击"配置"按钮进行配置,如图 7-11 和图 7-12 所示。

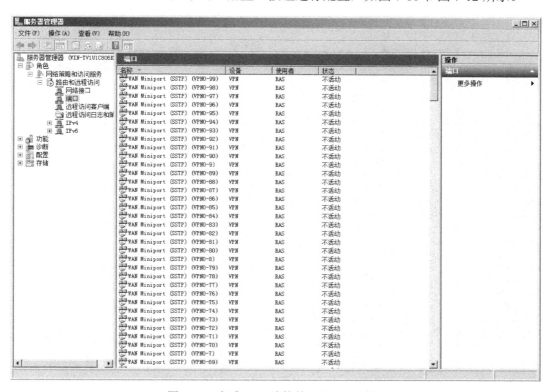

图 7-10 查看 VPN 连接的可用 VPN 端口

99

图 7-11 配置端口属性

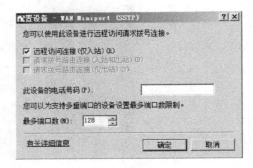
图 7-12 配置端口设备

如果将计算机配置为 VPN 服务器，Windows Server 2008 R2 会自动配置 DHCP 中继代理。如果 VPN 服务器在运行"路由和远程访问服务器安装向导"时是 DHCP 客户端，该向导会自动为 DHCP 中继代理配置 DHCP 服务器的 IPv4 地址。如果安装之后要更改这个 IP 地址，可以使用"角色"\"网络策略和访问服务"\"路由和远程访问"\"IPv4"\"DHCP 中继代理"节点来编辑 DHCP 中继代理的属性，如图 7-13 所示。

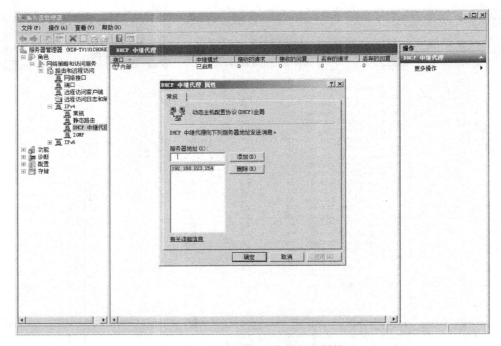
图 7-13 修改 DHCP 中继代理属性

7.2.2 VPN 客户端的配置

首先要为 VPN 用户授予远程访问权限。在 AD 域环境中，可以通过编辑用户属性来完成，选择"拨入"选项卡，然后选择"允许访问"项。

为使 VPN 客户端能够连接 VPN 服务器，首先在"客户端计算机\控制面板\网络"和"Internet\网络和共享中心"中，设置新的连接或网络，如图 7-14 所示。

图 7-14 在 VPN 客户端设置新的连接或网络

在设置连接选项页面中，选择连接到工作区，如图 7-15 所示。

在选择如何连接页面中，选择"使用我的 Internet 连接（VPN）"项，通过 Internet 使用虚拟专用网络 VPN 来连接，如图 7-16 所示。

图 7-15 设置连接选项

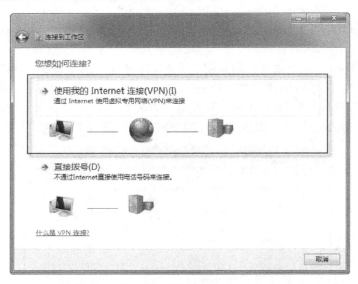

图 7-16 设置如何连接

在"键入要连接的 Internet 地址"页面中,输入 VPN 服务器的 Internet 地址,并选择是否使用智能卡,是否允许其他人使用此连接,是否现在不连接,如图 7-17 所示。

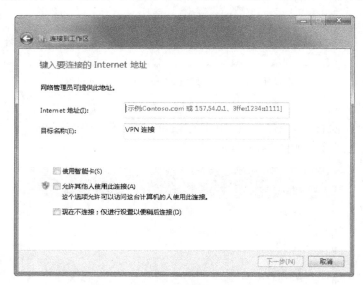

图 7-17 输入要连接的 Internet 地址

在输入 VPN 服务器的 Internet 地址后,单击"下一步"按钮,进入"键入用户名和密码"页面,输入认证所需用户名和密码,在此页面中还可以输入用户属于某个域,完成后单击"连接"按钮即可进行连接,如图 7-18 所示。

项目 7 部署 VPN 与 NAP

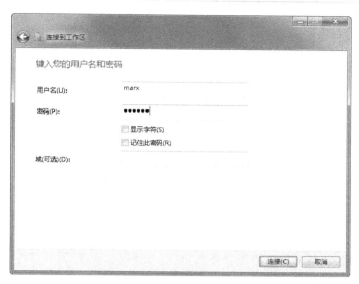

图 7-18 输入用户名和密码

如果用户要连接 VPN，可以在"控制面板\网络"和"Internet\网络和共享中心"中，选择连接到网络，如图 7-19 所示。然后在弹出的提示框中，选择已经建好的 VPN 连接，单击"连接"按钮进行连接，如图 7-20 所示。

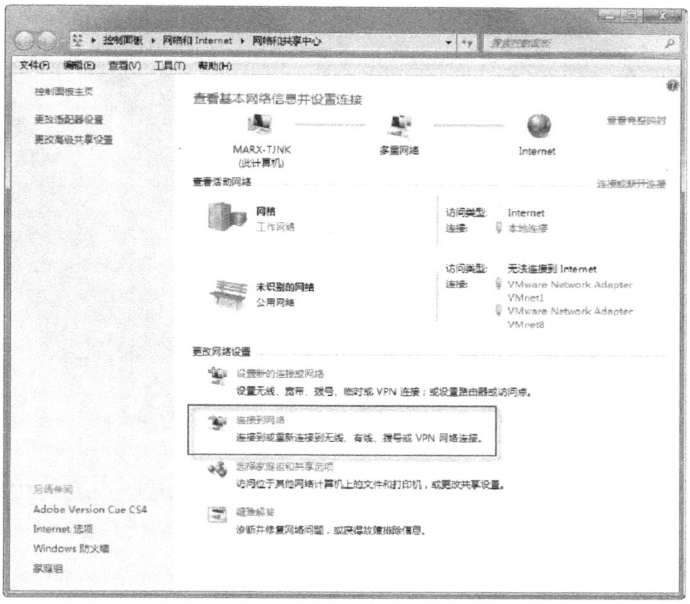

图 7-19 连接到网络

图 7-20　选择已建立的 VPN 并连接

7.2.3　安装网络策略服务器

首先在服务器管理器中单击添加服务器角色，然后在"选择服务器角色"页面中选中"网络策略和访问服务"复选框，单击"下一步"按钮，如图 7-21 所示。

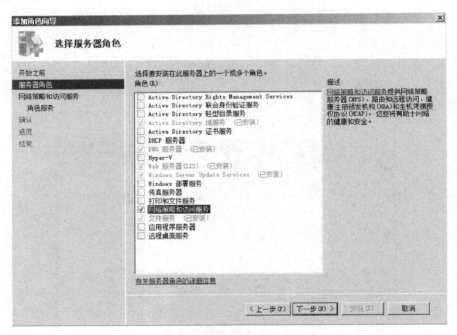

图 7-21　添加网络策略和访问服务角色

在"选择角色服务"页面中，根据不同的部署要求可以选择安装的角色服务有：

➢ 网络策略服务器（NPS）。NPS 是 RADIUS 服务器和代理的 Microsoft 实现。可以使用 NPS 集中管理通过各种网络访问服务器（包括无线访问点、VPN 服务器、拨号服务器和 802.1X 身份验证交换机）所进行的网络访问。此外，还可以通过用于无线连接的受保护的可扩展身份验证协议（PEAP）-MS-CHAP v2，使用 NPS 部署安全密码身份验证。NPS 还包含用于在网络上部署 NAP 的关键组件。

➢ 健康注册机构（HRA）。HRA 是一个 NAP 组件，该组件向通过健康策略验证的客户端颁发健康证书。健康策略验证由使用客户端 SoH 的 NPS 执行。HRA 仅与 NAP IPSec 强制方法一起使用。
➢ 主机凭据授权协议（HCAP）。HCAP 允许 Microsoft NAP 解决方案与 Cisco 网络访问控制服务器集成。当使用 NPS 和 NAP 部署 HCAP 时，NPS 可以执行客户端健康评估和 Cisco 802.1X 访问客户端的授权。
➢ 选中网络策略服务器，如图 7-22 所示，单击"下一步"按钮开始安装。按照安装向导逐步进行设置。在结束安装后，即可在管理工具菜单中选择网络策略服务器命令，打开网络策略服务器控制台运行界面，如图 7-23 所示。

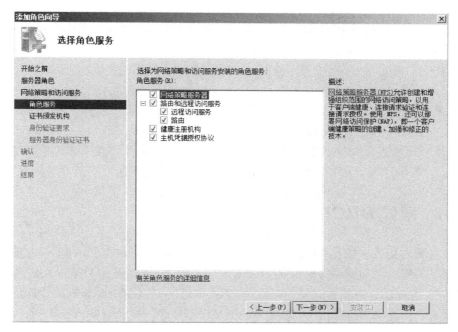

图 7-22　选择网络策略服务器角色服务

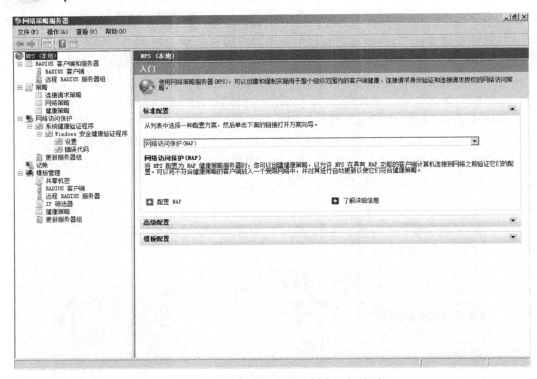

图 7-23　网络策略服务器控制台运行界面

7.2.4　配置 DHCP 的 NAP 强制

　　动态主机配置协议（DHCP）强制是使用 DHCP 网络访问保护（NAP）强制服务器组件、DHCP 强制客户端组件和网络策略服务器（NPS）部署的。通过使用 DHCP NAP 强制，DHCP 服务器和 NPS 可以在计算机尝试租用或续订 IPv4 地址时强制使用健康策略。但如果客户端计算机已配置有一个静态 IP 地址，或配置为避免使用 DHCP，则此强制方法无效。

　　配置网络策略服务器，首先在管理工具菜单中选择网络策略服务器命令，打开网络策略服务器控制台，在"入门"页面中，选择"配置 NAP"，如图 7-24 所示。

　　在选择与 NAP 一起使用的网络连接方法页面中，选择动态主机配置协议 DHCP，如图 7-25 所示。当单击"完成"按钮后，此界面中将显示其他要求提示，如图 7-26 所示。单击其他要求链接即可显示若使用 DHCP 部署 NAP 所需要的其他相关配置的提示，其内容如下：

　　若要使用 DHCP 部署 NAP，则必须进行下列配置：

- ➢ 在 NPS 中，配置连接请求策略、网络策略和 NAP 健康策略。可以使用 NPS 控制台分别配置这些策略，也可以使用"新建网络访问保护"向导进行配置。
- ➢ 在可用 NAP 的客户端计算机上启用 NAP DHCP 强制客户端和 NAP 服务。
- ➢ 在本地计算机或远程计算机上安装 DHCP。
- ➢ 在 DHCP Microsoft 管理控制台（MMC）管理单元中，为各个作用域或在 DHCP 服务器上配置的所有作用域启用 NAP。

➢ 配置 Windows 安全健康验证程序（WSHV），或安装并配置其他系统健康代理（SHA）和系统健康验证程序（SHV），取决于 NAP 部署。

如果未在本地计算机上安装 DHCP，则还必须进行下列配置：

➢ 在运行 DHCP 的计算机上安装 NPS。

➢ 在远程 DHCP NPS 服务器上将 NPS 配置为 RADIUS 代理，以将连接请求转发到本地 NPS 服务器。

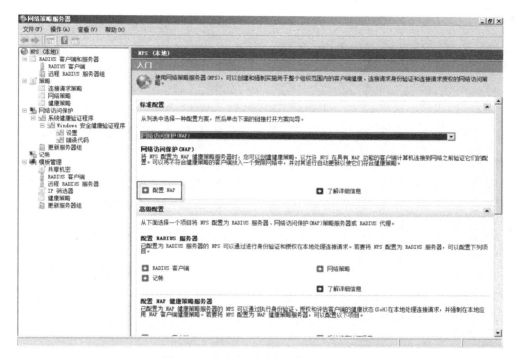

图 7-24　在入门页面中选择配置 NAP

图 7-25　选择网络连接方法

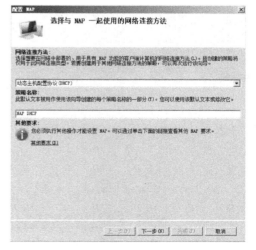

图 7-26　查看其他要求提示

在 RADIUS 客户端页面上，单击"下一步"按钮，如图 7-27 所示。在此所指的 RADIUS 客户端都是网络访问服务器，而不是客户端计算机，如果网络环境中需要添加，可以单击"添加"按钮，进行新建 RADIUS 客户端的设置，如图 7-28 所示。

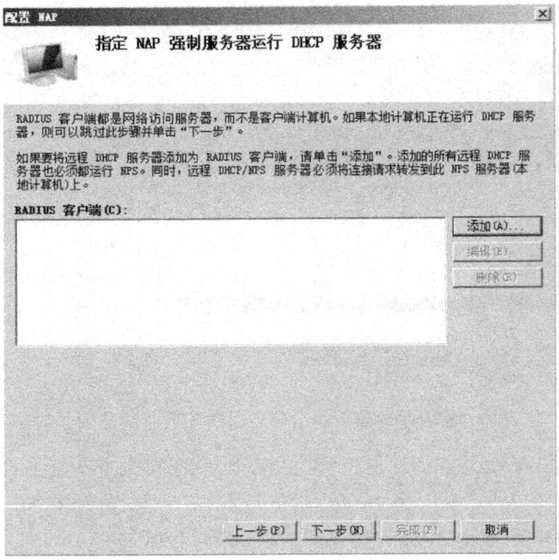

图 7-27　选择 RADIUS 客户端 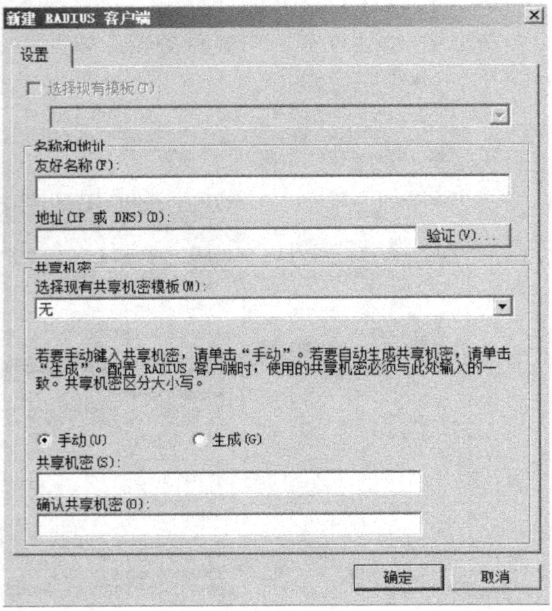　　　　　　图 7-28　新建 RADIUS 客户端

在"指定 DHCP 作用域"页面上，如图 7-29 所示，单击"添加"按钮，在指定表示 DHCP 作用域的配置文件名称文本框中，输入 DHCP 服务作用域的名称，如图 7-30 所示。

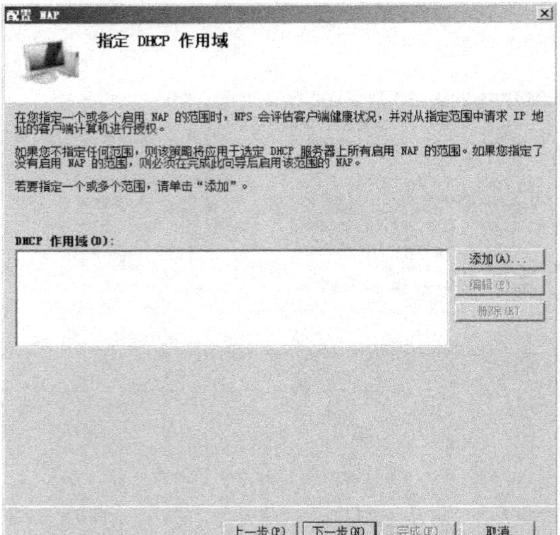

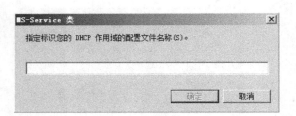

图 7-29　指定 DHCP 作用域　　　　　　图 7-30　指定 DHCP 作用域名称

在"配置计算机组"页面中,如图 7-31 所示,单击"下一步"按钮。若需要授权或拒绝某个组的权限,则需要单击"添加"按钮,选择组进行添加,如图 7-32 所示。如果没有选择任何组,则该策略将应用于所有用户。

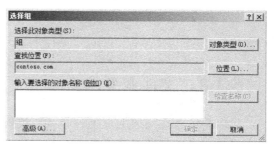

图 7-31 配置计算机组　　　　　　　　　　图 7-32 选择组

在"指定 NAP 更新服务器组和 URL"页面上,单击"下一步"按钮,如图 7-33 所示。在"定义 NAP 健康策略"页面中,如选中"启用对客户端计算机的自动修复"单选框,则因为不符合健康策略而被拒绝完全网络访问权限且具有 NAP 功能的客户端计算机可以从更新服务器中获得软件更新,否则不能。如果在对于不具有 NAP 功能的客户端计算机的网络访问控制中,选择拒绝,则不具备 NAP 功能的客户端计算机只能访问受限网络,如图 7-34 所示。单击"下一步"按钮,完成 NAP 配置。

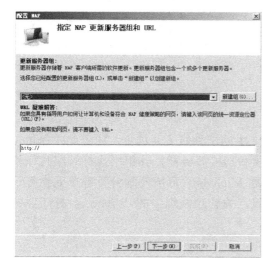 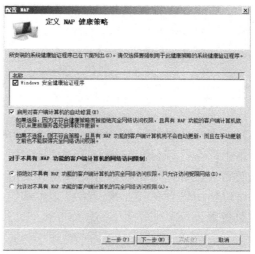

图 7-33 指定 NAP 更新服务器组和 URL　　　　图 7-34 定义 NAP 健康策略

项目 8 部署文件和打印服务

在 Windows Server 2008 R2 中，文件服务可以帮助管理存储、文件的复制、管理共享文件夹、快速文件搜索等。打印和文件服务可以在网络上共享打印机和扫描仪、设置打印服务器和扫描服务器，并集中执行网络打印机和扫描仪的管理任务。

8.1 项目分析

8.1.1 文件服务

文件服务器在网络上提供一个中心位置，用户可以在其中存储文件以及与网络中的用户共享文件。当用户要求某个重要文件可由多个用户访问时，他们可以远程访问文件服务器上的文件，而不必在其各自的计算机之间传送该文件。

如果网络用户需要访问相同的文件和应用程序，或需要集中备份和管理对于组织非常重要的文件，则需要配置文件服务器。在文件服务器中文件服务角色包括下列角色服务：

- ➢ 共享和存储管理。
- ➢ 分布式文件系统（DFS）。
- ➢ 文件服务器资源管理器（FSRM）。
- ➢ 网络文件系统（NFS）服务。
- ➢ Windows 搜索服务。
- ➢ Windows Server 2003 文件服务。
- ➢ 网络文件的分支缓存。

8.1.2 打印和文件服务

打印和文件服务是 Windows Server 2008 R2 中的一种服务器角色，通过此角色可以实现在网络上共享打印机和扫描仪、设置打印服务器和扫描服务器，并集中执行网络打印机和扫描仪的管理任务。可以使用打印管理和扫描管理 Microsoft 管理控制台管理单元执行这些任务。可以使用管理单元监视网络打印机和扫描仪，并管理组织中的 Windows 打印服务器和扫描服务器。

8.2 项目实施

8.2.1 安装文件服务

安装文件服务角色，首先在服务器管理器中单击添加角色。在打开的"添加角色向导"页面中，选中"文件服务"复选框，如图 8-1 所示。单击"下一步"按钮，显示"文件服务简介"，如图 8-2 所示。单击"下一步"按钮，在"选择角色服务"页面中，选择文件服务器所需安装的角色服务，如图 8-3 所示。本章随后将讲解共享和存储管理、分布式文件系统及文件服务器资源管理器，因此选择"角色服务"时，需要选中"文件服务器"、"分布式文件系统"、"DFS 命名空间"、"DFS 复制"、"文件服务器资源管理器"复选框。单击"下一步"按钮，在"创建 DFS 命名空间"页面中，为服务器新建 DFS 命名空间，如图 8-4 所示。单击"下一步"按钮，在"选择命名空间类型"页面中，选择要创建的命名空间的类型，如图 8-5 所示。如服务器隶属于某个域，则可以选择基于域的命名空间，如在单个命名空间服务器上，则可以选择独立命名空间。单击"下一步"按钮，在"配置命名空间"页面中，可以为命名空间添加文件夹或文件夹目标，如图 8-6 所示。单击"下一步"按钮，在"配置存储使用情况监视"页面中，选择需要监控的卷，如图 8-7 所示。在此页面中，单击"选项"按钮，可以设置卷监视选项，如图 8-8 所示。单击"下一步"按钮，在"设置报告选项"页面中可以设定报告存储位置或 E-mail 发送方式，如图 8-9 所示。单击"下一步"按钮，显示"确认安装选择"页面，确认设置信息后，单击"安装"按钮进行安装，如图 8-10 所示。在安装结束后，将显示"安装结果"页面，如图 8-11 所示。

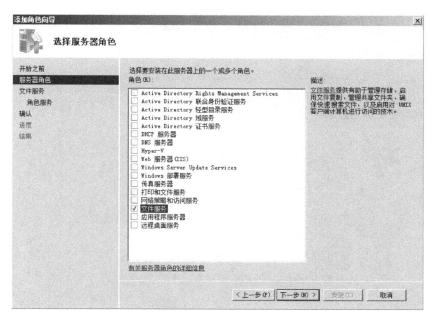

图 8-1 选择文件服务角色

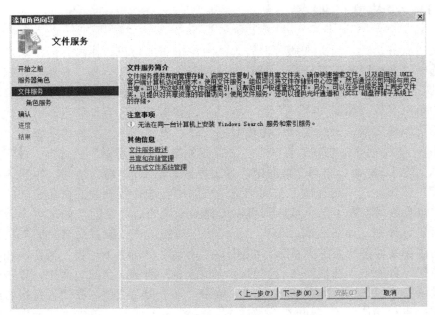

图 8-2 文件服务简介页面

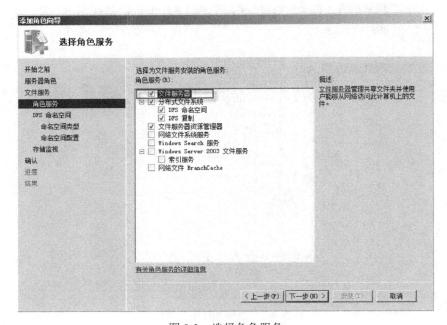

图 8-3 选择角色服务

项目 8　部署文件和打印服务

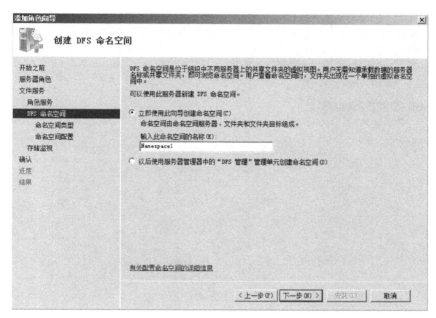

图 8-4　创建 DFS 命名空间

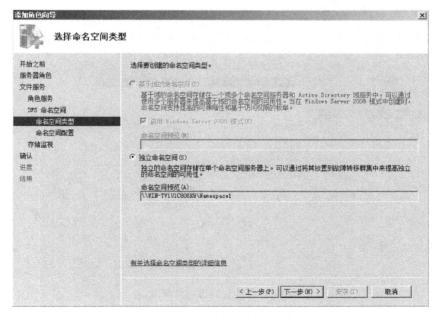

图 8-5　选择命名空间类型

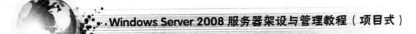

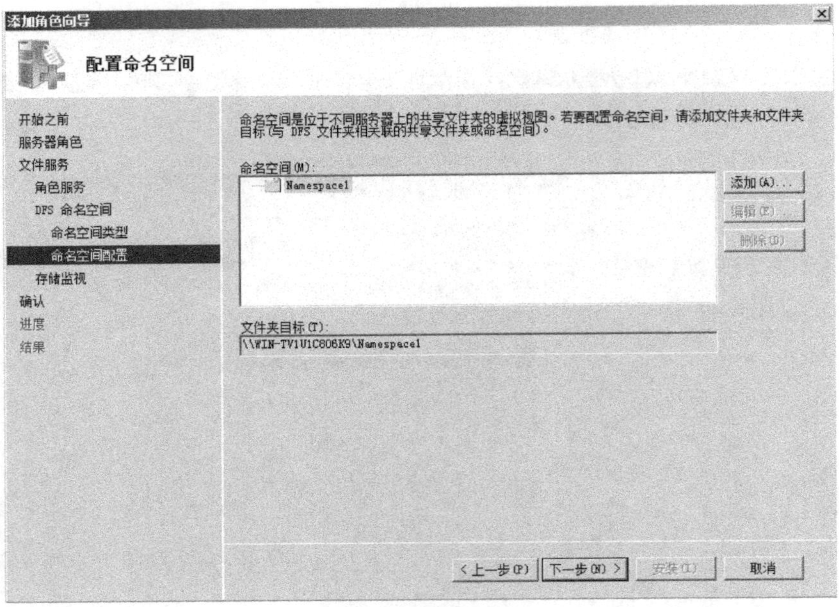

图 8-6　配置命名空间

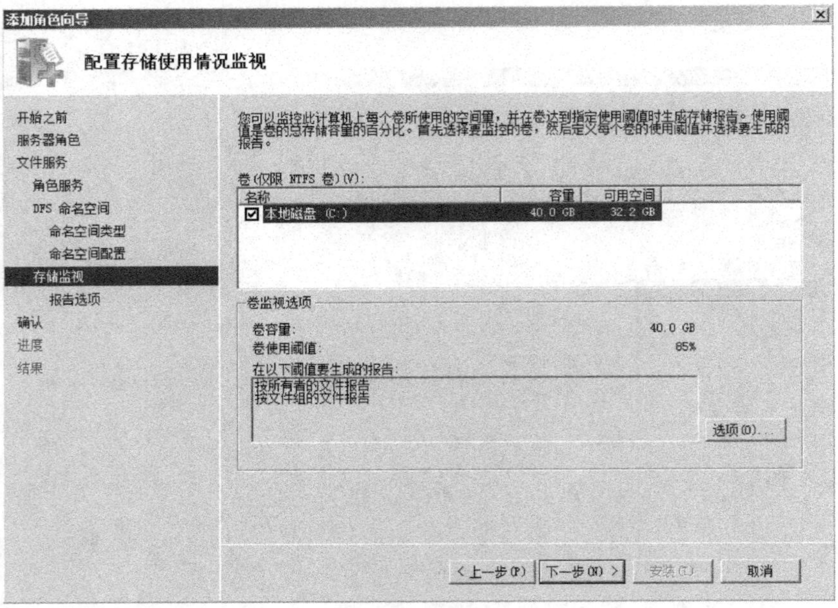

图 8-7　配置存储使用情况监视

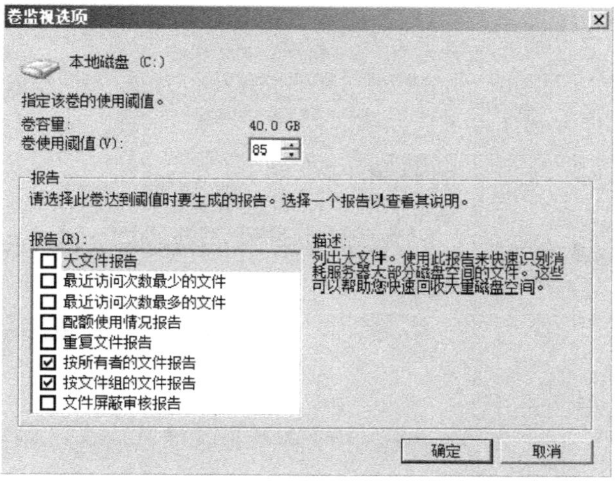

项目8 部署文件和打印服务

图 8-8 卷监视选项

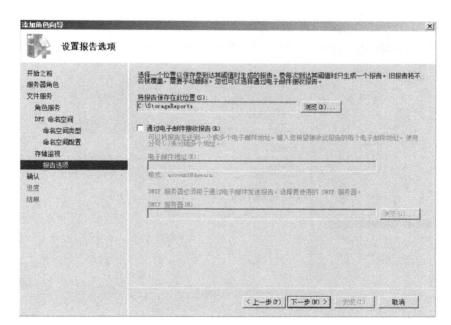

图 8-9 设置报告选项

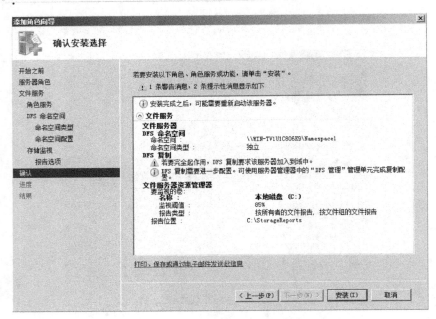

图 8-10　确认安装选择

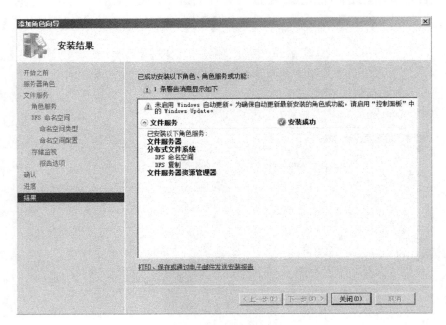

图 8-11　显示安装结果

8.2.2 共享和存储管理

共享和存储管理控制台为共享文件夹和存储资源提供集成和简化的管理。管理员可以使用共享和存储管理来共享文件夹的内容并管理共享文件夹的使用，还可以使用共享和存储管理来创建和配置逻辑单元号（LUN），以在存储区域网络（SAN）中的存储子系统上分配空间。

共享和存储管理工具会在安装文件服务器角色服务时默认安装。要打开共享和存储管理工具，可以在服务器管理器中运行它。该工具使用 Microsoft 服务消息块（SMB）协议共享文件夹内容，并管理共享的文件夹。服务器上的共享文件夹，如图 8-12 所示。

图 8-12　共享文件夹

通过使用共享和存储管理工具还可以管理卷和磁盘。单击卷标签即可显示管理卷界面，如图 8-13 所示。在共享和存储管理中，选择磁盘管理项，将显示管理磁盘控制台，如图 8-14 所示。

1．设置共享资源

使用"共享和存储管理"可以设置服务器上的共享资源，如文件夹和卷。使用"设置共享文件夹向导"，可以启动卷或文件夹的共享、配置访问权限，并为其分配配额和文件屏蔽。

要设置共享文件夹或卷，可以在"操作"窗格中，单击"设置共享"选项。在按照"设置共享文件夹向导"中的步骤创建并配置共享资源。

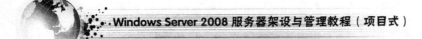

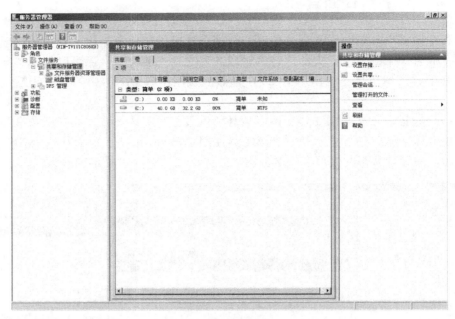

图 8-13 管理卷

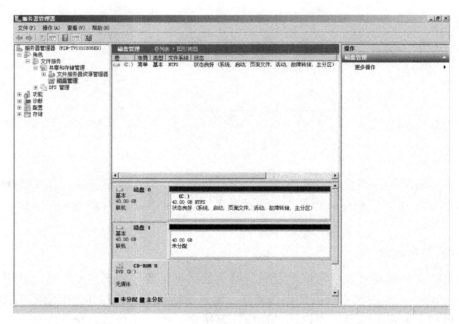

图 8-14 管理磁盘

在设置共享文件夹向导中,首先设置共享文件夹位置,如图 8-15 所示。在此指定要共享的文件夹或卷,或创建一个要共享的新文件夹。单击"下一步"按钮,在"NTFS 权限"页面中,设置要共享的文件夹或卷的本地 NTFS 权限,如图 8-16 所示。单击"下一步"按钮,在"共享协议"页面中,指定将用于访问共享资源的网络共享协议,如图 8-17 所示。单击"下一步"按钮,在 SMB 设置、SMB 权限页面中,可以指定对共享资源中的文件的共享访问权限、用户限制和脱机访问,如果已安装网络文件系统(NFS)服务,还可以为共享资源指定基于 NFS 的访问权限,如图 8-18 和图 8-19 所示。单击"下一步"按钮,如果已安装文件服务器资源管理器,则可以为新的共享资源设置存储配额并创建文件屏蔽以限制可用来存储的文件的类型,配额策略页面以及文件屏蔽策略页面,如图 8-20 和图 8-21 所示。如果服务器安装了分布式文件系统(DFS),则还可以设置将共享资源发布到分布式文件系统(DFS)命名空间,如图 8-22 所示。完成所有设置后,单击"下一步"按钮,显示"复查设置并创建共享"页面,如图 8-23 所示,检查无误后,单击"创建"按钮,即立刻开始创建该共享资源。完成创建后显示"确认"页面,如图 8-24 所示。

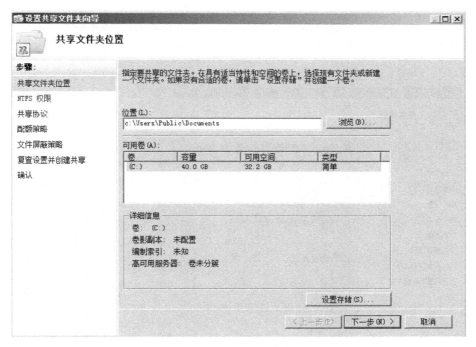

图 8-15　设置共享文件夹位置

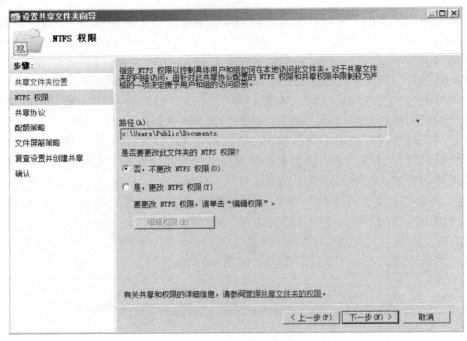

图 8-16　设置 NTFS 权限

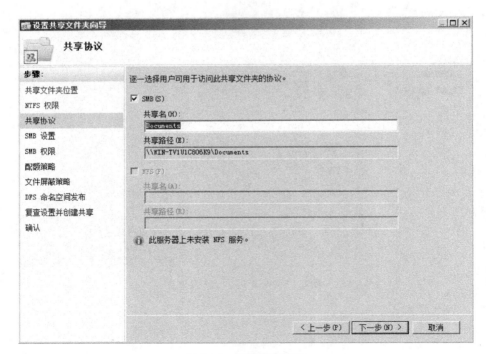

图 8-17　设置共享协议

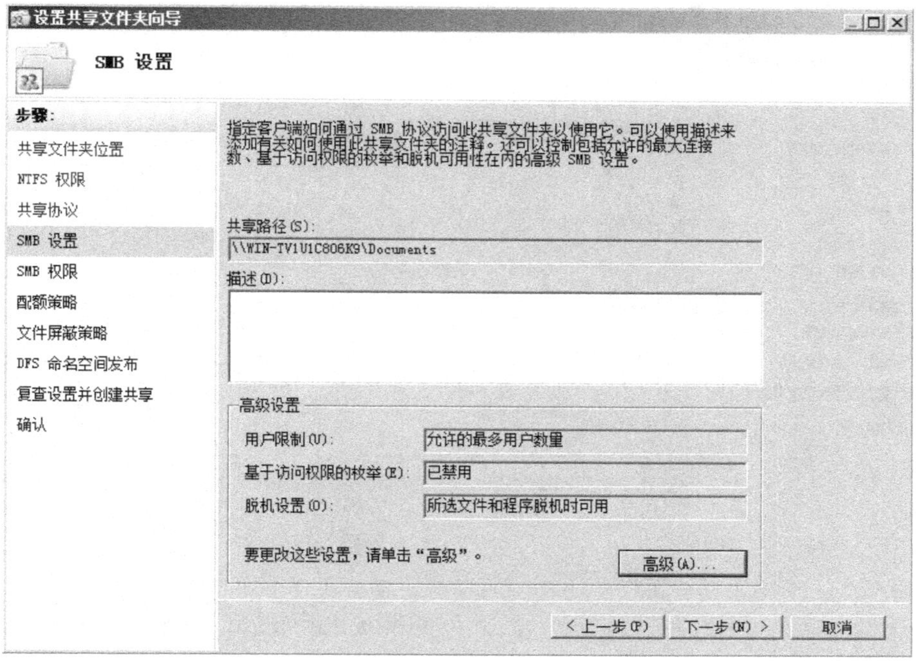

项目 8　部署文件和打印服务

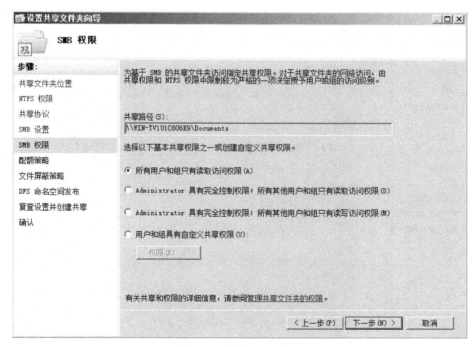

图 8-18　SMB 设置

图 8-19　设置 SMB 权限

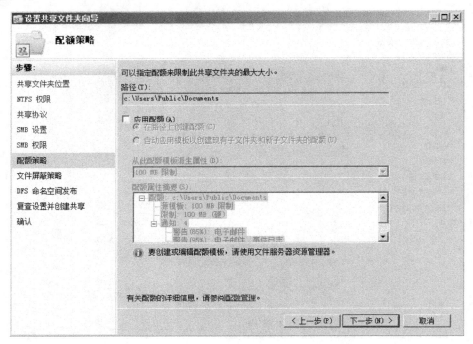

图 8-20　配额策略

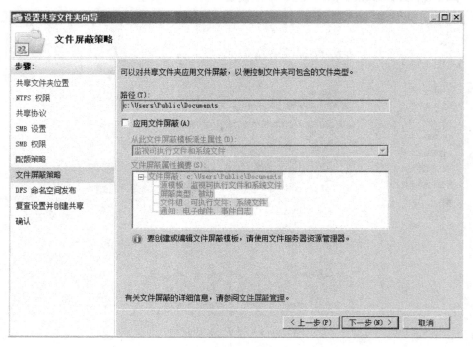

图 8-21　文件屏蔽策略

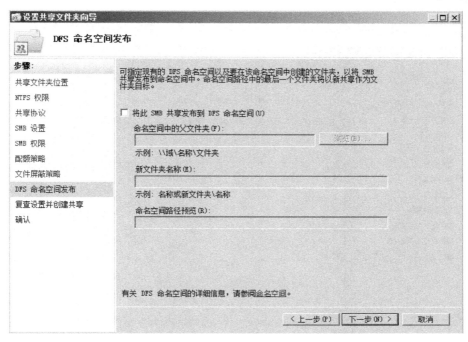

图 8-22 DFS 命名空间发布

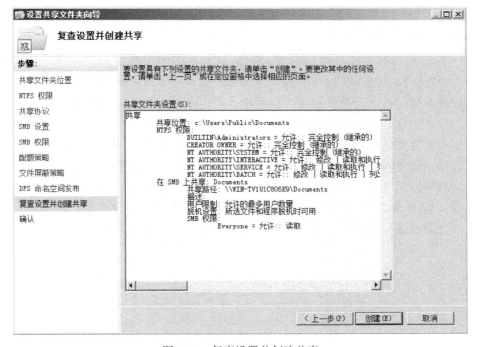

图 8-23 复查设置并创建共享

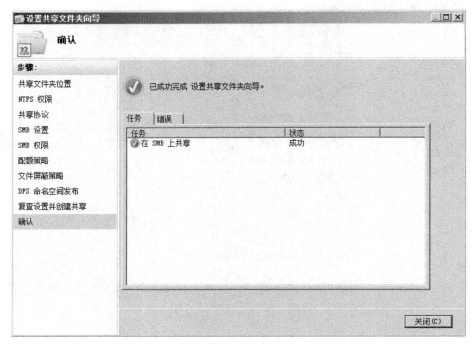

图 8-24 确认页面

2. 设置存储

使用"共享和存储管理"可以设置和管理服务器上的存储资源。使用"共享和存储管理"中的"设置存储向导"可以在服务器上的一个或多个可用磁盘上创建卷。

使用设置存储向导，可在"操作"窗格中，单击"设置存储"。按照该向导中的步骤创建并配置卷。首先设置要在何处设置存储，如图 8-25 所示。单击"下一步"按钮，在"磁盘驱动器"页面中设置要创建卷的磁盘，如图 8-26 所示。单击"下一步"按钮，在"卷大小"页面中为所选择驱动器指定卷大小，如图 8-27 所示。单击"下一步"按钮，在"卷创建"页面中指定驱动器号或装入点，如图 8-28 所示。单击"下一步"按钮，在"格式"页面中，设置格式化新卷，如图 8-29 所示。完成设置后，在"复查设置并创建存储"页面中，单击"创建"按钮，开始创建存储，如图 8-30 所示。创建完成后，显示"确认"页面，如图 8-31 所示。

项目 8 部署文件和打印服务

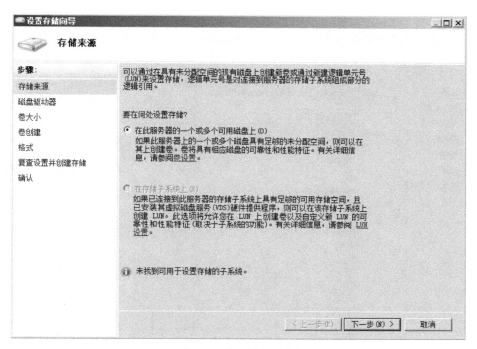

图 8-25 设置存储来源

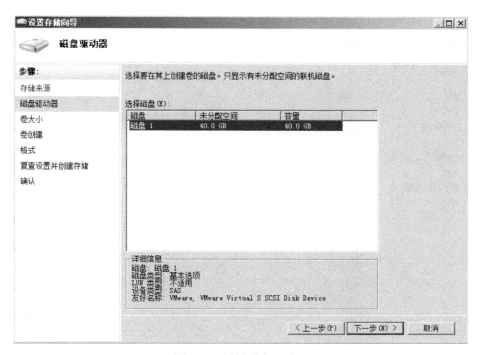

图 8-26 设置磁盘驱动器

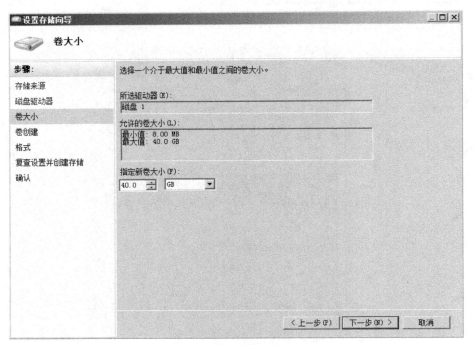

图 8-27　设置卷大小

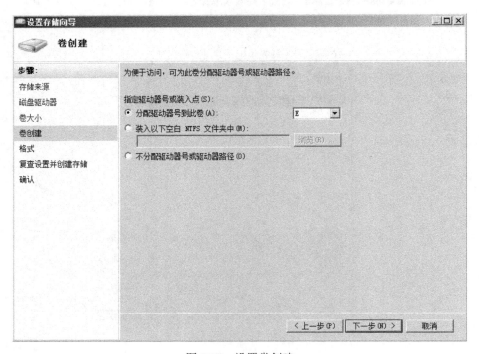

图 8-28　设置卷创建

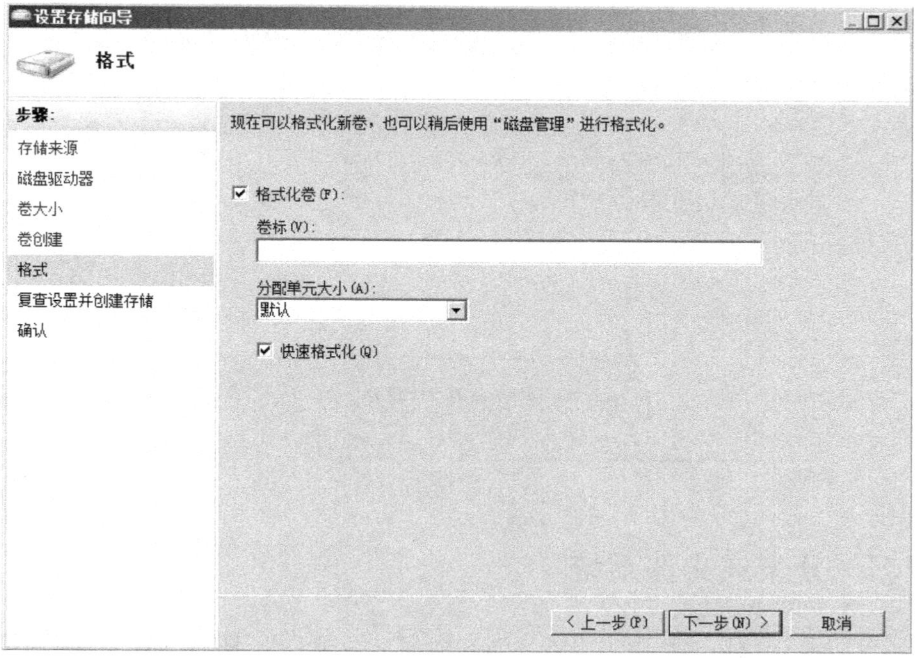

项目 8　部署文件和打印服务

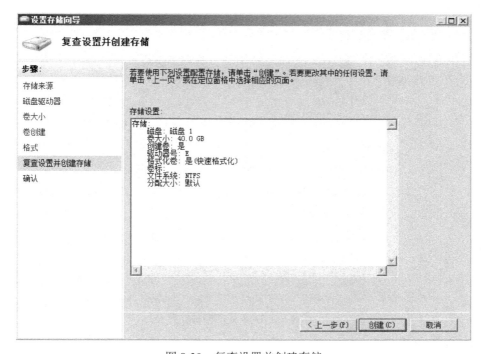

图 8-29　设置格式

图 8-30　复查设置并创建存储

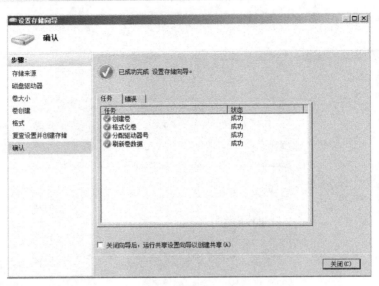

图 8-31 确认页面

8.2.3 分布式文件系统

分布式文件系统包括两种角色服务，DFS 命名空间和 DFS 复制。可以同时使用或分别使用这两种技术，在基于 Windows 的网络上提供容错且灵活的文件共享和复制服务。DFS 管理界面，如图 8-32 所示。

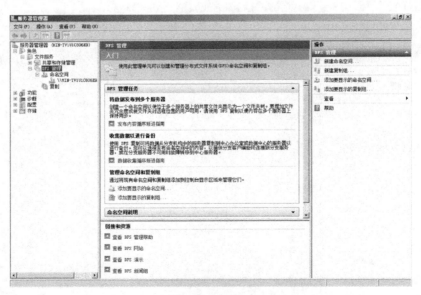

图 8-32 DFS 管理控制界面

1. DFS 命名空间

使用 DFS 命名空间，可以将位于不同服务器上的共享文件夹组合到一个或多个逻辑结构的命名空间。每个命名空间作为具有一系列子文件夹的单个共享文件夹显示给用户。但是，命名空间的基本结构可以包含位于不同服务器以及多个站点中的大量共享文件夹。由于共享文件夹的基本结构对用户是隐藏的，因此 DFS 命名空间中的单个文件夹可与多个服务器上的多个共享文件夹相对应。此结构可提供容错功能，并能够将用户自动连接到本地共享文件夹，而不是通过广域网连接对这些用户进行路由。命名空间示意，如图 8-33 所示。

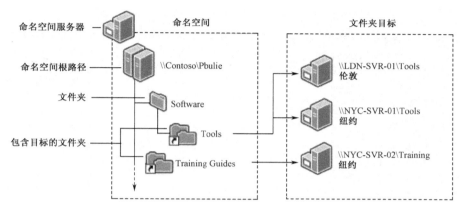

图 8-33　命名空间示意图

要创建命名空间，可在"DFS 管理"中，右击"命名空间"节点，然后单击"新建命名空间"。按照"新建命名空间向导"中的指示进行操作。

2．DFS 复制

DFS 复制是一个多主机复制引擎，使用该引擎，用户可以通过局域网或广域网网络连接同步多个服务器上的文件夹。它使用远程差分压缩（RDC）协议仅更新自上次复制后已更改的那部分文件。若要使用 DFS 复制，必须创建复制组并将已复制文件夹添加到组。DFS 复制可与 DFS 命名空间结合使用，也可单独使用。DFS 复制示意，如图 8-34 所示。

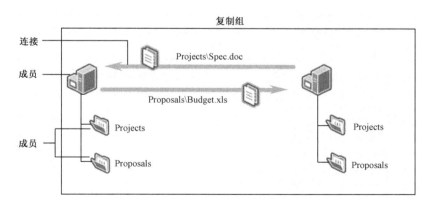

图 8-34　DFS 复制示意图

要创建 DFS 复制，首先需要创建复制组。要创建复制组，可在"DFS 管理"中，右击"复制"节点，然后单击"新建复制组"。按照新建复制组向导中的指示操作。

8.2.4 文件服务器资源管理器

文件服务器资源管理器（FSRM）包括便于管理员了解、控制和管理其服务器上所存储数据的数量和类型的多个工具。使用文件服务器资源管理器，管理员可以为文件夹和卷设置配额，主动屏蔽文件，自动对文件进行分类，应用基于分类的文件过期和自定义任务，以及生成全面的存储报告。文件服务器资源管理器控制台运行界面，如图 8-35 所示。

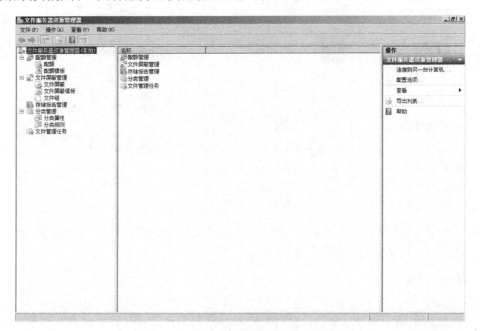

图 8-35　文件服务器资源管理器控制台运行界面

在文件服务器资源管理器中，主要包含以下功能：

➢ 配额管理：提供有关创建配额以对卷或文件夹树设置软空间限制或硬空间限制的信息。
➢ 文件屏蔽管理：提供有关创建文件屏蔽规则以阻止卷或文件夹树中的文件的信息。
➢ 存储报告管理：提供有关生成存储报告的信息，这些报告可用于监视磁盘使用情况，标识重复的文件和休眠的文件，跟踪配额的使用情况，以及审核文件屏蔽。
➢ 分类管理：有关创建和应用文件分类属性（用于为文件分类）的信息。
➢ 文件管理任务：关于执行文件管理任务以自动执行在服务器上查找文件的子集并应用简单命令的过程的信息。

8.2.5 安装打印和文件服务

Windows Server 2008 R2 中的"打印和文件服务"角色包括四个用于管理打印和扫描资源的相关角色服务。前三个角色服务提供打印服务器的功能，而分布式扫描服务器则提供扫描服务器的功能。

安装打印和文件服务，可以在"服务器管理器"的"添加角色向导"中添加"打印和文件服务"角色，如图 8-36 所示。单击"下一步"按钮，显示打印和文件服务简介，如图 8-37 所示。单击"下一步"按钮，在"选择脚色服务"页面中，选中"打印服务器"角色服务，如图 8-38 所示。单击"下一步"按钮，确认并进行安装。安装完成后，在管理工具中选择打印管理，即可打开打印管理控制台，如图 8-39 所示。

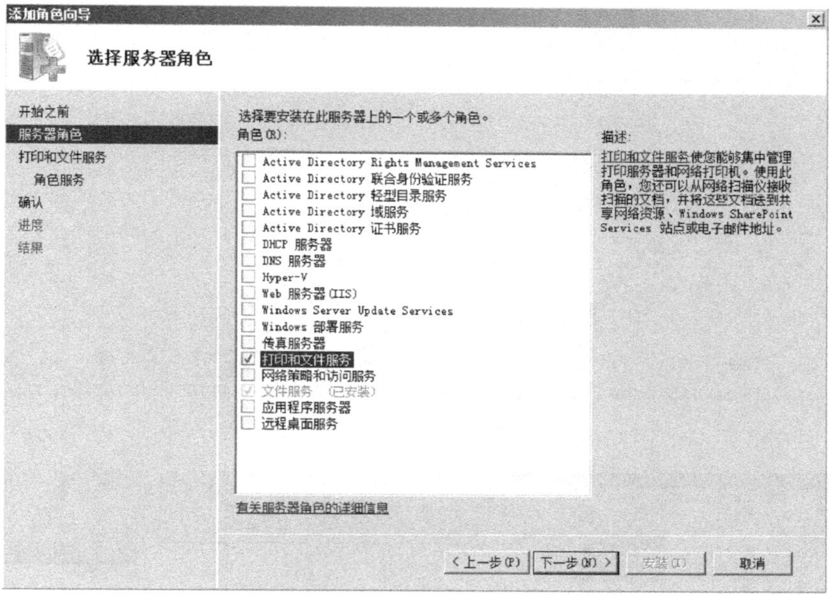

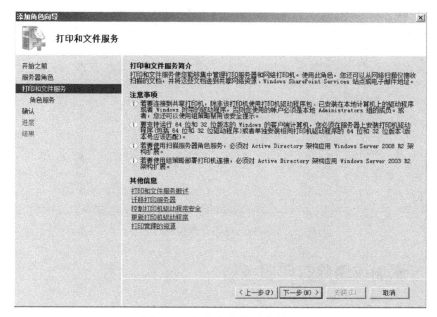

图 8-36 选择打印和文件服务角色

图 8-37 打印和文件服务简介

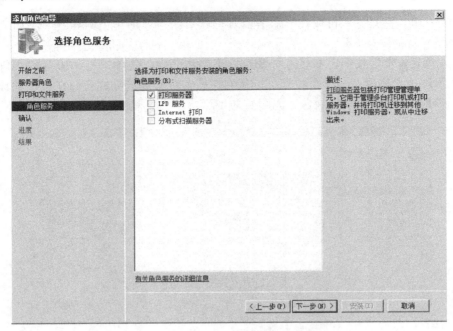

图 8-38　选择打印服务器服务

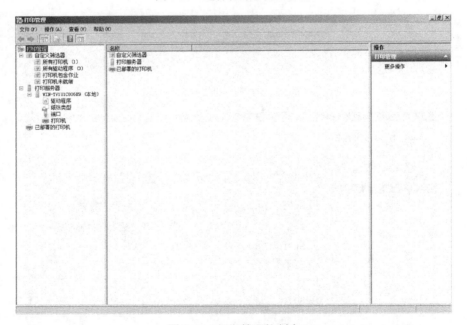

图 8-39　打印管理控制台

8.2.6　添加或删除打印服务器

默认情况下,通过"打印管理"管理单元可以管理本地计算机。也可以通过将打印服务器添加到"打印管理"中，管理或监视任意数目的运行 Windows 2000 以上版本操作系统的打印服务器。

1．添加打印服务器

若要添加打印服务器，可在左窗格中右击"打印管理"项，然后选择"添加/删除服务器"命令。在"添加/删除服务器"对话框中的"指定打印服务器"下，输入或粘贴打印服务器的名称或单击"浏览"以找到并选中打印服务器。然后单击"添加到列表"项。在根据需要添加任意数目的打印服务器后单击"确定"按钮。

2．删除打印服务器

若要删除打印服务器，同样在左窗格中右击"打印管理"项，然后选择"添加/删除服务器"命令。在"添加/删除服务器"对话框中的"打印服务器"下，选中一台或多台服务器，然后单击"删除"按钮。"添加/删除服务器"对话框如图 8-40 所示。

图 8-40　"添加/删除服务器"对话框

项目 9　部署 Hyper-V

Hyper-V 是微软的一款虚拟化产品，是微软第一个采用类似 Vmware 和 Citrix 开源 Xen 一样的基于 Hypervisor 的技术。Hyper-V 提供了 Windows Server 2008 R2 中的软件基础结构和基本的管理工具，可用于创建和管理虚拟化服务器计算环境。

9.1　项目分析

Windows Server 2008 R2 包含内置虚拟化和 Hyper-V 服务器角色。Hyper-V 是基于 Hypervisor 的本机虚拟化。它使用最新的 Intel 和 AMD 处理器硬件虚拟化功能来提供健壮、迅速和节省资源的虚拟环境。Hyper-V 的主要功能是将物理计算机的系统资源进行虚拟化。计算机虚拟化使用户能为操作系统和应用提供虚拟化的环境。当单独使用时，Hyper-V 可以适用于典型的服务器端计算机虚拟化。而当与虚拟桌面架构（VDI）联用时，Hyper-V 则可以适用于客户端计算机虚拟化。通过 Windows Server 2008 R2 的 Hyper-V 实现虚拟化，可以非常方便地达到节省成本的目的。将多个服务器角色作为互相独立的虚拟机运行，而这些虚拟机都宿主在一台物理机器上，这样可以优化对硬件的投资，有效地在一台服务器上并行运行多个操作系统，同时可以利用到 x64 位计算的强大威力。

Hyper-V 的架构如图 9-1 所示。在 Hyper-V 架构中，虚拟机看到的所有设备不再都是虚拟的，部分的硬件资源是真实的物理设备。因此，虚拟机可以直接和物理设备进行通信和数据交换，从而使得虚拟机访问硬件设备的速度大大提高，整个虚拟化架构的稳定性也得到了增强。

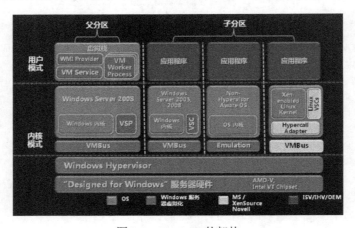

图 9-1　Hyper-V 的架构

在 Hyper-V 虚拟化平台上，每个虚拟机之间是独立运行的，互不干扰，很好地解决了冲突和兼容性问题。因此，将多个物理机转换成虚拟机后，完全可以放到一台性能较好的服务器上面运行，也就是实现整合的过程，这样的结果又提高了服务器的运行效率。

9.2　项目实施

9.2.1　Hyper-V 安装

1．安装条件

启用 Windows Server 2008 R2 上的 Hyper-V 角色需要满足以下条件：

➢ 基于 X64 的处理器：处理器支持 64 位，并且操作系统为 Windows Server 2008 R2 Standard、Windows Server 2008 R2 Enterprise 和 Windows Server 2008 R2 Datacenter 的 X64 版本。

➢ 硬件协助的虚拟化：支持 Intel 虚拟化技术（Intel VT）或 AMD 虚拟化（AMD-V）的硬件。

➢ 硬件强制数据执行保护（DEP）必须可用且必须启用：必须启用 Intel XD 位（执行禁用位）或 AMD NX 位（无执行位）。

学习提示

检验计算机能否运行 Hyper-V 可使用 Securable 等工具。Securable 的官方下载地址为 http://www.grc.com/securable.htm。下载后可直接运行，如运行结果如图 9-2 所示，则硬件不支持虚拟化。如运行结果如图 9-3 所示，为硬件支持虚拟化，可以运行 Hyper-V。

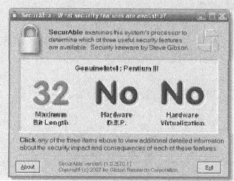 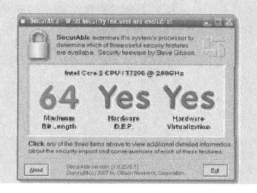

图 9-2　运行结果 1（硬件不支持虚拟化）　　图 9-3　运行结果 2（硬件支持虚拟化）

2．安装 Hyper-V

在完整的 Windows Server 2008 R2 上安装 Hyper-V 角色，首先在"服务器管理器"控制台，"操作"菜单中选择"添加角色"命令。在打开的"添加角色向导"的选择服务器角色页面中，选中"Hyper-V"复选框,如图 9-4 所示。单击"下一步"按钮,进入"Hyper-V 简介"页面,如图 9-5 所示。此页面中包含 Hyper-V 的简介、注意事项以及其他信息,单击"下一步"按钮进入"创建虚拟网络"页面,如图 9-6 所示。在此处选择要创建虚拟网络的以太网卡,为了保证到服务器的完全远程连接,通常保留一个网络适配器。如果选中了所有可用的网卡,系统将提示警告信息。完成设置后,单击"下一步"按钮,进入"安装结果"页面,系统将提示必须立即重启此服务器以完成安装过程,如图 9-7 所示。重新启动计算机后,系统将显示安装结果,如果安装成功,将如图 9-8 所示显示。单击"关闭"按钮后即退出向导。

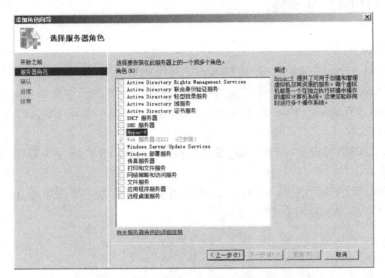

图 9-4 选择添加 Hyper-V 服务器角色

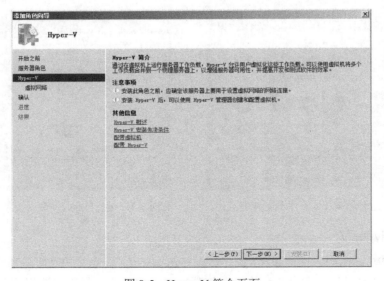

图 9-5 Hyper-V 简介页面

项目 9 部署 Hyper-V

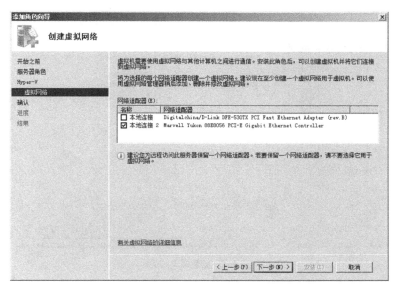

图 9-6 创建虚拟网络页面

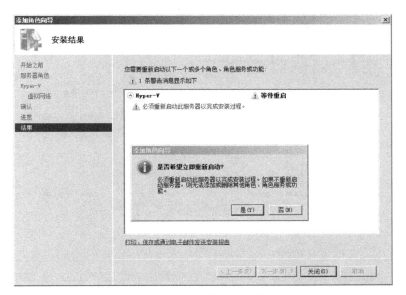

图 9-7 安装结果页面

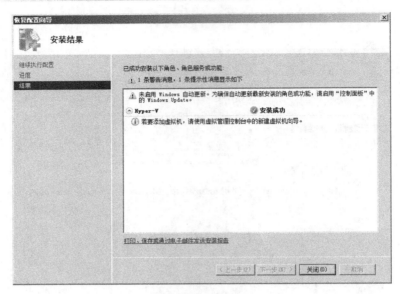

图 9-8 安装成功页面

成功安装 Hyper-V 服务器角色后，在服务器管理器中可以显示 Hyper-V 提供用于创建和管理虚拟机及其资源的服务，如图 9-9 所示。

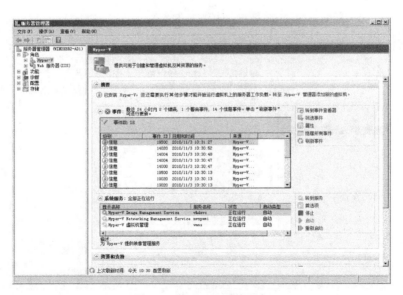

图 9-9 Hyper-V 系统服务

运行 Hyper-V 创建和使用虚拟机有多种方式，一般使用 Hyper-V 管理器控制台创建并进行管理。

项目 9　部署 Hyper-V

9.2.2　创建虚拟机

要创建一个新的虚拟机，首先打开 Hyper-V 管理器控制台，在"操作"菜单中选择"新建"→"虚拟机"命令，或在左侧窗格服务器上右击，从弹出菜单中选择"新建"→"虚拟机"命令，如图 9-10 所示。

图 9-10　新建虚拟机

"新建虚拟机向导"首先显示"开始之前"页面，出现效果描述，如图 9-11 所示。单击"下一步"按钮，打开"指定名称和位置"页面，如图 9-12 所示。

在此页面中为虚拟机输入名称并选择"将虚拟机存储在其他位置"复选框。在"位置"文本框用于设置虚拟机文件及子目录的存储位置。选中上述复选框后，此虚拟机的所有文件将被存储到虚拟机的同名目录下。完成设置后，单击"下一步"按钮，进入"分配内存"页面，如图 9-13 所示。

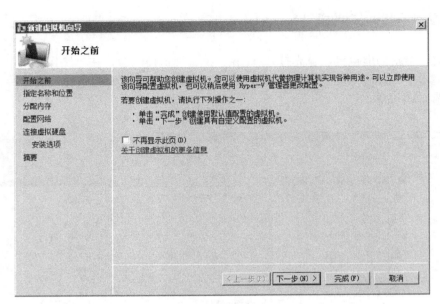

图 9-11 开始之前页面

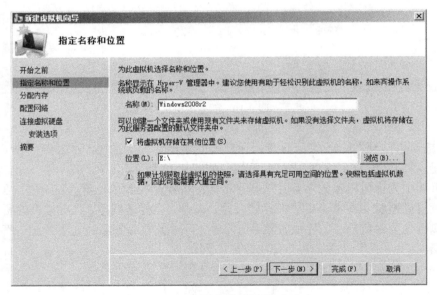

图 9-12 指定名称和位置页面

项目 9　部署 Hyper-V

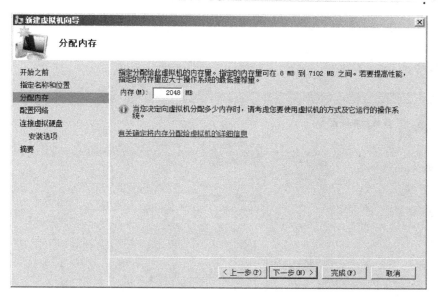

图 9-13　分配内存页面

在分配内存页面中设置将要分配给新虚拟机的内存大小。由于内存是直接从服务器的物理内存中划分，所以为虚拟机设置的内存大小应根据虚拟机运行的方式以及它运行的操作系统和应用综合考虑。图 9-13 中，此计算机的内存为 8GB，向导提示可用内存为 8MB～7102MB，综合考虑应用需要，为虚拟机划分的内存大小为 2048MB，即 2GB。

完成设置后，单击"下一步"按钮，进入"配置网络"页面，如图 9-14 所示。

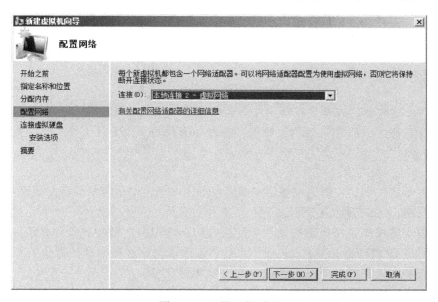

图 9-14　配置网络页面

在"配置网络"页面中,从下拉列表中选择虚拟机要连接的网络。此处也可以先不设置,以后再指定要连接的网络。完成配置网络后,单击"下一步"按钮,进入"连接虚拟硬盘"页面,如图 9-15 所示。

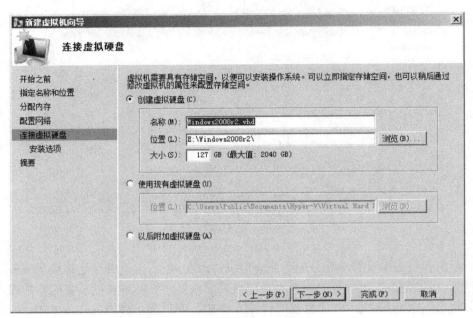

图 9-15 配置连接虚拟硬盘

在"连接虚拟硬盘"页面中,选中"创建虚拟硬盘"单选框将创建一个新的自动扩展虚拟硬盘,此处可以设置名称、位置和大小,其最小容量默认为 127GB,最大容量为 2040GB,即为 2TB。

学习提示

> Hyper-V 支持动态扩展磁盘、固定大小磁盘和差异磁盘。默认情况下,一台新的虚拟机不包含 SCSI 控制器,因此在添加额外的磁盘并将其连接到 SCSI 控制器之前,需要添加 SCSI 控制器。

单击"下一步"按钮,打开"安装选项"页面,如图 9-16 所示。在此页面中可以选择如何安装操作系统,各选项含义分别如下:

- ➢ 以后安装操作系统:该选项表示随后在启动虚拟机之前配置操作系统的安装方式。
- ➢ 从引导 CD/DVD-ROM 安装操作系统:该选项允许连接物理计算机的 CD/DVD-ROM 或安装存储在物理计算机硬盘上的 ISO 映像文件。
- ➢ 从引导软盘安装操作系统:该选项允许连接到虚拟软盘(.vfd)文件。
- ➢ 从基于网络的安装服务器安装操作系统:该选项更改虚拟机的 BIOS 设置,允许网络从 PXE 服务器启动,并未更改虚拟机支持网络启动的网卡。

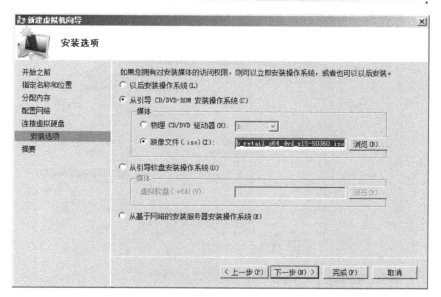

图 9-16　设置安装选项

单击"下一步"按钮，进入"正在完成新建虚拟机向导"页面，显示虚拟机设置提要内容，，如图 9-17 所示，单击"完成"按钮，完成新建虚拟机设置。

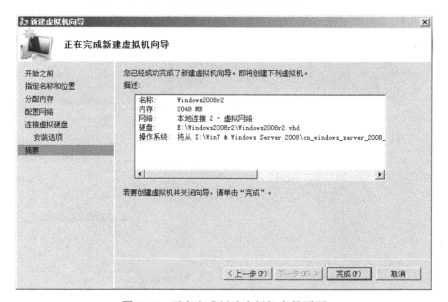

图 9-17　正在完成新建虚拟机向导页面

创建完的虚拟机，可以在 Hyper-V 管理器控制台中显示，如图 9-18 所示。接下来就可以像一台物理机一样，启动并安装操作系统了。

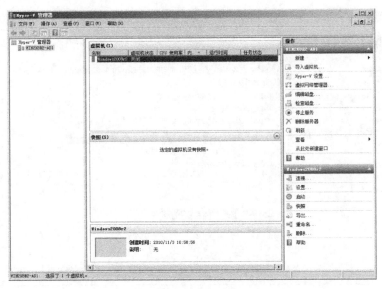

图 9-18　Hyper-V 管理器控制台

9.2.3　配置虚拟机

创建虚拟机后，如果需要调整虚拟机配置，可在 Hyper-V 管理器控制台中右击所建虚拟机，在弹出菜单中选择"设置"命令，如图 9-19 所示。

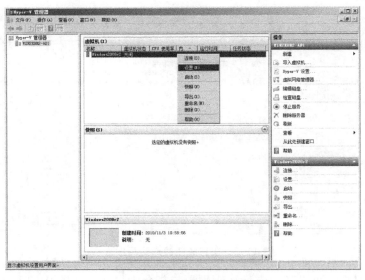

图 9-19　修改虚拟机设置

在虚拟机的设置页面中允许管理虚拟机的可用虚拟硬件，包括：添加硬件、BIOS、内存、处理器、IDE 控制器 0，1、SCSI 控制器、网络适配器、COM1，2、磁盘启动器。大部分的修改都要先停止虚拟机的运行。

项目 9 部署 Hyper-V

1．添加硬件

可以为虚拟机添加硬件，包括 SCSI 控制器、网络适配器、旧版网络适配器，如图 9-20 所示。在右侧窗格中选择要添加的设备，然后单击"添加"按钮，完成添加。添加完成后的硬件设备即将出现在左侧窗格内，可以单击并根据应用需要进行相关设置。

图 9-20 添加硬件

2．内存和处理器

每台虚拟机最多支持 4 个处理器和 64G 内存，用户可以根据需要修改分配设置，如图 9-21 和图 9-22 所示。

图 9-21 设置内存

图 9-22 设置处理器

3. 硬盘驱动器

默认情况下，Hyper-V 为硬盘和 DVD 驱动器使用两个综合 IDE 控制器。在对虚拟机硬盘安装集成服务后，操作系统中综合 SCSI 控制器才有可用的驱动器。

4. 网络适配器

创建新的虚拟机时会自动包括一个网络适配器，如需要调整设置可在此处进行，如图 9-23 所示。可以选择连接网络所使用的网络适配器、为网络适配器指定动态或静态的 MAC 地址、启用 MAC 地址的欺骗、启动虚拟 LAN 标识以及删除网络适配器等。

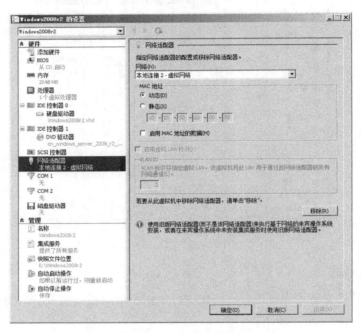

图 9-23 设置网络适配器

5. COM 和磁盘

Hyper-V 为每台虚拟机自动配置两个虚拟 COM 端口和一个虚拟软盘驱动器，但不实现任何连接。要将 COM 端口连接到主机，需要使用命名管道。要使用软盘驱动器，需要为软盘创建一个虚拟软盘文件（.vfd）。Hyper-V 不能直接与服务器的任何现有软盘驱动器连接。

9.2.4 使用虚拟机

Hyper-V 虚拟机的使用和物理机使用基本一致，通过"虚拟机连接"的虚拟机可以执行绝大部分的操作，只有部分操作需要在 Hyper-V 控制台或"虚拟机连接"菜单中执行。

1. 启动和关闭虚拟机

要启动一台虚拟机，需要将虚拟机设置为自动启动或者利用 Hyper-V 管理器控制台启动。

项目9 部署Hyper-V

右击控制台中的虚拟机,然后从菜单中选择"启动",也可以通过"虚拟机连接",在"操作"菜单中选择开始,或直接在工具栏上点击启动按钮。如图9-24、9-25所示。

图9-24 选择虚拟机连接

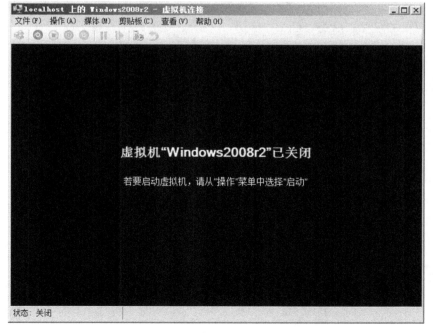

图9-25 虚拟机连接界面

147

要关闭一台虚拟机,需要关闭虚拟机中的操作系统。也可以通过 Hyper-V 管理器控制台或虚拟机连接界面中的菜单或按钮实现,如图 9-26 所示。

图 9-26 虚拟机连接窗体中的功能按钮

运行中的虚拟机状态及相关信息,可以在 Hyper-V 管理器控制台中查看,如图 9-27 所示。默认显示虚拟机的名称、状态、CPU 使用率、内存、运行时间、任务状态等。

图 9-27 在 Hyper-V 控制台中查看虚拟机状态

2. 安装集成服务

完成虚拟机的安装后，可以为系统安装 Hyper-V 自带的集成服务。集成服务组件主要为虚拟机添加驱动以及增加功能。安装集成服务后，虚拟机可以提高速度，也可以使鼠标在虚拟机与物理机之间自由出入。要安装集成服务组件，可以在"虚拟机连接"界面中，"操作"菜单下，选择"插入集成服务安装盘"命令，如图 9-28 所示。系统将自动加载集成服务光盘，在弹出的自动播放对话框中，选择"安装 Hyper-V 集成服务"，如图 9-29 所示，即可完成安装。

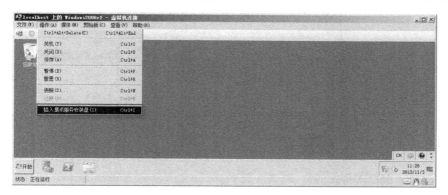

图 9-28　插入集成服务安装盘

3. 使用快照

快照是一种功能强大的工具，其可以及时捕捉正在运行的虚拟机并将其保存，因此可以确保虚拟机在出现故障时能够完全恢复。快照操作可以在很短的时间内完成，只需在"Hyper-V 管理器"控制台中的虚拟机上右击，菜单中选择"快照"命令，或在虚拟机工具栏中单击"快照"按钮。在弹出的"快照名称"对话框中设置快照名称即可，如图 9-30 所示。在默认情况下，快照使用日期和时间进行命名。

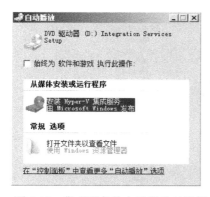

图 9-29　集成服务的自动播放对话框

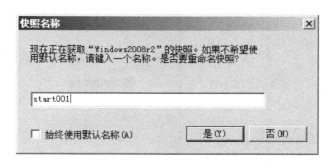

图 9-30　设置快照名称

创建快照后，虚拟机将返回其运行状态。管理员可以管理快照，对其重命名、检查、应用、删除快照及快照树。所有这些操作均可从"Hyper-V 管理器"控制台的快照窗格中进行，如图 9-31 所示。

图 9-31　快照窗格

当虚拟机发生问题时，可以将虚拟机恢复到最近的快照。要还原虚拟机，可在要还原的快照上，右击选择"应用"命令，如图 9-32 所示，系统将恢复到快照时的状态。使用快照功能可以使虚拟机比物理机更加实用、灵活，对于构建测试机非常实用。

图 9-32　应用快照恢复虚拟机状态

项目 10　配置 Web 服务

Windows Server 2008 R2 提供了最新的 Web 服务器角色和 Internet 信息服务（IIS）7.5 版，并在服务器核心提供了对.NET 更强大的支持。IIS 7.5 的设计目标着重于功能改进，使网络管理员可以更轻松地部署和管理 Web 应用程序，以增强可靠性和可伸缩性。

10.1　项目分析

启用 IIS 的过程十分简单，困难在于了解这个平台的结构、组件和可用的功能。IIS 7.5 包括了一系列的功能和选项来支持不同类型的 Web 服务和应用程序。使用服务器管理器工具可以简化 IIS 及其相关功能和选项的安装过程，使系统管理员可以根据不同的需求来部署 IIS。

10.1.1　Web 服务器概述

1. Web 标准和协议

要了解 IIS 平台的用途和功能，首先必须了解 Web 应用程序所用的协议和标准。超文本传输协议（Hypertext Transfer Protocol，HTTP）是 Web 服务所使用的主要协议。HTTP 旨在为整个网络的计算机之间的通信提供一个"请求—应答"模型。多数公司允许用户通过 TCP 的 80 端口访问 Internet 这也是默认的 HTTP 端口。HTTP 协议是无状态的，即它不提供内置的机制来保持客户机与服务器之间的会话。每一次请求必须包括确认请求方身份的详细信息，以及完成一次处理所需的任何其他数据。

Web 标准和协议也提供了确保计算机之间传输数据安全性的方法。默认情况下，HTTP 数据流以明文的形式来传送。当用户访问公共内容时这是可以接受的，但是许多网站和应用程序需要在客户机与服务器之间安全地传输数据，如在线支付网站，它使用安全的超文本传输协议（HTTP Secure，HTTPS）旨在为基于 HTTP 的数据流的加密提供支持。虽然也可以使用任何其他的端口，但是 HTTPS 连接默认使用 TCP 的 443 端口进行通信。最常用的加密机制是安全套接字层（Secure Socket Layer，SSL）和传输层安全（Transport Layer Security，TLS）。也可以使用其他的加密机制，尤其是在内联网环境中。

Web 标准和协议为计算机之间的信息交互提供了一流的方法。超文本标记语言（Hypertext Markup Language，HTML）是网页的主要规范。HTML 页面的标签格式使开发人员能够使用各种技术制作它们的内容，使得不同的 Web 浏览器都可以对其进行访问，支持文本编辑的工具都可以对其进行开发。HTTP 和 HTML 规范旨在提供基本的通信和展示服务。如今，Web

应用程序利用这些标准使得复杂的功能更得以表现。

2．IIS 的新功能

Windows Server 2008 R2 包含了对 IIS 和 Windows Web 平台的以下改进：

- 减少了管理和支持基于 Web 的应用程序的工作量。支持增强的自动化功能和新的远程管理应用情景，并为开发人员提供了改进的内容发布功能，其重要功能包括：通过新的管理模块扩充 IIS 管理器的功能、通过 Windows PowerShell Provider for IIS 自动化常见管理任务、在服务器核心支持.NET，通过 IIS 管理器启用 ASP.NET 和远程管理。
- 减少了支持和疑难解答的工作量。增强了对 IIS 7.5 和应用程序配置更改的审计功能、FastCGI 的失败请求跟踪以及最佳实践分析器（BPA）。
- 改进了文件传输服务。减少 FTP 服务器服务的管理负担、扩展对新的 Internet 标准的支持、改进与基于 Web 的应用程序和服务的整合、减少支持和排除 FTP 相关问题的负担。
- 能够扩展功能和特性。IIS 扩展允许用户创建或购买可以被整合到 IIS 7.5 中的软件，并通过特有的整合方式使被整合的软件看起来就像是 IIS 7.5 本身的组成部分一样。
- 改进了.NET 支持。.NET Framework（2.0、3.0、3.5.1 和 4.0 版本）现在是服务器核心的一个安装选项。借助这一功能，管理员可以在服务器核心启用 ASP.NET，以充分利用 PowerShell Cmdlet。另外，对.NET 的支持还意味着可以从 IIS 管理器执行远程管理任务，以及在服务器核心托管 ASP.NET Web 应用程序。
- 提高了应用程序池的安全性。IIS 7.5 中的应用程序池构建于 IIS 7.0 提供的、可增强安全性和可靠性的应用程序池隔离的基础上。现在，每个应用程序池都能够以唯一的、具有较低特权的身份运行。这有助于增强在 IIS 7.5 上运行的应用程序和服务的安全性。

10.1.2　IIS 7.5 角色服务

角色服务确定 IIS 平台的哪些具体功能和选项可以在本地 Web 服务器上使用。一旦在运行 Windows Server 2008 R2 的计算机上安装了 IIS 7.5，就可以使用服务器管理器来添加组件。IIS 角色服务分为几大类来组织：常见 HTTP 功能、应用程序开发、健康和诊断、安全性、性能、管理工具、FTP 服务器和 IIS 可承载 Web 核心，如图 10-1 所示。

层次结构的顶层是 Web 服务器本身，该项代表核心的 IIS 服务，可以选择安装的组件依赖于这些服务。另外三项分别是管理工具、FTP 服务器和 IIS 可承载 Web 核心，它们可独立于 Web 服务器进行安装。每一部分都包含相关的功能和选项，其中的某些项依赖于其他的角色服务。如果选择了某一项却遗漏了它所依赖的项，将被提示自动添加所需的角色服务。

项目 10　配置 Web 服务

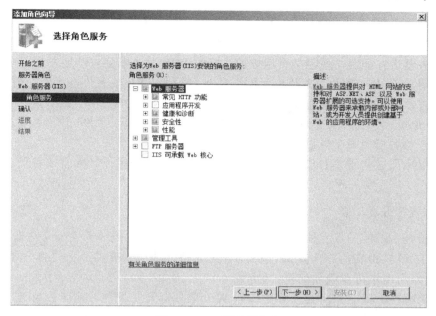

图 10-1　IIS 服务器角色

1．默认的 IIS 角色服务

IIS 默认的配置是一套有限的功能集合。对于仅仅使用静态内容而且不需要高级的安全和开发功能的安装而言，默认的配置是适用的。"Web 服务器（IIS）"服务器角色中的默认功能包括：静态内容、默认文档、目录浏览、HTTP 错误、HTTP 日志记录、请求监视、请求筛选、静态内容压缩和 IIS 管理控制台。

2．常见 HTTP 功能

IIS 最重要的功能是使用 HTTP 协议为 HTML 网页提供服务。"常见 HTTP 功能"组中可以安装的组件包括：

➢ 静态内容。该功能使用 HTTP 为用户提供静态的网页。最常见的内容形式是 HTML 页面和图片。静态内容文件通常不经过任何服务器端的处理而直接发送给用户。

➢ 默认文档。当 URL 中没有明确请求的文件时，该功能允许 IIS 自动地为网站返回一个特定的文件。例如，如果用户试图连接 http://www.contoso.com，Web 服务器可以经过配置返回 default.html 文件作为应答。

➢ 目录浏览。IIS 包含为用户提供基本的目录列表的内置功能。启用该功能，目录浏览会将网站上的文件和文件夹的信息发送到客户端的 Web 浏览器。因为用户能够访问和下载任何拥有对应权限的文件，所以该功能通常在公共网站上被禁用。如果启用了"默认文档"功能并且已发现默认文档，用户将看不到目录浏览的页面。

➢ HTTP 错误。默认情况下，大多数 Web 浏览器会在出现问题时自动向用户显示错误信息。为了增强用户体验，可以对 IIS 进行配置使其在发生问题时自动向用户返回错误页面,错误页面上的内容可以包括网站管理员的联系方式以及有关解决问题的其他详细信息。
- ➤ HTTP 重定向。HTTP 协议能将对一个地址的请求重定向到另一个地址。可以对 Web 服务器进行配置，使得某个地址被访问时 Web 服务器会自动地发送一个 HTTP 重定向请求给 Web 用户。对于网站被迁移到另一个 URL 或者许多 URL 访问相同内容的情况，地址重定向功能就会派上用场。
- ➤ WebDAV 发布。Web 分布式创作和版本管理，可以帮助用户实现使用 HTTP 协议向 Web 服务器发布文件以及从 Web 服务器发布文件。

虽然可以添加这些常见 HTTP 功能，但是每个 IIS 网站的具体行为将依赖于它的内容和配置的设置。

3．应用程序开发功能

虽然一些基本的网站仅仅使用静态内容就能够满足需求，但对于生产网站来说，通常需要动态 Web 服务和 Web 应用程序支持。IIS 旨在为支持这些需求提供一系列的不同功能和技术。"应用程序开发"组中可以安装的组件包括：

- ➤ ASP.NET。ASP.NET 是主要的微软 Web 服务器开发平台。它基于.NET Framework，为处理一般的网站设计任务提供一个强大而灵活的开发框架。其功能包括列数据库访问管理的内置支持、安全和授权方法以及可靠性和可扩展性的功能。
- ➤ .NET 扩展性。可以使用微软.NET Framework 的编程平台对 IIS Web 服务器的功能进行修改。该角色服务使开发人员能够访问 IIS 管理命名空间和对象，建立与 Web 服务器请求相交互的逻辑。
- ➤ ASP。动态服务器页面（Active Server Page，ASP）技术是 ASP.NET 平台之前的一项技术。ASP 为开发 Web 应用程序提供了一个简单的基于脚本的方法。ASP 脚本运行在 Web 服务器上，生成的 HTML 内容通过 IIS 传递给用户。ASP 支持向后兼容性，能够与尚未移植到 ASP.NET 平台的应用程序相兼容。
- ➤ CGI。通用网关接口（CGI）定义 Web 服务器如何将信息传递到外部程序。典型的用途包括使用网页表单来收集信息，然后将该信息传递到要通过电子邮件发送到其他位置的 CGI 脚本。由于 CGI 是一种标准，因此可以使用各种编程语言来编写 CGI 脚本。使用 CGI 的缺点在于会带来性能开销。
- ➤ ISAPI 扩展。Internet 服务器应用程序编程接口（ISAPI）扩展支持使用 ISAPI 扩展进行动态 Web 内容开发。ISAPI 扩展在请求时运行，就像任何其他静态 HTML 文件或动态 ASP 文件一样。由于 ISAPI 应用程序是编译的代码，因此它们的处理速度比 ASP 文件或调用 COM+ 组件的文件要快得多。
- ➤ ISAPI 筛选器。ISAPI 筛选器是开发人员所开发的用户代码，用来处理特定的 Web 服务器请求。该逻辑可以接收 Web 请求的详细信息并且返回基于服务器端逻辑的合适的内容。为了处理这些内容，IIS 试图将 Web 请求与大多数合适的 ISAPI 筛选器进行匹配。启用该角色服务，则允许开发人员向 IIS 添加自己的 ISAPI 筛选器。
- ➤ 在服务器端的包含文件。Web 设计人员通常得益于能够在所有的网页中嵌入某些公共的内容。如网站标题、导航元素和网站页脚。"在服务器端的包含文件"角色服务使得在生成 Web 服务器请求时 Web 服务器会包含其他的内容。考虑到安全因素，该功能默认是不安装的。但不依赖于其他 Web 开发技术的网站可能需要这个功能。

当计划部署生产网站时，应当确定哪些附加功能是需要启用的。相关的信息通常可以从 Web 应用程序开发团队或组织获取。

4．健康和诊断功能。

基本的 Web 服务器功能看起来似乎简单，但在处理典型的 Web 请求时需要执行许多步骤。"健康和诊断"功能中所包含的角色服务旨在帮助管理员和开发人员收集和分析 Web 请求的相关信息。监控网站通常会遇到的困难是如何对生成信息的容量进行管理。如对所有请求的详细信息进行记录，将极大地增加生产系统的性能开销。为了解决这一问题，IIS7.5 包含了增强功能以收集特定请求的详细信息以及配置哪些信息是需要收集的。具体的角色服务包括：

> HTTP 日志记录。IIS 中最基本的日志形式是在服务器文件系统的文本文件中存储 HTTP 的请求信息。该功能以及日志记录请求的一系列默认设置是通过 HTTP 日志记录来启用的。对各个网站的属性进行访问可以定制具体的功能细节。日志文件的默认保存地址是%SystemDrive%\Inetpub\Logs\ LogFiles。

> 日志记录工具。未经处理的 HTTP 请求的日志是很难人工浏览和分析的。对于访问量大的 Web 服务器，日志文件的数量会迅猛增长。通常一条请求会生成一行记录，以这种方式对内容进行组织,管理员就可能需要搜索上千行记录来查找他们所需要的信息。"日志记录工具"角色服务为访问和分析日志文件提供了简单的方法。

> 请求监视。对 Web 服务器性能上的问题进行诊断分析通常是比较困难的，因为很难确定当前哪个行为正在发生。请求监视功能使管理员能够看到 Web 服务器进程中当前正在处理的请求。长时间运行的请求或其他问题会导致性能降低或服务丢失，"请求监视"功能可以帮助隔离这些潜在的问题源。

> 跟踪。当 Web 服务器出现错误或性能上的问题时，该功能有助于收集尽可能多的问题信息。但是，考虑到性能上的需要，存储所有请求的信息通常是不切实际的做法。"正在跟踪"功能使 IIS 能够存储任何失败请求的详细信息。该功能会把执行中的请求的信息在内存中保存足够长的时间，直到确定该请求成功。如果请求没有成功，结果会被保存到 Web 服务器以供日后分析。

> 自定义日志记录。"HTTP 日志记录"功能为存储 Web 请求的信息提供了一个默认的文本格式。虽然这能满足大多数网站及业务的基本需求，但还是可以使用"自定义日志记录"功能来创建自己的 COM 模块。开发人员需要先建立日志模块，然后在 IIS 上进行注册后才能存储数据。该方法提供了最大的灵活性来确定哪些重要的数据信息需要记录。

> ODBC 日志记录。虽然在文本文件中存储数据是记录请求的一个有效方法，但这会使分析和报告 Web 服务器性能的过程变得困难。ODBC 日志记录使应用程序能够以任何 0DBC 连接所支持的格式来存储 Web 请求的数据。但需要注意的是，将日志保存到基于 ODBC 的资源会导致处理和存储上的巨大开销，特别是访问量大的服务器。

由于文本的日志文件存储了请求信息，Web 管理员通常利用日志分析工具来处理这些文

件。详细的信息可用来隔离问题，同时也可用来分析网页的数据流量和访问量。

5．安全性功能

对于所有的 Web 服务器而言，维护网站、Web 应用程序和 Web 服务的安全性是十分重要的环节。基于特定的部署和应用配置，公司能够使用各种安全机制。IIS 中可用的"安全性"角色服务包括：

- 基本身份验证。
- Windows 身份验证。
- 摘要式身份验证。
- 客户端证书映射身份验证。
- IIS 客户端证书映射身份验证。
- URL 授权。
- 请求筛选。
- IP 和域限制。

6．性能功能

企业经常会发现他们的生产 Web 服务器上接收到大量的业务，因此各类服务器都需要在规定时间内能够处理大量的请求。IIS 包含许多结构化功能，能够以最高的效率处理 Web 请求。除此之外，"性能"角色服务部分又包括两个新的选项。

- 静态内容压缩。HTTP 协议提供了一种压缩方法，使静态网页在发送到客户端的 Web 浏览器之前被压缩。Web 浏览器解压信息后显示出该网页。这种方法能以客户机和服务器上最少的 CPU 开销来极大地节省带宽。除此之外，IIS 能在内存中存储频繁访问的静态内容，这就进一步增强了服务器的性能和可扩展性。该功能是默认启用的，只要用户的 Web 浏览器支持 HTTP 压缩，它就会自动地运行。
- 动态内容压缩。动态内容通常使得不同的信息发送给不同的用户。动态内容通常会随着 Web 服务器请求的不同而改变，因此压缩这些数据会造成较大的处理开销。"动态内容压缩"功能默认是没有启用的，但为了减少 Web 应用程序的带宽消耗可以添加该功能。

7．管理工具

"管理工具"部分使管理员能够确定哪些程序是可以与 IIS 配合使用的。默认情况下，只有 IIS 管理控制台与"Web 服务器（IIS）"角色一起被安装。该工具提供图形界面来配置和管理 IIS Web 服务。如果要远程地管理服务器或公司的安全策略需要，可以选择删除 IIS 管理控制台。

其他可用的管理工具选项包括"IIS 管理脚本和工具"，它支持 IIS 的命令行操作。"管理服务"选项用于使用 IIS 管理控制台远程地管理 IIS。IIS 7.5 的一个重要的设计目的是为基于 IIS 6.0 的 Web 应用程序提供支持。虽然许多应用程序可以直接迁移到 IIS 7.5，但是一些具有向后兼容性的功能需要作为角色服务被包含进来：

- IIS 6 管理兼容性。

项目 10　配置 Web 服务

- IIS 6 元数据库兼容性。
- IIS 6 WMI 兼容性。
- IIS 6 脚本工具。
- IIS 6 管理控制台。

安装了"Web 服务器（IIS）"角色后，可能需要创建和管理网站，并启用应用程序所需要的指定功能。这些配置任务的具体细节依赖于所需要的 Web 服务的类型和 IIS 的使用方式。IIS 包含了一些有用的管理工具和方法用于简化管理。

10.2　项目实施

10.2.1　安装 Web 服务器角色

Web 服务器（IIS）角色提供许多可用的功能和选项，Windows Server 2008 R2 的其他一些功能和选项也需要用到 IIS 的组件。要安装 Web 服务器可以利用服务器管理器的"添加角色向导"启动服务器角色进程，如图 10-2 所示。

"添加角色向导"会自动地评估本地计算机的配置，并确定是否还需要其他额外的角色服务。"选择角色服务"页面用于确定 IIS 的哪些组件将被安装，如图 10-3 所示。默认的选项为核心 Web 服务器角色提供了一套包含最少项的功能组合，管理员可以根据需要自行添加，也可以在安装了"Web 服务器（IIS）"角色后添加或删除角色服务。因为一些角色功能会依赖于其他的功能，所以选择某选项时可能会被提示先添加依赖项。

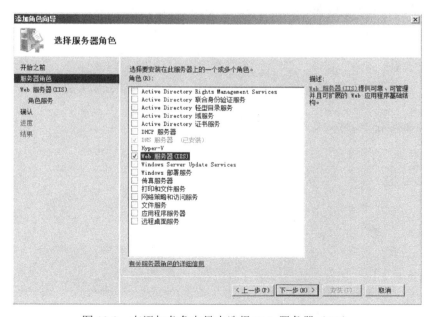

图 10-2　在添加角色向导中选择 Web 服务器（IIS）

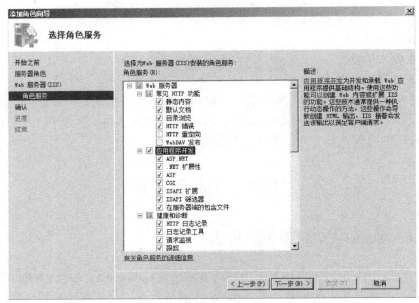

图 10-3 选择 Web 服务器（IIS）的角色服务

"确认安装选择"页面将所选的配置和角色服务列表显示。当检查完列表并单击"安装"按钮后，安装过程将会开始。安装过程可能需要很长时间或者需要重启计算机，这取决于之前选择了哪些角色服务。如果需要重启，当再次登录服务器时添加角色向导会从之前的断点处继续执行。最后，在"安装结果"页面中，会看到所安装功能的确认信息，如图10-4所示。

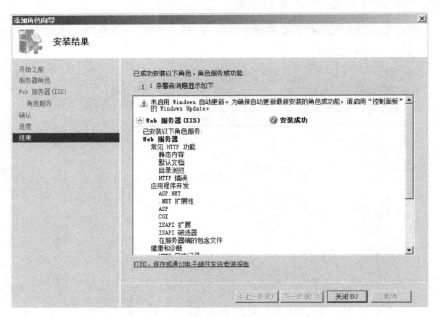

图 10-4 Web 服务器（IIS）角色安装确认

IIS 安装完毕后，可以以采取多种方法来检查 Web 服务器的进程是否工作正常。第一种方法是使用服务器管理器工具。展开"角色"节点,单击"Web 服务器(IIS)"来查看相关的细节。该页面提供任何需要注意的事件日志的信息。而且它还列出了所有已经安装的服务及其当前的状态,如图 10-5 所示。根据所安装的角色服务和依赖项,列表中给出的信息会有所不同。

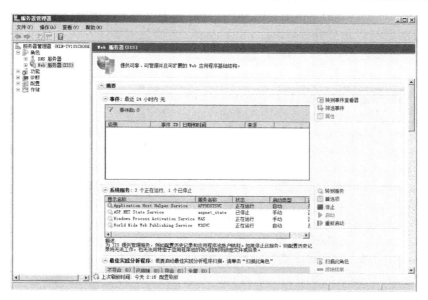

图 10-5　在服务器管理器中查看 Web 服务器(IIS)角色的状态

服务器管理器也可以显示为 Web 服务器所安装的角色服务的相关信息,如图 10-6 所示。可以使用"添加角色服务"和"删除角色服务"链接来修改配置。

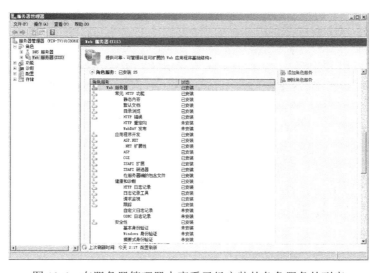

图 10-6　在服务器管理器中查看已经安装的角色服务的列表

当在一台运行 Windows Server 2008 R2 的计算机上添加"Web 服务器(IIS)"角色时,一个默认的网站会自动被创建,它被配置在 HTTP 端口 80 进行响应。该站点默认的地址是 %SystemDrive%\Inetpub\wwwroot 文件夹。默认的内容仅仅包括一个简单的静态 HTML 页面和一个图片文件。因为 IIS 是为网页提供服务,所以检查 IIS 是否正常工作的一个好方法是打开 Web 浏览器,并连接到本地计算机。可以使用内置的本机名,即 http://localhost 浏览,或者使用本地计算机的全名,如 http://www.contoso.com。无论使用哪种方式,都应显示默认的欢迎页面,如图 10-7 所示。

图 10-7 检查默认 IIS 网站

10.2.2 使用 IIS 管理工具

IIS 包括许多功能和选项,使用 Internet 信息服务(IIS)管理器可以配置和管理网站及其相关的设置。当使用默认的选项在运行 Windows Server 2008 R2 的计算机上添加"Web 服务器(IIS)"服务器角色时,IIS 管理器会自动被安装。在"管理工具"程序组中选择"Internet 信息服务(IIS)管理器",可以打开 IIS 管理器控制台,界面如图 10-8 所示。默认情况下,IIS 管理器会连接到本地服务器。可以修改本地服务器的配置和其他设置。IIS 管理器旨在使用简单而一致的用户界面提供一系列的信息。左侧窗格显示所连接的服务器的信息,可以展开这些分支来浏览该服务器所托管的网站和其他对象的相关信息。其中的一些项包含可用的附加命令,可以通过右击对象名称,在菜单中选择执行。

项目 10　配置 Web 服务

图 10-8　IIS 管理器控制台

1．使用功能视图

左侧窗格中所选项的相关信息和选项会在中间窗格中显示。在页面底端有两个主要的视图可供选择。功能视图显示所选项的全部可用设置的列表。根据添加到服务器配置中的角色服务的不同，该列表的具体项也会变化。当在左侧窗格中选择了服务器，同时将"分组依据"设置为"类别"，中间窗格中的配置项显示如图 10-9 所示。除此之外，可以使用"详细信息"、"图标"、"平铺"或"列表"选项来显示这些配置项。总体的风格与 Windows 资源管理器相似。它旨在为系统管理员提供一种易于理解和管理的方法来组织和显示许多的设置。双击指定的功能将会载入一个选项页面，用以修改这些设置。

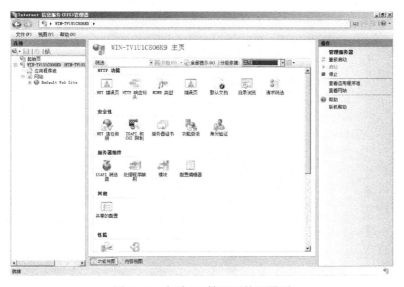

图 10-9　查看 IIS 管理器的配置项

2. 使用内容视图

内容视图旨在显示网站的文件和文件夹。它以 Windows 资源管理器的风格显示详细信息，并且提供筛选和归类文件列表的功能，如图 10-10 所示。在管理网站内容而不是网站设置时，内容视图是最有用的。它与旧版本 IIS 的管理工具中的默认显示类似。

图 10-10　使用 IIS 管理器的内容视图

3. 使用"操作"窗格

在 IIS 管理页面中，右边显示的是"操作"窗格。显示在其中的具体命令是根据选中的功能而定的。例如，当选择了一个网站，会看到浏览网站的操作，以及停止、启动或者重新启动网站的操作，如图 10-11 所示。此外，在为特定的功能修改设置时，通常会在"操作"窗格中发现"应用"和"取消"链接。

图 10-11　在 IIS 管理器操作窗格中查看管理网站的命令

10.2.3 创建和配置网站

1. 了解网站和网站绑定

网站是最顶层的容器,它提供对 Web 内容的访问。每一个网站都必须映射到服务器上的一个物理路径。通常来说,该路径会包含所有内容的根文件夹,访问该网站的用户可以使用这些内容。网站的配置指定将使用哪些协议、端口和其他设置来连接 Web 服务器。这些信息共同地被称为网站绑定。根据服务器的需要,每个网站可以有多个绑定,但对于每一个托管在 IIS 安装上的网站,网站绑定设置的组合必须唯一。网站绑定中可以被指定的信息包括:

- 类型:指定将被用于连接 Web 服务器的协议。默认的两个选项是 HTTP 和 HTTPS。
- IP 地址:服务器将进行响应的 IPv4 或 IPv6 地址的列表。如果服务器被配置多个 IP 地址,那么可以对不同的网站进行配置以响应每个地址。除了选择具体的 IP 地址,管理员也可以选择"全部未分配"选项,允许网站通过没有明确绑定端口和协议的接口对请求进行响应。
- 端口:指定服务器将会监听和响应的 TCP 端口。HTTP 连接默认的端口是 80。需要通过其他端口访问网站的用户必须在 URL 中指定端口号。TCP 端口标准的范围为 1~65535。通常,许多小于 1024 的端口号被保留给指定的应用程序使用,这些端口不被用来托管网站并非技术问题。
- 主机名:该文本设置在允许用户连接不同网站的同时,也允许多个网站共享相同的协议类型、IP 地址和端口号。该方法是通过解析保存在 HTTP 请求中的主机头信息来工作的。网站管理员可以配置他们的 DNS 设置,以允许多个域名指向相同的 IP 地址。域名信息之后被 Web 服务器所使用,以确定用户正在试图连接哪个脚站,并从合适的网站产生响应。

2. 管理默认的网站

"Web 服务器(IIS)"角色最初包含一个名为 Default Web Site 的网站。该网站被配置为使用 HTTP(端口 80)和 HTTPS(端口 443)来响应请求。右击 IIS 管理器中的 Default Web Site 并选择"绑定",可以查看绑定列表,如图 10-12 所示。

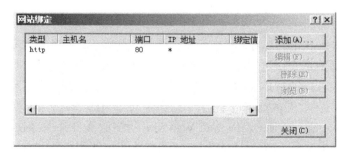

图 10-12 查看 Default Web Site 的网站绑定

当打开 Web 浏览器并连接一个 URL 时,IIS 会通过 HTTP 端口 80 接收请求,并且从合适的网站返回内容。在"网站绑定"对话框中单击"添加"按钮,可以为 Default Web Site 添加一个新的网站绑定,如图 10-13 所示,可以指定协议类型、IP 地址、端口信息和可选的主机名。如果试图添加一个已经使用的网站绑定,将被提示必须配置一个唯一的绑定。

图 10-13　添加网站绑定

3. 添加网站

在 IIS 管理器中右击"网站"并选择"添加网站"命令,则开始添加一个新网站的进程。图 10-14 所示为新网站可以配置的选项。

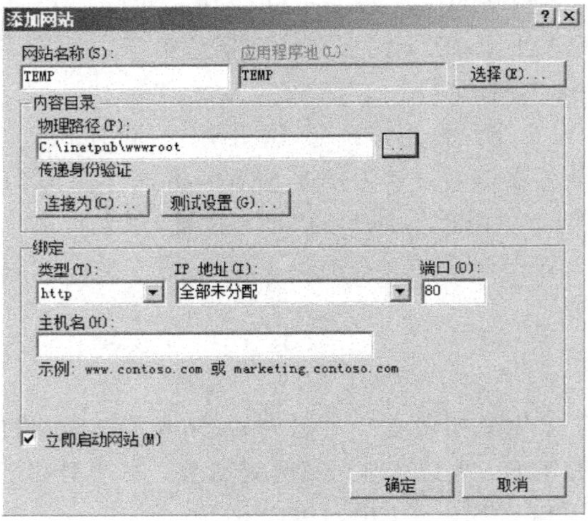

图 10-14　添加新网站

除了为网站指定默认的协议绑定,还需要提供网站名称。该设置仅仅是一个逻辑上的名称,对于网站的用户来说不是直接可见的。默认情况下,IIS 管理器会以提供的网站名称创建一个新的应用程序池。也可以通过单击"选择"按钮来选择一个现有的应用程序池。"内容目录"部分为网站的根文件夹提供完整的物理路径。IIS Web 内容的默认根目录为 %SystemDrive%\Inetpub\wwwroot。Default Web Site 的初始文件都保存在这个文件夹中,也可以创建一个新的文件夹来保存新网站的内容。"连接为"按钮用于指定安全证书,IIS 将使用该安全证书来访问内容。默认的设置是使用传递身份验证,它表示正在请求的 Web 用户的安全上下文将被使用。最后的复选框用于决定是否在单击"确定"按钮后立即启动网站。如果网站绑定信息已经被使用,系统将给予警告。

项目10 配置Web服务

一旦单击"确定"按钮添加网站,它将会出现在IIS管理器的左侧窗格中。选中网站后,使用"操作"窗格中的命令或者右击并在"管理网站"菜单中选择命令,用户可以单独地启动或停止网站。其他的配置信息可以随时进行修改。这样能够在不影响本服务器上其他网站的情况下单独地创建、配置和停止网站。除了与网站相关的基本设置,还有一些被定义在网站级别的其他设置。

4. 配置网站限制

网站限制设置对网站所能支持的带宽大小和连接数进行上限的设定。这些设置使系统管理员能够确保服务器上的一个或多个网站不会占用过多的网络带宽或消耗太多的系统资源。选中合适的网站,单击"操作"窗格中的"限制"命令,就可以对网站限制进行配置。图10-15显示了一个新建网站的默认设置。

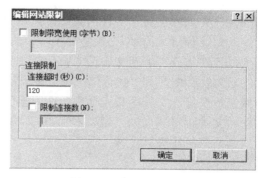

图10-15 配置网站限制

"限制带宽使用"选项用于输入Web服务器可以支持的最大带宽值。如果超过了这个限制,Web服务器会产生响应延时。"连接限制"部分指定网站上活动用户连接的最大数值。如果没有在指定的时间内收到新的请求,每一个用户连接会自动超时(默认是120秒或2分钟)。除此之外,可以设置网站所允许的最大连接数。如果超过设置的数值,试图新建连接的用户将会收到一个错误信息,提示服务器繁忙而无法响应。

5. 配置网站日志设置

日志是另一个网站级的设置。选中合适的网站,在功能视图中双击"日志"命令,就可以访问这些属性。图10-16显示了日志设置的默认选项。

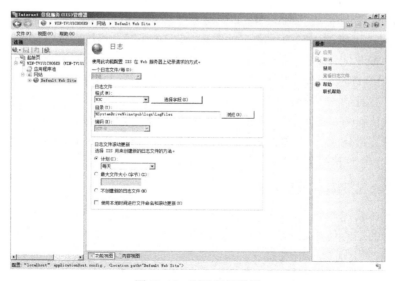

图10-16 网站目录设置

具体可以使用的选项依赖于安装了哪些 Web 服务器的角色服务。默认情况下，每一个新建的网站都被配置为在本地服务器的%SystemDrive%\Inetpub\Logs\LogFiles路径下以文本方式存储日志文件。每个网站会被分配它自己的文件夹，并且每个文件夹会包含一个或多个日志文件。可以选择不同的日志文件格式，但是默认的是 W3C 格式，该标准被用来比较不同 Web 服务器平台的日志信息。"选择字段"按钮可用于确定哪些信息被保存在日志文件中。默认的字段设置是为了在性能和有用的信息之间提供一种很好的平衡。添加字段会影响 Web 服务器的性能并且增加日志文件的大小，所以只添加需要用来分析的信息。

在业务量大的 Web 服务器上，日志文件会迅速增长。因为日志文件是基于文本格式的，所以管理和分析大的文件通常会比较困难。"日志文件滚动更新"部分可用于指定 IIS 创建新的日志文件的时间。默认情况下，每天都会创建新的日志文件。可以选择不同的时间间隔，或指定每个日志文件的最大文件大小。还有一个选项用来指定只使用一个日志文件。虽然有可能使用文本浏览器（如"记事本"）打开日志文件以获取信息，但更通用的方法是使用日志分析工具来分析结果。

10.2.4 使用 Web 应用程序

在 Web 服务器的许多应用场景中，单个网站提供对不同类型内容的访问是很常见的。网站中所创建的 Web 应用程序指向一组内容文件的物理地址。例如，一个新建的网站包括两个不同的 Web 应用程序：一个用来注册用户，另一个用来注销用户。每个 Web 应用程序能够指向计算机上的各自的物理文件夹，这样 IIS 就可以确定如何处理请求。Web 应用程序也可以使用其他方法来保证相同的内容可以被这两个网站使用。

1. 创建 Web 应用程序

使用 IIS 管理器创建一个 Web 应用程序，可在要创建 Web 应用程序的网站上右击，然后选择"添加应用程序"命令，弹出"添加应用程序"对话框，如图 10-17 所示。第一个设置选项是"别名"，用户可以输入包含该别名的 URL 来连接页面。例如，如果在默认网站中创建别名为 MARX 的 Web 应用程序，访问者将使用 URL "http://www.contoso.com/MARX"来访问内容。"物理路径"选项用于指定保存 Web 应用程序内容的文件夹。一般来说，文件系统地址应当是唯一的，并且不与其他的 Web 应用程序共享。在创建一个网站的过程中，可以保持传递身份验证的默认设置，或者单击"连接为"按钮来指定用户名和密码。"测试设置"按钮用于检查所输入的连接信息。完成设置后，单击"确定"按钮完成 Web 应用程序的创建，将在 IIS 管理器的网站对象下看到一个新的 Web 应用程序。

2. 管理 Web 应用程序设置

默认情况下，新建 Web 应用程序的许多设置会从创建它的网站自动继承。这样可以很容易地为每一个新的站点使用相同的默认设置。在多数情况下，根据应用程序的特定需求，也可以在 Web 应用程序级别覆盖这些设置。双击功能视图中的任何一项，并且在 Web 应用程序级别进行相应修改即可。多数从父站点继承来的设置会被覆盖。

项目 10 配置 Web 服务

图 10-17 为网站添加新的 Web 应用程序

10.2.5 使用应用程序池

管理 Web 服务器的一个主要方面是要关注网站或应用程序对同一台计算机上其他操作的潜在的负面影响。如内存泄漏或应用程序 Bug 之类的问题会给许多不同的 Web 应用程序带来功能或性能上的损失。应用程序池旨在使不同的网站彼此相互隔离，这就可以对应用程序失效或其他的问题进行隔离。在每个应用程序池中，工作进程实际上负责完成 Web 请求。每一个应用程序池包含它自己的一组工作进程，因此一个应用程序池内的问题不会影响另一个应用程序池内的进程。应用程序池也可以单独地被启动和停止。

默认情况下，IIS 包含 Classic.NET AppPool 和 DefaultAppPool 应用程序池，以及与应用程序自身同名的应用程序池。Classic.NET AppPool 使用经典的托管管道模式，以支持基于微软.NET Framework 2.0 的应用程序。DeafautAppPool，顾名思义，是用来支持默认网站的。它也支持微软.NET Framework 2.0，但使用的是新的集成托管管道模式。默认情况下，当新建一个网站时，IIS 管理器会创建一个新的与网站同名的应用程序池。推荐使用这种方法，因为每个网站中的进程可以独立于其他网站的进程运行。当创建一个新的 Web 应用程序时，系统会提供选项用于选择一个可用的应用程序池。

1．创建应用程序池

IIS 管理器包含一个应用程序池对象，用以管理 Web 服务器上的应用程序池。默认情况下会显示服务器上现有的全部应用程序池及其当前状态和设置，如图 10-18 所示。

为了创建一个新的应用程序池，可以右击应用程序池对象并选择"添加应用程序池"选项，打开添加应用程序池窗口，如图 10-19 所示。"名称"选项将被系统管理员用来标示应用程序池的用途。".NET Framework 版本"选项将依赖于本地计算机上可用的版本。默认情况下，提供.NET Framework 2.0 和"无托管代码"这两个选项。"托管管道模式"指定需要截取和更改 Web 请求处理的代码的使用方式，其中选择"经典"模式将支持为旧版本的 IIS 所开发的 ASP.NET 应用程序，同时也支持基于集成请求管道事件的 ASP.NET 应用程序。选择"集成"模式可以为 ASP．NET 应用程序提供更好的性能和功能，对于不是直接基于经典托管管道模式的 Web 应用程序，推荐使用该模式。最后，可以选择是否立即启动应用程序池。

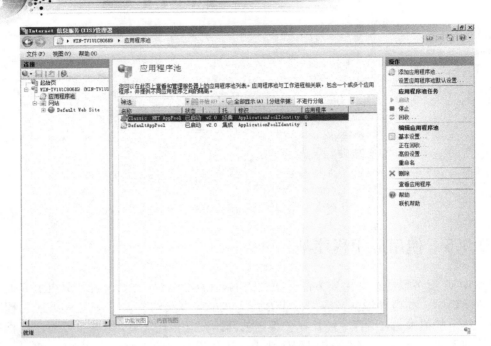

图 10-18　在 IIS 管理器中管理应用程序池

2．管理应用程序池

Web 服务器的每一个应用程序池可以独立地启动或停止。停止某个应用程序池将会阻止该池内的任何应用程序对请求进行处理。试图从这些网站访问内容的用户将会收到一个错误信息，提示 HTTP 错误 503，"服务不可用"。在停止某个应用程序池之前先检查哪些应用程序正在使用，可以在 IIS 管理器中的某个应用程序池上右击，选择"查看应用程序"命令。

图 10-19　新建一个应用程序池

3．配置回收设置

停止应用程序池的另一个方法是使用"操作"窗格中的"正在回收"命令对其进行回收。该命令指示 IIS 在当前工作进程处理完已有的请求后对其进行自动回收。它的优点是用户感觉不到计算机上的服务中断，实际上一个工作进程会迅速被另一个工作进程所代替。通常出现如内存泄漏或者资源使用率随时间显著增加这类问题时，常用的做法是回收应用程序池。通常，这类问题的根源是应用程序代码的缺陷或其他问题。理想的解决方法是修正应用程序中潜在的问题。但是，使用"回收"命令至少可以解决表面的问题。某些情况下，需要根据资源使用率或在特定的时间来自动回收工作进程。在"操作"窗格中单击"编辑应用程序池"下面的"正在回收"命令，就可以访问这些选项，如图 10-20 所示。

回收设置的主要选项是"固定间隔"和"基于内存的最大值"。最合理的设置将以要排查和避免的具体问题为根据。通常，回收应用程序池过快会降低性能。但是如果 Web 应用程序有严重的问题，最好还是在用户发现网站性能降低或出现故障之前回收工作进程以解决这些问题。

项目 10 配置 Web 服务

记录应用程序池回收事件是保证 Web 服务器及其应用程序正常运行的一个重要环节。例如，如果设置了内存最大值，可能会想知道多长时间应用程序池会被回收。"将回收事件记录到日志"这一步骤，如图 10-21 所示，该步骤用于定义记录哪些事件。单击"下一步"按钮可以查看"将回收事件记录到日志"页面。

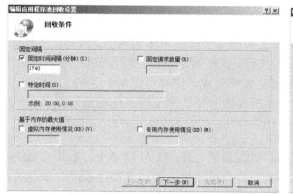

图 10-20　配置应用程序池的回收设置　　　　图 10-21　选择回收事件记录到日志

4．配置应用程序池的高级设置

除了应用程序池的基本设置和回收选项外，系统管理员还可以配置附加的信息以控制工作进程的行为。在 IIS 管理器中选择一个应用程序池，然后在"操作"窗格中单击"高级设置"链接，就可以访问这些设置，如图 10-22 所示。

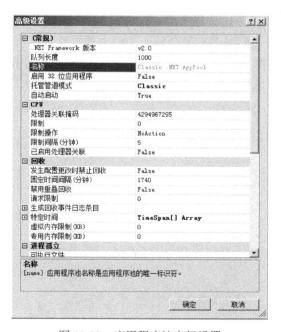

图 10-22　应用程序池高级设置

169

这些选项允许设置 CPU 和与内存资源使用率相关的详细参数。通常，不应该手动修改这些参数，除非对它们的作用相当有把握。修改某些参数可能会降低应用程序池中应用程序的处理速度，或者导致某个特定的应用程序池保留或使用过多的系统资源。

10.2.6 使用虚拟目录

很多网站都需要包含位于网站主文件夹结构之外的多个文件夹中的内容。例如，共享同一套图片的多个网站可能需要访问指向某个路径的指针，这些网站都能访问该路径下的文件。虚拟目录旨在提供这样的功能。虚拟目录可以在网站级别创建，也可以在某个 Web 应用程序中创建。它们包含一个用于 URL 请求中的别名，并且指向一个物理文件系统的地址路径。

1．创建虚拟目录

创建虚拟目录的过程与创建 Web 应用程序的过程相似。在 IIS 管理器中，右击合适的父网站或 Web 应用程序，然后选择"添加虚拟目录"项。可以为虚拟目录提供别名、安全证书以及虚拟目录的物理路径。当收到该别名的一个请求时，IIS 会自动地在适当的文件系统地址中寻找所请求的内容。

2．对比虚拟目录和 Web 应用程序

虽然虚拟目录的设置与 Web 应用程序的设置相似，但是它们的用法还是存在一些差异。Web 应用程序通常设计用于支持可执行的 Web 代码，例如使用 ASP.NET 创建的应用程序。它们通过 WAS 运行在独立的进程空间中。因为 Web 应用程序依赖于 WAS，所以它们可以使用 HTTP 和 HTTPS 之外的一些协议进行响应。

另一方面，虚拟目录主要用于指向存储在文件系统地址中的静态内容。Web 应用程序和虚拟目录都构成用来访问网站的完整 URL 的一部分。它们也都可以嵌套使用，以提供对站点内容的多个层次的访问。根据要支持的 Web 应用程序的需求做出更加合理的选择。

项目 11 管理 Web 服务器安全性

从系统管理的角度看，管理 Web 服务器的一个主要目的是维持高度的安全性。安全性在 IT 各领域中都是一个重要的关注点，对于可以被大量用户访问的信息和应用程序而言尤为重要。

11.1 项目分析

IIS 的主要功能是作为提供 Web 服务的服务器。保证 Web 内容的安全性是很重要的，因此有许多与安全性相关的行业标准，IIS7.5 可以支持这些标准，通过在 Web 服务器上指定管理员权限，进行远程管理和委派设置，将 IIS 管理权限赋给不用的用户，并通过配置请求处理程序及其相关设置把执行意外或恶意代码和内容的风险降到最低以提高安全性。

11.1.1 IIS 7.5 安全账户

当在运行 Windows Server 2008 R2 的计算机上添加"Web 服务器（IIS）"角色时，这一过程会对服务器的配置做出很多修改和添加。在旧版本的 IIS 中，每个安装都使用基于服务器名的服务账户。因为账户与安全标识符（SID）不相同，所以在 Web 服务器之间复制 Web 内容和设置需要很多步骤。

在 IIS 7.5 中，一个名为 IUSRS 的标准账户和一个名为 IIS_IUSRS 的本地安全组被用在每台 Windows Server 2008 R2 Web 服务器上。这些账户的密码在内部进行管理，因此管理员不需要记录它们。

11.1.2 管理文件系统权限

为了实现安全性，Web 服务器管理员必须能够定义哪些内容应当被保护。他们也必须能够指定哪些用户或用户组可以访问被保护的内容。通过 NTFS 文件系统权限可以对 Web 内容的权限设置进行管理。使用 Windows 资源管理器，或在 IIS 管理器的结构树中右键单击特定的对象并选择"编辑权限"，就可以直接管理这些权限，如图 11-1 所示。权限设置可以显示哪些用户或用户组可以访问内容以及它们所具有的权限。当试图处理来自 Web 客户端的请求时，IIS 使用这些权限来确定是否需要凭据。

11.1.3 Web 服务的访问控制

Web 服务器通常被部署在各种各样的应用中，其中一些服务器所提供的内容公众可以通过 Internet 直接访问，而另外一些服务器所包含的 Web 应用程序内容仅仅只有有限的用户可以访问。因此，管理 Web 服务器必须能够确定哪些用户可以连接 Web 服务，如何通过配置身份验证和授权来保护 IIS 中的 Web 内容。当用户通过身份验证之后，必须有适当的规则来确定哪些内容是允许访问的。

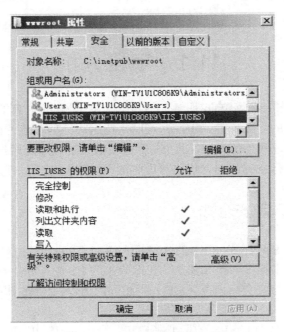

图 11-1　查看网站文件夹权限

11.2　项目实施

11.2.1　配置 IIS 管理功能

当在运行 Windows Server 2008 R2 的计算机上添加"Web 服务器（IIS）"角色时，默认配置只启用服务器的本地管理员。这就增加了安全性，因为其他计算机的用户是不能使用 IIS 管理器来修改该服务器配置的。虽然对于规模较小的应用而言这样配置已经足够，但在大型企业网络中系统管理员通常需要使用 IIS 管理器远程地配置服务器。这是由于在许多情况下，网站和 Web 应用程序是由多位系统管理员共同管理的。要允许远程管理员来管理 IIS，必须在服务器上启用远程管理，并定义和配置 IIS 管理器用户。功能委派用于指定远程管理员可以执行哪些操作。

1. 启用远程管理

为了启用远程管理功能，首先要在本地服务器上添加"IIS 管理服务"角色服务。可以使用服务器管理器来完成它。在"角色"文件夹中右击"Web 服务器（IIS）"角色，然后选择"添加角色服务"。添加"IIS 管理服务"，它位于可用角色服务的"管理工具"部分。

IIS 远程管理服务使用标准的 HTTP 或 HTTPS 连接来工作。默认情况下使用端口 8172 进行通信。当数据流被允许通过该端口时，远程管理员能够通过本地网络连接或 Internet 来管理他们的 IIS 服务。

为"Web 服务器（IIS）"角色添加了"IIS 管理服务"角色服务后，就可以使用 IIS 管理器来启用远程管理。可以打开 IIS 管理器，在左侧窗格中选择 Web 服务器对象。然后，在功能视图的"管理"部分中选择"管理服务"，如图 11-2 所示。

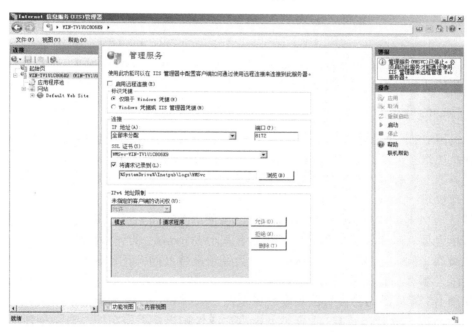

图 11-2　使用 IIS 管理器配置管理服务

"启用远程连接"复选框默认状态是没有选中的。为了使管理器用户能够通过网络连接到 IIS，首先选中"启用远程连接"复选框。"标识凭据"部分用于指定是否仅允许使用 Windows 凭据进行身份验证，或者也可以允许管理器凭据。"连接"部分的设置用于指定管理服务在哪些 IP 地址和端口进行响应。默认设置是使服务对所有可用的 IP 地址在端口 8172 上进行响应。如果 Web 服务器被配置了多个网络连接或 IP 地址，可以限制对某个地址的远程访问连接以增加安全性。"SSL 证书"部分用于选择一个已经配置在本地服务器上的 SSL 证书。也可以配置远程管理请求将被记录到的路径。默认的路径是%SystemDrive%\Inetpub\Logs\WMSvc。"IPv4 地址限制"部分用于限制哪些计算机可以远程连接到 IIS，以增加安全性。如图 11-3 所示，可以根据特定 IPv4 地址或地址范围来指定规则。"未指定的客户端的访问权"下拉列表定义未输入的 IP 地址是否会被允许或拒绝。可以创建允许或拒绝的条目来定义哪些 IP 地址可以连接。

当已经控制将被用于管理 Web 服务的计算机组时这些选项就是最有用的。

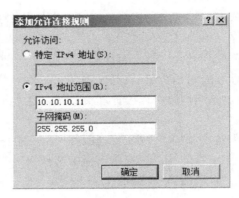

图 11-3　添加允许连接规则

因为管理服务默认是停止的，所以需要单击"操作"窗格中的"启动"命令来开启允许远程连接。要修改管理服务的配置必须先停止管理服务。

2．了解 IIS 管理器用户

为了使用 IIS 管理器连接 Windows Server 2008 R2 Web 服务器，用户必须具有必要的权限。使用管理员凭据登录到运行 Windows Server 2008 R2 的计算机的用户，将自动拥有必要的权限以完成服务器上所有可以执行的任务。对于其他类型的用户，例如远程系统管理员，必须确定要如何管理权限。

在默认情况下，"Web 服务器（IIS）"角色仅使用 Windows 身份验证就能使权限被分配。这意味着所有要管理 IIS 的管理员都必须拥有基于 Windows 的凭据和权限。当所有 Web 服务器管理员属于同一个域时，Windows 身份验证是最合适的。假定登录到这个域的用户拥有必要的权限，那么当他们使用 IIS 管理器连接服务器时，将不必手动提供凭据。当打算为所有需要使用 IIS 管理器的管理员创建本地或域账户时，Windows 身份验证也是有用的。在某些情况下，为每一位潜在的 IIS 管理员创建本地或域账户是不现实的。在这种情况下，每个用户通常可以为自己的网站修改特定的设置，而不具有访问其他用户网站的权限，并且他们通常被限制只能修改某些设置。为了支持上述功能，需要启用"Windows 凭据或 IIS 管理器凭据"选项。当使用管理服务来启用该选项时，将能够为管理 IIS 创建唯一的用户名和密码。这些凭据可以给其他用户和管理员使用，所以他们不需要个人的 Windows 账户就可以连接到 Web 服务器。

3．创建 IIS 管理器用户

IIS 管理器工具用于定义哪些用户可以连接和管理网站或 Web 服务。配置这些设置，首先需要打开 IIS 管理器，在左侧窗格中选择一个服务器。在功能视图的"管理"部分中单击"IIS 管理器用户"。默认情况下，IIS 安装将不包含任何本地定义的用户。要新建一个用户，首先在"操作"窗格中单击"打开功能"，然后在"操作"窗格中单击"添加用户"命令。需要提供用户名并输入和确认密码，如图 11-4 所示。由于这些设置是在 IIS 中本地定义的，因此不必使用与域相匹配的完整的用户名。

图 11-4 添加 IIS 管理器用户

除了通过 IIS 管理器用户配置权限外，还可以使用组成员设置来确定哪些用户可以远程连接。有权限登录本地计算机和使用 IIS 管理器的用户将能通过远程计算机来完成这些任务。

4．定义 IIS 管理权限

远程管理员在连接到服务器后需要确定具有哪些权限。在某些情况下，远程管理员可能拥有全部操作权限来访问 Web 服务器，也可能限制访问只允许访问特定的网站或 Web 应用程序。因此可以在网站或应用程序级别配置 IIS 管理器权限，但是不能直接在服务器级别配置权限。这就可以确保拥有权限的用户可以为他们需要访问的特定网站和 Web 应用程序修改设置。

选择一个网站或 Web 应用程序，然后在功能视图的"管理"部分中单击"IIS 管理器权限"，即可对权限进行管理。默认情况下，新的 IIS 管理器用户没有被赋予连接特定网站或 Web 应用程序的权限。为了使新的用户能够在选定的级别上进行连接，首先在"操作"窗格中单击"打开功能"，然后在"操作"窗格中单击"允许用户"命令。需要指定 Windows 用户或 IIS 管理器用户，如图 11-5 所示。使用 Windows 选项，可以选择一个已在域中或本地被定义的用户或用户组。

当用户远程连接到 IIS，他们将能够访问那些他们有权访问的网站和 Web 应用程序。默认情况下，较低级别的对象会自动继承较高级别的对象的权限。也可以在"操作"窗格中选择"拒绝用户"以明确禁止其对特定级别的访问。为了对多用户管理进行简化，在管理网站权限时可以使用两个命令。"显示所有用户"提供 IIS 中所有可用用户的列表。"仅显示站点用户"只会显示那些具有访问网站权限的用户。

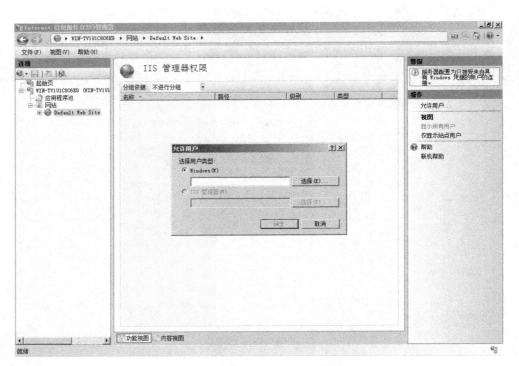

图 11-5　设置允许用户管理网站

5．配置功能委派

定义用户和权限的功能用于实行基于站点内容结构的管理。但首先需要确定哪些功能用户可以查看和配置，这个设置过程就称为委派。功能委派的默认设置定义在 IIS 的服务器级别。为了使用 IIS 管理器访问这些设置，可以在左侧窗格中选择 Web 服务器对象，然后在功能视图的"管理"部分中双击"功能委派"，如图 11-6 所示。

功能委派列表项包括了所有通过"Web 服务器(IIS)"服务器角色所添加的功能或由角色服务所启用的功能。为了修改某项功能的设置，可以在列表中选择该功能，并使用"操作"窗格的"设置功能委派"部分中的命令。多数功能都有"只读"或"读/写"选项。除此之外，一些功能项具有"配置读/写"或"配置只读"设置。这些设置使 Web 开发人员能够在他们的配置文件中指定设置或以基于数据库设置的方式来管理它们。"未委派"设置表示该功能不为较低级别的委派所启用，而且不能用来配置。使用"委派"选项，可以快速地配置设置，如图 11-7 所示。

项目 11　管理 Web 服务器安全性

图 11-6　查看 IIS Web 服务器的功能委派设置

图 11-7　以委派设置分组方式查看功能委派配置

默认情况下，在服务器级别定义的设置会自动地应用到全部的子网站和子应用程序。在某些情况下，希望在站点级别限制功能委派。可以在"操作"窗格中单击"自定义站点委派"命令。这将打开"自定义站点委派"页面，如图 11-8 所示，用于选择将应用委派设置的特定站点。

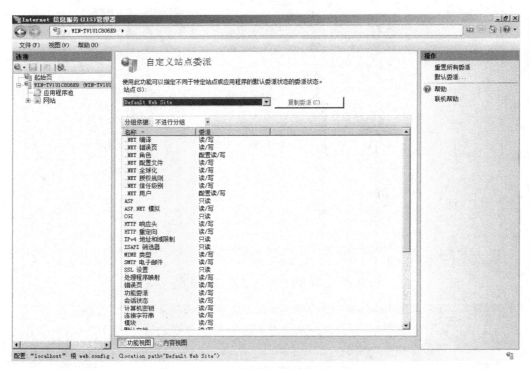

图 11-8　指定"自定义站点委派"设置

"复制委派"命令用于将当前选择的设置复制到服务器上的一个或多个网站。也可以使用"操作"窗格中的"重置为继承"和"重置所有委派"命令迅速将成组的设置更改为之前的值。使用功能委派设置可以决定当远程用户使用 IIS 管理器连接到服务器时，系统配置的哪些部分可用。

6. 使用 IIS 管理器连接远程服务器

在启用了远程管理并配置了适当的权限和设置后，远程用户将能够使用 IIS 管理器控制台连接服务器。为了检查本地计算机或安装有 IIS 管理器控制台的远程计算机的配置，可以使用 IIS 管理器的"起始页"项或者"文件"菜单来连接 IIS。如图 11-9 所示，远程用户将能够存不同的级别连接服务器。可用的命令包括：连接至 localhost、连接至服务器、连接至站点、连接至应用程序。

图 11-10 显示了直接连接 Web 应用程序的可用选项。为了进行连接，远程管理员需要提供凭据。如果连接成功，远程管理员将在 IIS 管理器的左侧窗格中看到一个新的对象。为了保持多个连接，远程管理员也可以为这些连接命名或重命名。

项目 11 管理 Web 服务器安全性

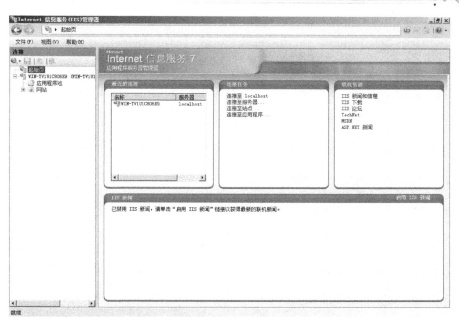

图 11-9 连接到 IIS 的远程安装

图 11-10 为 Web 应用程序创建连接

可用的特定功能项将依赖于功能委派的设置。虽然可能具有相同的图标，但是远程管理员将不能修改它们的设置，也不能保存修改的结果。对于大多数设置，远程管理员将能够访问配置页面，上面显示了设置的详细信息，但是任何的操作都被禁用。因此，他们将不能修改设置或保存修改的结果，如图 11-11 所示。

图 11-11 查看 SSL 的选项

11.2.2 管理请求处理程序

为了给各种 Web 应用程序技术提供支持，IIS 的结构允许启用和禁用请求处理程序处理 Web 请求和产生响应。Web 服务器和 Web 应用程序可以根据必须被支持的内容的类型配置它们自己的请求处理程序。例如，一个 Web 应用程序可以被配置为支持静态内容（如 HTML）以及 ASP.NET 网页。这样做的主要好处是 Web 开发人员可以为他们的任务选择最有用的技术。但是，也会存在安全性方面的缺陷。当 IIS 被配置了多个请求处理程序，安全性的攻击面会增大。任何所启用的请求处理程序的弱点都可能导致未经授权的访问或相关的问题。因此，推荐系统管理员仅启用他们希望使用的那些请求处理程序。

1. 了解处理程序映射

当 Web 服务器收到一个请求时，IIS 根据处理程序映射的定义来决定使用哪个请求处理程序。处理程序映射包括以下信息：

➢ **谓词**：HTTP 请求包含了定义生成请求类型的谓词。最常用的两个谓词是 GET 和 POST，GET 用来从 Web 服务器获取信息，而 POST 还可以包含从客户端浏览器发送到 Web 服务器的信息。

➢ **请求扩展名**：Web 服务器通常返回各种各样的内容类型。最常见的信息类型是标准的 HTML 页面及诸如.jpg 和.gif 的图片文件。IIS 可以使用 HTTP 请求的文件扩展名信息来决定处理哪种类型的内容。例如，ASP.NET 网页的默认文件扩展名是.aspx。对.aspx 页面的请求会自动地被映射到 ASP.NET 请求处理程序。大多数 Web 开发平台都有自己的扩展名约定。可以创建新的扩展名并为它们提供合适的映射。

➢ 处理程序信息：处理程序映射包括特定请求处理程序的详细信息，IIS 应当根据谓词和请求扩展名来调用请求处理程序。这些信息能够以不同的方式被提供，包括可执行文件的完整路径或者用来处理请求的程序的名称。

除了基于这些设置的特定处理程序映射外，IIS 还可以使用默认的处理程序返回内容。StaticFile 处理程序映射被配置为响应那些没有映射到已存在的文件的请求。具体的响应将依赖于 Web 应用程序的设置。如果 Web 应用程序或虚拟目录的默认文档被指定，那么当 URL 中没有指定文件时将会返回该文档。如果默认文档不存在或者该功能被禁用，那么 StaticFile 处理程序会检查"目录浏览"是否启用。如果启用，文件夹内容的列表会返回给请求者。最后，如果所有这些方法都不能完成请求，那么用户将会收到一个错误提示：该请求被禁止。完整的错误信息是：HTTP 错误 403.14，Web 服务器被配置为不列出此目录的内容。

出于安全性的考虑，IIS 经过配置，为从本地计算机访问服务器的 Web 用户提供一种错误信息，而为远程访问服务器的用户提供另一种错误信息。这样做可以维持安全性：潜在的敏感信息没有暴露给远程 Web 浏览器用户，但是用来排查故障的有用信息仍然提供给系统管理员和 Web 开发人员。

2．配置处理程序映射

当在 Windows Server 2008 R2 中添加"Web 服务器（IIS）"角色时，就会为 Web 服务器和默认网站定义一套默认的处理程序映射。新的网站和 Web 应用程序也会被配置一套默认的处理程序映射。除此之外，在向"Web 服务器（IIS）"角色中添加角色服务时，新的处理程序映射可能会被自动添加到配置里。使用 IIS 管理器来配置处理程序映射。

在连接到 IIS 之后，必须选择要在 Web 服务器、网站、Web 应用程序、虚拟目录、Web 文件夹中的哪一个级别配置映射。目录结构中的子项自动地继承处理程序映射。为了查看在特定级别中配置的处理程序映射，可以在 IIS 管理器左侧窗格中选择相关的对象。然后，在中间窗格的功能视图中双击"处理程序映射"，如图 11-12 所示。

图 11-12　查看网站的处理程序映射

页面中包括在所选级别中定义的所有处理程序映射的相关信息。"名称"栏指定了请求处理程序本身的相关信息。虽然内置的处理程序映射具有默认的名称，但是管理员可以在创建新的映射时为它们提供名称。"路径"栏显示处理程序将要处理的特定请求扩展名。"状态"栏指明处理程序是启用还是禁用，如果处理程序被禁用，那么与映射相匹配的请求将得不到处理。"处理程序"栏指明了要调用的程序的详细信息。"条目类型"栏指定处理程序映射是从父对象继承还是在本地直接为该对象定义的。

可以使用"分组依据"下拉列表来依据不同的标准查看处理程序映射。"条目类型"指明哪些设置是从父对象继承而来的，哪些处理程序是根据所选对象直接配置的。"状态"表明哪些处理程序映射是启用的，哪些是禁用的。这些查看选项使确定 Web 服务器每个组件的安全性攻击面变得简单。

3．删除处理程序映射

为了保证 Web 内容的安全性，需要及时删除生产环境中不需要的请求处理程序。选择某个处理程序映射，然后在"操作"窗格中选择"删除"命令即可将其删除。在处理程序被删除后，该处理程序曾经处理过的那类请求将不会被处理。

4．管理处理程序继承

处理程序映射设置的继承功能可以大大简化对托管了许多网站和 Web 应用程序的服务器的管理。通常是在可用的最高级别配置处理程序映射。默认情况下，Web 服务器上低级别的对象可以覆盖父对象的处理程序映射设置。在某些情况下，锁定请求处理程序的配置即可实现在整个服务器上阻止某些类型的请求被处理，而不管网站和 Web 应用程序的设置。锁定配置的操作为，在 IIS 管理器中选择 Web 服务器对象，然后双击"处理程序映射"，选择希望锁定的处理程序映射，然后在"操作"窗格中选择"锁定"命令即可。在 IIS 管理器的"操作"窗格中选择"恢复为继承的项"命令即可将处理程序映射设置恢复为它们的默认值。执行该操作将会从父对象恢复映射，但是这将会导致一些本地定义的处理程序映射的丢失。

5．添加处理程序映射

IIS 的基本结构使系统管理员能够根据特定的需求添加新的处理程序映射。如果想为某扩展名的文件类型提供支持，可以为这一路径类型添加处理程序。另外，Web 开发人员也可以创建自己的程序来管理新的请求类型。为了添加处理程序映射，需要选择适当的对象，然后在 IIS 管理器的功能视图中双击"处理程序映射"。"操作"窗格包含如下用来添加新类型的请求处理程序的选项。

> ➢ 添加管理处理程序：管理处理程序根据.NET 代码库处理请求。"类型"设置从本地服务器上已注册的.NET 代码模块中进行选择，如图 11-13 所示。
> ➢ 添加脚本映射：脚本映射用来发送处理动态链接库（.dll 文件）或可执行文件（.exe 文件）的请求。这类程序旨在处理请求信息，并为 IIS 生成响应以传回给终端用户。
> ➢ 添加通配符脚本映射：通配符脚本映射用来为不由其他处理程序管理的文档类型指定一个默认的处理程序。"可执行文件"路径选项指向一个.dll 文件或一个.exe 文件以处理请求。

➢ 添加模块映射：模块是用来集成 IIS 请求处理管道的程序。它可以提供一系列的功能，并且包含在 Web 服务器角色的默认和可选的角色服务中，如图 11-14 所示。

当添加一个新的请求处理程序时，将被提示提供请求路径的信息。可以使用通配符，或者指定具体文件的列表。使用"名称"设置可以帮助其他开发人员和管理员识别处理程序映射的功能。

图 11-13　为网站添加管理处理程序

图 11-14　为 Web 应用程序添加模块映射

6. 配置请求限制

除了指定特定的请求处理程序将被映射到的路径和文件名外，还可以通过请求限制来进一步保证 IIS 的安全性。添加映射时，在对话框中单击"请求限制"按钮，就可以看到可用的选项。"映射"、"谓词"和"访问"这三个选项卡提供了请求限制的选项。

"映射"选项卡用来指定文件或文件夹是否将被包含在映射中的相关附加信息，如图 11-15 所示。默认设置是使处理程序自动地为文件和文件夹处理请求。可以选择文件或文件夹来限制处理程序是否将响应默认的文档或具体的文件请求。

"谓词"选项卡用来指定处理程序将响应哪些 HTTP 请求谓词，如图 11-16 所示。虽然最常用的谓词类型是 GET 和 POST，但是一些应用程序可能使用其他的谓词向 Web 服务器请求其他的信息。默认情况下，所有的谓词类型都将传递给请求处理程序。如果想为不同的谓词使用不同的处理程序，或者希望处理程序映射仅适用于特定类型的请求，可以使用"下列谓词之一"选项来进行设置。

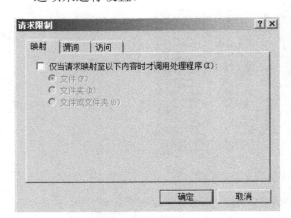
图 11-15　设置请求限制映射

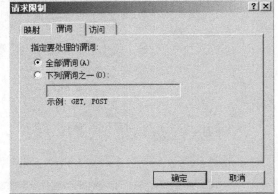
图 11-16　设置请求限制谓词

"访问"选项卡用来指定将被赋予给请求处理程序的访问权限，如图 11-17 所示。为了提高安全性，应将处理程序具有的访问类型减到最少。默认的设置是"脚本"，它被大多数可执行的处理程序所接受。其他选项包括："无"、"读取"、"写入"和"执行"。

7. 配置功能权限

功能权限用来指定请求处理程序可以执行哪些操作。双击"处理程序映射"，然后在"操作"窗格中选择"编辑功能权限"，就可以配置这些选项，如图 11-18 所示。3 个权限分别是：
- 读取：使处理程序能够读取存储在文件系统中的文件。
- 脚本：使处理程序能够在服务器上执行基本的脚本任务。
- 执行：使处理程序能够在处理请求的过程中运行计算机的可执行代码文件。

对于新的处理程序映射，它的"读取"和"脚本"功能权限是默认启用的。

项目 11 管理 Web 服务器安全性

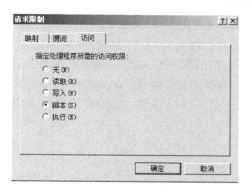

图 11-17 设置请求限制访问

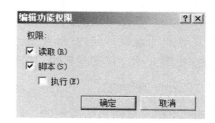

图 11-18 编辑功能权限

11.2.3 管理 IIS 身份验证

身份验证是指为了达到安全性的目的，用户或计算机证明自己身份的过程。IIS 提供许多方法来保证内容的安全性，最熟悉的方法是通过注册或输入用户名和密码。当使用 IIS 时，身份验证的设置和选项决定用户如何通过提供他们的证书来访问存储在 Web 服务器上的内容。默认情况下，存储在新的网站、Web 应用程序和虚拟目录中的内容将允许匿名的用户访问，这意味着用户将不需要提供任何身份验证信息就可以获取数据。

1. 匿名身份验证

对于许多类型的 Web 服务器，用户不需要提供身份验证信息就可以访问默认网页或一些内容。当使用默认选项安装了"Web 服务器（IIS）"角色，Default Web Site 及其相关的 Web 内容的身份验证就启用了。匿名身份验证旨在为可以连接到 Web 服务器的所有用户提供对可用内容的访问。当 IIS 接收到一个对内容的请求，它会自动地使用特定的标识以试图完成该请求。默认情况下，匿名身份验证使用内置的 IUSR 账户，如图 11-19 所示。只要该用户账户具有访问内存的权限，请求将会自动被处理。

图 11-19 编辑匿名身份验证凭据

也可以使用"设置"命令为其他的账户提供用户名和密码。当希望对不同的 Web 内容使用不同的 NTFS 权限时，它将派上用场。另外，还可以选择使用"应用程序池标识"，该设置指示 IIS 使用网站或 Web 应用程序所使用的应用程序池的凭据。如果 Web 服务器上的全部内容对于所有用户都是可用的，那么就不需要进一步的身份验证配置。如果为匿名身份验证选项所配置的凭据不足以访问内容，它就不会自动地返回给用户。通常，需要使用其他可用的身份验证方法中的一个，以便授权用户可以访问内容。

2．Forms 身份验证

Web 开发人员通常所采用的一种安全手段是使用标准的 HTTP 表单来传递登录信息。Forms 身份验证使用 HTTP302（登录/重定向）响应将用户重定向至登录页面。通常，登录页面会要求用户输入登录名及密码，当这些信息被提交到登录页面后，将被验证。若凭据被接受，用户将被重定向至他们最初请求的内容。默认情况下，表单提交以未加密的格式发送数据。为了保证登录信息传送过程的安全性，需要使用 SSL 或 TLS 进行加密。

Forms 身份验证是 Internet 中最常使用的方法，因为它不需要任何指定的 Web 浏览器。Web 开发人员通常都会创建他们自己的登录页面，通常根据存储在相关数据库中的用户账户信息或 Active Directory 目录服务域来对登录信息进行验证。

Forms 身份验证的默认设置旨在为 ASP.NET Web 应用程序提供服务。可以编辑 Forms 身份验证的设置来管理一些设置，如图 11-20 所示。其中主要的设置是"登录 URL"，它用来指明网页的名称，当用户试图访问受保护的内容时他们将被发送至该网页。一旦用户提供了身份验证信息，在每次请求过程中 cookie 都会由 Web 浏览器发送至 Web 服务器，这使客户端能够证明它已经通过 Web 服务器的身份验证，由于 HTTP 是无状态的协议，所以这是必需的。"Cookie 设置"部分用于配置站点将如何使用 cookie。"模式"选项包括：不使用 Cookies、使用 Cookies、自动检测、使用设备配置文件，最适当的选项应根据 Web 浏览器的需要及 Web 应用程序或 Web 内容的需要确定。

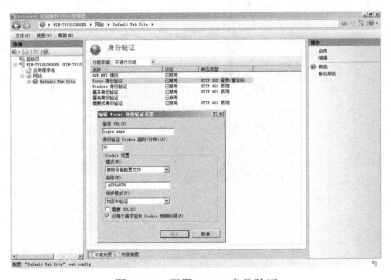

图 11-20　配置 Forms 身份验证

3．基于质询的身份验证

对于使用文件系统权限以试图访问受保护的 Web 内容的用户，IIS 提供三种安全性质询的方法。每一种方法都是基于发送 HTTP 401 质询——提示用户提供登录信息的标准方法。这三种身份验证的方法如下：

➢ 基本身份验证：通过所有 Web 浏览器所支持的标准方法为 Web 用户提供一个身份验证质询。基本身份验证的主要缺点是用户所提供的信息只进行编码而不被加密。这就意味着一旦信息被拦截，登录和密码的信息可以被轻松获取。为了安全地传输基本身份验证信息，要么确保网络连接是安全的，要么使用 SSL 或 TLS 进行加密。

➢ 摘要式身份验证：基于 HTTP 1.1 协议，它提供一种传输登录凭据的安全方法。它通过 Windows 域控制器来认证用户。它的一个潜在的缺点是需要用户的 Web 浏览器支持 HTTP 1.1。目前最流行的浏览器版本都支持该方法，因此在互联网和内联网环境中可以使用摘要式身份验证。

➢ Windows 身份验证：它提供一个安全的且易于管理的身份验证选项。它基于 NTLM 或 Kerberos 身份验证协议，根据 Windows 域或本地安全数据库来验证用户的凭据。Windows 身份验证主要是为了在内联网环境中使用，用户和 Web 服务器均属于同一个域。为了简化管理，管理员可以使用 Active Directory 域账户来控制对内容的访问。

使用何种身份验证方法的一个重要的考虑因素是它们与匿名身份验证之间的关系。如果需要用户在访问 Web 内容之前提供登录信息，必须禁用匿名身份验证。如果匿名身份验证保持启用，内容就不会受到文件系统权限的保护，不需要经过身份验证它将自动地可以被用户使用。另一个需要注意的问题是，不能为相同的内容同时启用 Forms 身份验证和基于质询的身份验证。

4．ASP.NET 模拟

"模拟"是一种处理 IIS Web 请求的安全性方法，它使用特定的用户账户或正在访问站点的用户所提供的安全信息。当 ASP.NET 模拟被禁用时，处理请求的安全上下文依赖于 Web 应用程序所使用的账户。当启用模拟时，可以指定一个用户账户以确定安全上下文。单击"设置"按钮，提供用户名和密码信息，如图 11-21 所示。

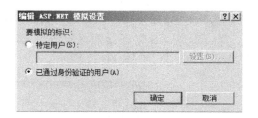

图 11-21　配置 ASP.NET 模拟

另一个选项是为"已通过身份验证的用户"配置 ASP.NET 模拟。该设置指定已经通过身份验证的用户的安全性权限将被用来提供对内容的访问。当希望使用文件系统权限以使特定的用户和用户组来决定哪些内容是应当受到保护的，该设置会起到帮助作用。这种使用最好是应用于支持相对较少用户数量的环境。

5．客户端证书身份验证

除了其他可用的身份验证选项之外，IIS 支持使用客户端证书来验证 Web 用户的身份。该方法需要用户在他们的计算机上安装安全证书。当产生了一个访问受保护内容的请求时，IIS 会自动查询证书信息以验证客户端的身份。主要有三种使用客户端证书的模式：

➢ 一对一映射：在该配置中，Web 服务器必须包含一份客户端证书，任何需要访问受限内容的计算机都用到它。服务器将它的这份证书与客户端为了验证请求所提供的证书进行比较。

> 多对一映射：通常为服务器上所有可能的 Web 用户管理证书是不现实的。虽然多对一映射的安全性略低，但是它是基于 Web 服务器身份验证的，并且使用客户端证书中的某些信息。

> Active Directory 映射：Active Directory 证书服务可以简化客户端证书的创建和管理。为了使用该方法，公司必须首先建立他们自己的基于证书的基础架构。

由于客户端证书身份验证的证书需求，该方法在系统管理员控制终端用户的计算机的环境中是最常用的。为可公共访问的 Internet 网站和应用程序获取证书是不现实的。

6. 身份验证需求

处理程序和模块管理 IIS 的身份验证。Web 服务器使用的特定身份验证选项基于已经安装的 Web Server 角色服务，包括：基本身份验证、Windows 身份验证、摘要式身份验证、客户端证书映射身份验证。

为了添加或删除与安全性相关的角色服务，可以打开服务器管理器，展开"角色"节点，右键单击"Web 服务器"，然后选择"添加角色服务"或"删除角色服务"。因为角色服务将影响整个 Web 服务器的可用的身份验证选项，所以需要确定服务器上所有 Web 应用程序和 Web 内容的需求。除了角色服务的设置，每种身份验证的方法都有特定的模块需求。

7. 配置身份验证设置

IIS 支持使用 Web 对象结构来定义配置，可以为对象配置身份验证的级别有：Web 服务器、网站、Web 应用程序、虚拟目录、物理文件夹和个别文件。

在较高级别定义的身份验证设置将会自动应用到较低级别的对象。对于多个网站、Web 应用程序及它们的相关内容，该方法使得管理设置更加容易。

为了使用 IIS 管理器配置身份验证，在左侧窗格中选择适当的对象，然后在功能视图中双击"身份验证"，如图 11-22 所示。

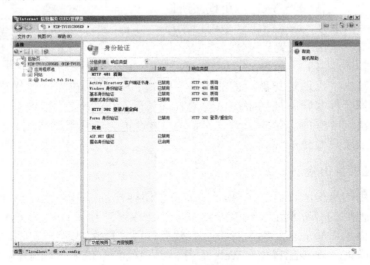

图 11-22　配置身份验证

以响应类型进行分组，默认设置显示了可用身份验证选项的完整列表。选择列表中的某一项并选择"操作"窗格中的"启用"或"禁用"命令，可以将每种方法启用或禁用。除此之外，一些身份验证选项为管理设置提供了附加的命令。默认情况下，当启用或禁用一个身份验证选项时，该设置将会应用到 IIS 结构层次中所有较低级别的对象和内容。可以在低级别启用或禁用具体的身份验证方法来覆盖这些设置。

11.2.4 管理 URL 授权规则

授权是系统管理员决定哪些资源和内容可以被特定用户使用的一种方法。授权依赖于身份验证以确认用户的身份。一旦身份被验证，授权规则决定用户或计算机可以执行哪些操作。IIS 使用基于 URL 的授权以提供保证各种内容安全性的方法。因为 Web 内容通常是通过 URL 来请求的，所以可以很容易地使用 IIS 管理器配置授权。

1．创建 URL 授权规则

为了使用 URL 授权，必须启用 UrlAuthorizationModule。可以在 Web 服务器定义级别为特定网站、Web 应用程序和文件的配置授权规则。URL 授权规则使用继承的方式，因此低级别的对象可以从它们的父对象继承授权设置。为了配置授权，在 IIS 管理器的左侧窗格中选择合适的对象，然后在功能视图中双击"授权规则"，再为一个网站配置多条规则，如图 11-23 所示。

图 11-23　查看网站的授权规则

可以在"操作"窗格中选择"添加允许规则"和"添加拒绝规则"命令来创建新的规则。这两种规则具有相同的可用选项，如图 11-24 所示。当创建新的规则时，主要的设置是用来确定该规则适用于哪些用户，包括：所有用户、所有匿名用户、指定的角色或用户组、指定的用户。

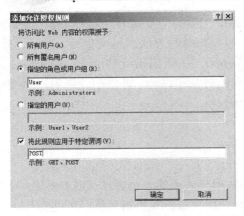

图 11-24 为 Web 应用程序创建新的允许规则

当指定规则所适用的用户或用户组时,可以在文本框内输入合适的名称。使用.NET 角色提供程序可以定义特定的用户和用户组。ASP.NET Web 开发人员可以使用这个标准的功能。开发人员可以创建他们自己的角色和用户账户,并且可以在他们的应用程序中定义权限。通常,用户和角色的相关信息保存在关系数据库中,或者依赖于目录服务。除了用户和角色的选项外,可以根据特定的 HTTP 谓词来进一步配置授权规则。

2. 管理规则继承

授权规则会自动地被低级别的对象继承。当网站和 Web 内容依据预期的用户或用户组分层次地进行组织时,这将会起到帮助作用。"条目类型"栏显示规则是从较高的级别继承还是在本地被定义。IIS 管理器将自动阻止创建相同的规则。可以在任何级别删除规则,包括继承的和本地的条目类型。

11.2.5 配置服务器证书

与安全性相关的诸多挑战中的一个是核实 Web 服务器的身份,一旦充分地相信服务器可以被信任,需要保护 Web 客户端与 Web 服务器之间的通信。在各种网络中,尤其是在 Internet 中,为敏感数据提供安全的通信是全天需要的。服务器证书旨在为 Web 服务提供附加的安全性。IIS 对创建和管理服务器证书及使用加密的通信提供了内置的支持。

1. 了解服务器证书

服务器证书是 Web 服务器用来向试图访问它的客户端证明自己身份的一种方法。提供这一功能的通常方法是通过信任授权机构。颁发服务器证书的机构被称为证书颁发机构(CA)。在 Internet 上,许多第三方机构可用于验证服务器和生成证书。如果用户信任这些第三方机构,他们也应当能够将信任扩展至已通过验证的网站。机构也可以为内部服务器充当他们自己的 CA。这使系统管理员能够使用安全机制来验证和批准新的服务器部署。获取服务器证书的步骤通常包括:

➢ 生成证书申请:Web 服务器上所产生的申请生成一个文本文件,文件以加密的格式包含了该申请的相关信息。证书申请唯一地标识该 Web 服务器。

➢ 向 CA 提交证书申请:证书申请被提交给 CA(通常是使用安全的网站或 E-mail)。随后 CA 对申请中的信息进行核实并生成一个受信任的服务器证书。

➢ 获取证书并将其安装到 Web 服务器:CA 将证书返回给申请者,通常是以小的文本文件的方式。随后该文件被导入 Web 服务器的配置中,以保证通信的安全性。

2. 创建一个 Internet 证书申请

利用 IIS 管理器获得一个可在 IIS Web 服务器上使用的证书。连接至一台运行 Windows

Server 2008 R2 的 Web 服务器并在功能视图中双击"服务器证书",如图 11-25 所示。证书申请是在 Web 服务器级别而不是在其他诸如网站或 Web 应用程序这样的级别生成的。根据本地服务器的配置,一些证书可能已经被包含到默认的配置中。"操作"窗格提供创建新证书的命令。

图 11-25　查看 IIS Web 服务器的服务器证书

选择"创建证书申请"命令,开始证书申请过程,如图 11-26 所示,需要提供申请组织的相关信息。该信息将被 CA 用来决定是否颁发证书,因此,必须保证信息的准确性。

证书申请过程的第二步需要选择加密方式以保证证书申请的安全性,如图 11-27 所示。"加密服务提供程序"设置应当使用被证书颁发机构接受的方法。"位长"设置指定加密的长度,值越大就需要越多的时间来处理,但同时也提供更高的安全性。

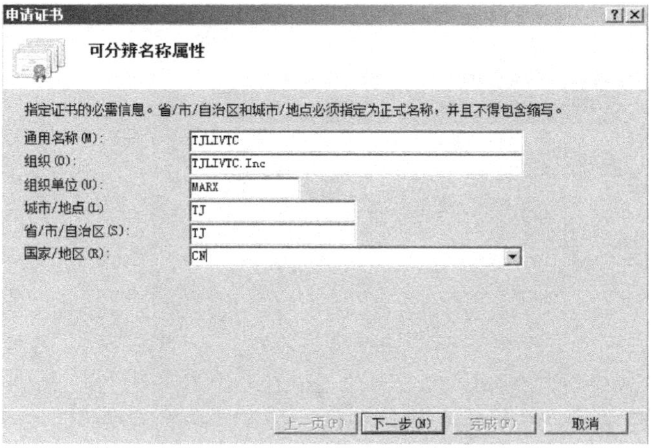

图 11-26　可分辨名称属性页面

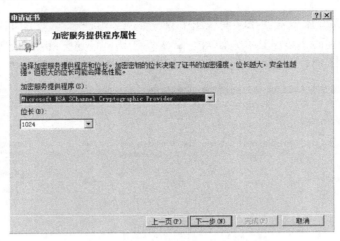

图 11-27 加密服务提供程序属性页面

证书申请过程的最后一步需要将证书申请保存在文件中。可以提供用于保存证书申请的完整路径和文件名。申请将会保存到一个文本文件中,其中的内容是经过加密的。

下一个步骤需要将证书申请提交给 CA。通常,发布方的网站将要求上传证书申请或将其复制到一个安全的网站。发布方也需要附加的信息,例如公司的详细信息和支付信息。

3. 完成 Internet 证书申请

公共的第三方 CA 处理申请所需要的时间可能会不同。一旦申请被处理并且批准,CA 会通过 E-mail 或它的网站发送响应。可以将其响应保存在一个文本文件中,并提供给 IIS 以完成申请过程。在"服务器证书"功能视图中选择合适的申请,然后在"操作"窗格中选择"完成证书申请"命令,程序将要求指定响应的路径和文件名,以及为管理指定一个便于记忆的名称,如图 11-28 所示。通常响应使用扩展名为.cer 的文件名,任何标准的文本文件都可以使用。如果证书申请与响应相匹配,证书将被导入 IIS 的配置中,随时准备使用。

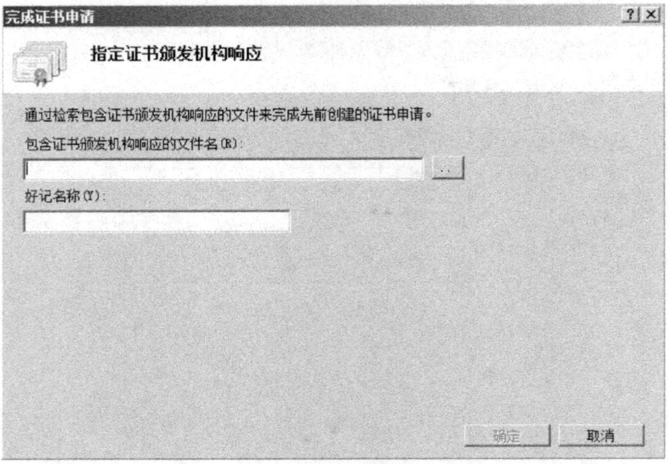

图 11-28 完成证书申请过程

4. 创建其他的证书类型

除了标准的证书申请过程之外，还可以使用另外两个命令来创建证书。这些命令在"服务器证书"功能属性的"操作"窗格中提供。"创建域证书"选项生成一个申请以发送至内部的证书颁发机构，这通常用在拥有自己的证书服务基础架构的组织中，申请会发送给内部的服务器，而不是第三方 CA。"指定联机证书颁发机构"文本框用于接收内部 CA 服务器的路径和名称。"好记名称"可以用来标识证书的用途，如图 11-29 所示。

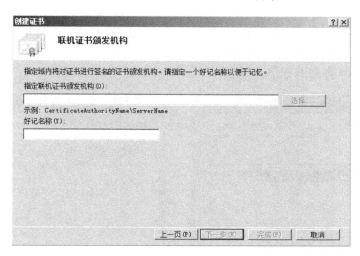

图 11-29 为域证书指定联机证书颁发机构

5. 创建自签名证书

证书的创建和管理过程需要多个步骤，而且从一个受信任的第三方 CA 获取证书通常需要额外的费用。虽然这些步骤对于确保生产环境的安全性是必需的，但是对于开发和测试环境，有一种更为简单和更为可取的方法，即自签名证书，它可以通过创建本地证书来测试证书的功能。由于避免了向 CA 申请的过程，所以使用"操作"窗格中的"创建自签名证书"命令可以很容易地创建这些证书，如图 11-30 所示。与其他类型的证书不同，因该证书直接在本地计算机上创建，故它不需要为证书提供组织的信息。自签名证书的主要缺点是使用安全连接访问 Web 服务器的用户将会收到"证书不是由第三方机构颁发"的警告信息。这通常不对测试环境造成影响，然而对于生产环境的 Web 服务器而言，它会阻止自签名证书的使用。

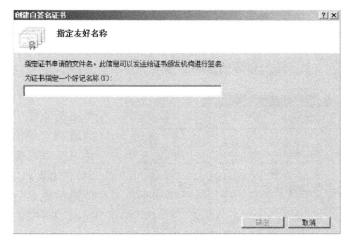

图 11-30 创建自签名证书

6. 查看证书的详细信息

服务器证书的内容包括一些详细内容和属性。双击 Web 服务器的"服务器证书"列表中的某一项就可以查看它的信息。"证书"对话框中提供服务器证书的相关信息。"常规"选项卡显示证书发布方的详细信息，基于 Internet 的证书将会显示颁发证书的受信任的第三方机构的名称及证书具有的有效日期，如图 11-31 所示。"详细信息"选项卡显示证书的附加属性，包括加密方法。"证书路径"选项卡显示证书的整体信任层次结构，如图 11-32 所示。在有多个级别的 CA 的情况下，这有助于跟踪所有被使用的信任关系，证书要被认为有效，那么所有的级别都必须被信任。Web 用户也可以查看安全证书的详细内容，这有助于确认 Web 服务器或组织的身份。用户可以在 IE 浏览器中网页任意处右击并选择"属性"命令，"常规"选项卡中包含用来查看证书状态和其他信息的按钮。

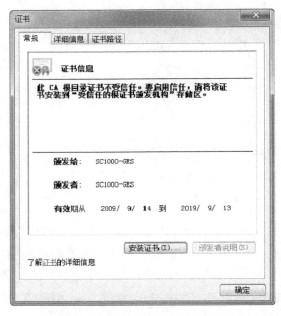

图 11-31　查看服务器证书的常规信息

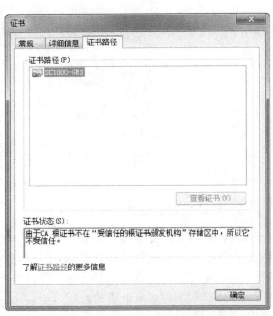

图 11-32　查看服务器证书的证书路径

7. 导入和导出证书

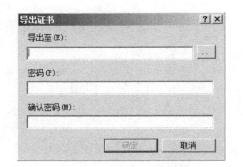

图 11-33　使用 IIS 管理器导出服务器证书

一旦证书被安装到 Web 服务器上，可能需要把它导出到文件中。可以使用 IIS 管理器，右键单击证书并选择"导出"命令，然后为文件提供导出路径和文件名，同时需要提供密码以防止未授权的用户安装证书，如图 11-33 所示。默认情况下，所导出的证书文件的扩展名是.pfx，也可以使用任何其他的扩展名。所导出的证书的内容是经过加密和受保护的。选择"操作"窗格中的"导入"命令可以导入证书，此时会提示输入已导出的证书文件的文件系统地址及用来打开该文件的密码。此外，可以选择是否允许证书今后被导出。

8. 启用安全套接字层

一旦在 IIS Web 服务器上添加了服务器证书，就可以使用 SSL 进行连接。SSL 连接依赖证书以验证 Web 服务器的身份。一旦身份被验证，用户就可以使用 HTTPS 协议创建安全连接。默认情况下，HTTPS 连接使用 TCP 端口 443 进行通信。为了修改网站的信息或启用 HTTPS，必须为网站配置网站绑定。使用 IIS 管理器也可以为特定的网站提供 SSL 连接。选择一个网站、Web 应用程序或文件夹，然后在功能视图中双击"SSL 设置"，如图 11-34 所示。可以指定客户端证书是被忽略、接受还是必需的。复选框用于指定是否需要使用 SSL 来访问内容，如果该项被选中，标准的 HTTP 连接将不被启用。

图 11-34　为 Web 应用程序配置 SSL 设置

总之，服务器证书和 SSL 为保护 Web 连接和 Web 服务器内容提供了一种标准的方法。服务器证书和 SSL 通常应用于包含敏感信息的各类 Web 服务器。

11.2.6　配置 IP 地址和域限制

虽然一些 Web 服务器对所有内容提供公共访问，但是通常需要对访问进行限制，仅使指定的用户组访问服务器。默认情况下，根据网站绑定的设置，IIS 被配置为接受所有连接上的请求。系统管理员使用 IIS 管理器可以进一步限制对网站的访问，仅响应那些从指定的 IP 地址或域产生的请求。

第一步是选择希望分配限制的级别。"IPv4 地址和域限制"功能可用于服务器、站点、Web 应用程序、虚拟目录和文件夹级别。通常在应用设置的最高级别分配限制。默认情况下，

IIS 不包含任何的限制。为了配置请求设置，在 IIS 管理器的左侧窗格中选择适当的对象，然后在功能视图中双击"IP 地址和域限制"，如图 11-35 所示。

图 11-35　为网站设置 IP 地址和域限制

1. 添加允许和拒绝条目

可以将两种主要的条目添加至"IP 地址和域限制"的配置中。"允许"条目指定哪些 IP 地址可以访问 Web 内容；"拒绝"条目指定哪些 IP 地址不能访问 Web 内容。当配置 IP 地址限制时，可以在"特定 IPv4 地址"和"IPv4 地址范围"中选择一个进行设置，如图 11-36 所示。当指定地址范围时，可以输入起始 IP 地址和子网掩码，它将决定所允许或拒绝的 IP 地址的范围。也可以使用附加的允许或拒绝规则来排除指定的 IP 地址或范围。

图 11-36　添加拒绝条目 IP 地址限制

如果只是少数用户需要访问站点或只是少数其他的服务器需要访问站点的内容，那么特定 IP 地址的选项将很有用。这在分布式的服务器端 Web 应用程序的环境中很常见，此时这些 Web 应用程序不接受用户的直接访问。当用户组和计算机组需要访问 Web 内容时，使用 IP 地址范围会更合适一些。在分析连接规则时，IIS 会分析所有的允许和拒绝规则以确定某个 IP 地址是否具有访问权限。拒绝规则相对于允许规则具有更高的优先权。另外还有一个设置用来定义那些没有被

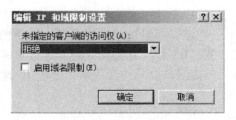

图 11-37　编辑 IP 和域限制设置

明确添加到允许或拒绝列表中的其他 IP 地址的默认行为。默认情况下,IIS 将自动允许这些地址的访问。在"操作"窗格中选择"编辑功能设置",并在"未指定的客户端的访问权"下拉列表框中选择"拒绝",如图 11-37 所示,则可以修改该设置。

2．添加域限制

若已知需要进行设置的客户端的清单,使用 IP 地址来管理对 Web 服务的访问会很有用。这在内联网和内部网络环境中是很常见的,网络管理员可以配置和管理 IP 地址范围。但在其他 Web 服务器场景中,管理 IP 地址范围可能是既耗时间又不现实的做法。除了使用 IP 地址限制外,另一种方法是使用域名限制来指定允许和拒绝设置。这种方法是基于域名系统反向查找操作。当用户试图连接 IIS 时,Web 服务器会进行反向 DNS 查找,将请求者的 IP 地址解析为域名,然后 IIS 将使用域名来确定用户是否具有访问权限。域限制是默认禁用的,这是因为该功能会大大降低服务器的性能,每一个请求都需要被解析,这就增加了请求处理的开销,除此之外,它还会给 DNS 服务器的基础架构带来高负荷。但从管理的角度看,该功能有时会很有用。为了启用域名限制,可以为网站的某一部分选择"IP 地址和域限制"功能,然后在"操作"窗格中选择"编辑功能设置",选中"启用域名限制"复选框以启用该功能。当启用该功能时,会出现确认信息。一旦启用域名限制功能,可以使用"添加允许条目"和"添加拒绝条目"命令来配置规则。如果已经明确修改某个对象的这些设置,可以使用"操作"窗格中的"恢复为继承的项"命令来删除该级别上的设置。这些设置将根据上层结构进行恢复。

11.2.7 配置.NET 信任级别

.NET Framework 技术为 Web 开发人员提供了一套实现应用程序的强大功能。这些功能包括 Web 应用程序及其他的管理代码功能。在计算机上创建可以执行一系列操作的.NET 应用程序是相当简单的,但从安全性角度看,对赋予.NET 应用程序的权限进行限制是十分重要的。恶意的或有缺陷的代码可能会导致许多问题,如数据的未授权访问或意外的数据丢失。

为了帮助系统管理员更好地管理生产服务器上的权限,IIS 支持代码访问安全(CAS)策略。CAS 策略可以用来确定哪些操作是.NET 应用程序代码能够使用的,其中主要有两种配置。完全信任为 ASP.NET 应用程序代码提供了计算机上所有的权限。考虑到兼容性的原因,它是基于.NET Framework 1.0、1.1 和 2.0 的应用程序的默认设置。

1．部分信任级别

另一种 CAS 策略是部分信任,它限制.NET 应用程序可以执行的操作。使用.NET Framework 1.1 和 NET Framework 2.0 所建立的应用程序可以使用这些选项。部分信任的目的是仅启用那些指定 Web 应用程序所需要的权限。可以在 Web 服务器对象结构的不同级别上配置信任级别。这些级别包括:Web 服务器、网站、Web 应用程序、虚拟目录和物理文件夹。

与其他安全性相关的设置一样,在父对象中定义的信任级别会自动应用于子对象,除非它们明确被覆盖。通常需要在相关设置的最高级别定义.NET 信任级别。

2．.NET 信任级别

.NET Framework 包含许多功能和操作，它们可能会给 Web 服务器带来潜在的安全问题。为了提供一种简单的方法来配置和使用信任设置，IIS 包含了可以应用于 IIS 对象的 5 个内置级别。每个级别的特定设置在不同的.config 文件中定义，也可以使用 XML 编辑器或文本编辑器对这些文件中的设置进行浏览和修改。默认的设置是 Full，它在提供最好的兼容性的同时也具有最高的风险性。需要尽可能地降低.NET 信任级别来确保应用程序代码以最小的权限在运行，通常，这需要与 Web 开发人员进行合作，以确定需求并针对各种安全级别进行完整的测试。

3．配置.NET 信任级别

可以使用 IIS 管理器来配置.NET 信任级别，选择想进行设置的对象，然后在功能视图中双击".NET 信任级别"，如图 11-38 所示。为了修改设置，在下拉列表中选择合适的级别，并在"操作"窗格中选择"应用"命令。一旦设置好信任级别，它将会应用到所有运行在所选级别的 ASP.NET 应用程序及所有的子对象。

图 11-38　查看网站的.NET 信任级别

项目 12　部署 FTP 和 SMTP 服务

Internet 信息服务平台可以使用多种协议来共享信息。文件传输协议 FTP 提供标准的方法使得计算机之间可以互传文件和其他类型的数据，通常用于文件的上传和下载。简单邮件传输协议 SMTP 是用来传输电子邮件的标准协议，Web 应用程序通常依靠它向用户邮箱发送邮件。

12.1　项目分析

12.1.1　FTP 服务

FTP 站点可以为网络中的用户提供文件上传和下载服务，尤其当通过 Internet 或外部网络进行访问时，确保只有授权用户才能访问服务器是十分重要的。Windows Server 2008 R2 内置的 FTP 7.5 提供了增强的安全性能和管理功能。通过身份验证方法、加密连接、授权设备及用户主目录等设置，保证新的 FTP 站点不出现安全漏洞。

12.1.2　SMTP 服务

Windows Server 2008 R2 中的简单邮件传输协议（SMTP）功能用于传递电子邮件。服务器可以使用 SMTP 标准发送邮件。SMTP 标准可以用于企业内部的邮件通信，也可以用于 Internet 上的邮件通信。用户和应用程序通常使用 SMTP 功能发送通知和其他信息。

12.2　项目实施

12.2.1　安装 FTP 服务

FTP 服务（FTP7.5）是"Web 服务器（IIS）"服务器角色中一个可以选择安装的角色服务。可以使用服务器管理器向服务器中添加该角色，在向计算机中添加"Web 服务器（IIS）"服务器角色时，选择"FTP 发布服务"角色服务，如图 12-1 所示。如果已经安装了"Web 服务器（IIS）"服务器角色，则可以使用"添加角色服务"命令来添加必要的选项，如图 12-2 所示。

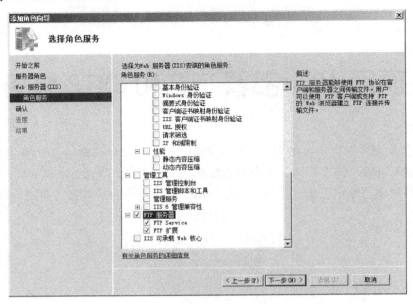

图 12-1　选择安装 FTP 服务

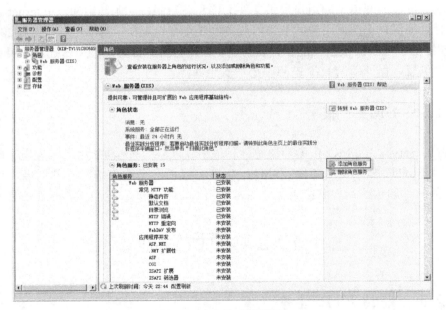

图 12-2　添加角色服务

12.2.2　管理 FTP 站点

　　FTP 7.5 的主要管理工具是 IIS 管理器。系统管理员可以使用 IIS 管理器的相同管理界面来配置 HTTP 和 FTP 服务。当完成安装 FTP 7.5 后，就可以打开 IIS 管理器来配置服务器的设置。Default Web Site 的 FTP 相关功能选项如图 12-3 所示。

项目 12 部署 FTP 和 SMTP 服务

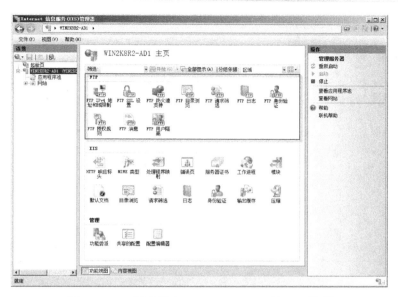

图 12-3　IIS 管理器中 Default Web Site 的 FTP 选项

1. 创建新的 FTP 站点

要创建一个新的 FTP 站点，首先在 IIS 管理器的左侧窗格中右键单击服务器对象或选择"网站"文件夹，然后选择"添加 FTP 站点"命令，如图 12-4 所示。添加 FTP 站点向导会打开，向导首页提示输入站点名称与内容目录，如图 12-5 所示。"FTP 站点名称"将用于管理操作，因此如果打算在同一台服务器上托管多个 FTP 站点，就需要选择一个描述性的名称。"物理路径"设置用于指定 FTP 站点的根文件夹。可以选择任意已经存在的文件夹的路径，默认情况下大多数站点会被安装在%SystemDrive%\Inetpub 中的子文件夹中。

图 12-4　添加 FTP 站点

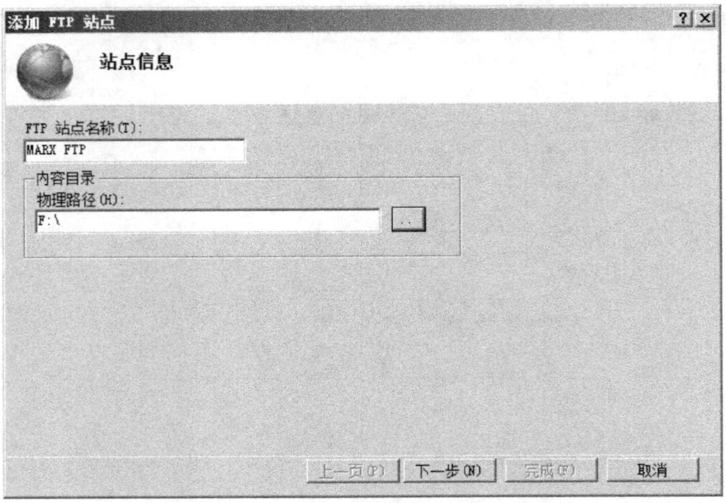

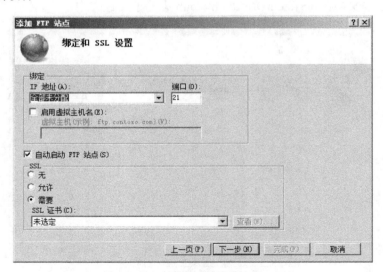

图 12-5 设置站点信息

在向导的第二页中,可以为新的 FTP 站点指定绑定和 SSL 的设置,如图 12-6 所示。绑定设置包括以下几个选项:

➢ IP 地址:FTP 站点默认的设置是响应服务器的任意网络适配器或 IP 地址上的所有入站请求。如果计算机上安装了多个网络适配器,或者同一个适配器配置了多个 IP 地址,可以在下拉列表中选择某个特定的地址。

➢ 端口:它是 FTP 站点进行响应的 TCP 端口。一般规定 FTP 通信的默认端口是 21。如果选择了其他端口,为进行连接,FTP 用户就需要使用服务器的端口号来配置 FTP 客户端软件。

图 12-6 设置绑定和 SSL

➢ 启用虚拟主机名:管理员可以创建多个网站,它们可以通过虚拟主机名在相同的 IP

地址和端口进行响应。这些虚拟主机名根据域名系统（DNS）条目决定用户将连接哪个站点。用户也可以在他们的登录名中包含虚拟主机名，以指明他们希望登录的站点。

➢ 自动启动 FTP 站点：如果启用该选项，当计算机重启或 FTP 服务重启后，FTP 站点都将自动启动。如果需要手动启动 FTP 站点，就禁用该选项。

➢ SSL：为站点选择一个 SSL 证书，并确定该 FTP 站点是否允许或需要安全套接字层（SSL）连接。

在"身份验证和授权信息"页面中可以定义如何管理 FTP 站点的安全性，包括：是否允许匿名登录，具有何种文件操作权限等内容，如图 12-7 所示。

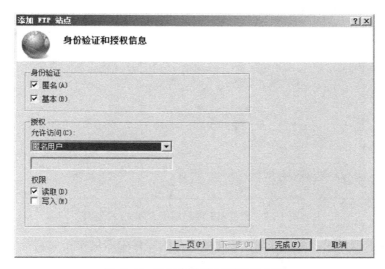

图 12-7　设置身份验证和授权信息

完成设置后，单击"完成"按钮，新的 FTP 站点将会被创建，并被添加到 IIS 管理器的左侧窗格中。选择 FTP 站点对象后，可以使用"操作"窗格中的命令来启动、重启或停止该 FTP 站点。在 IIS 管理器的中间窗格中可以看到该 FTP 站点的所有配置选项的列表，如图 12-8 所示。

2．创建虚拟目录

一般情况下，管理员可以通过 FTP 站点中的物理文件夹对内容进行组织。但在某些情况下，FTP 服务可能需要提供对非 FTP 根文件夹中内容的访问，此时可以通过创建虚拟目录解决。虚拟目录指向文件夹地址，并且可以与其他虚拟目录或物理文件夹进行嵌套。当用户看到虚拟目录时，感觉与物理文件夹并无区别。但是，所有的上传和下载操作都将被定向到物理文件夹。当希望在多个物理站点之间共享某些内容或不想将数据移动或复制到 FTP 根文件夹时，使用虚拟目录是一种有效的解决方案。

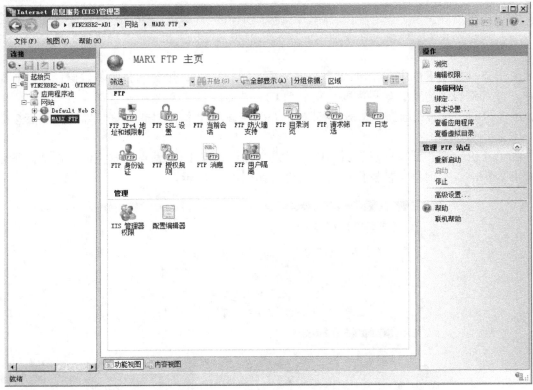

图 12-8　查看 IIS 管理器中 FTP 相关选项

要创建新的虚拟目录，可以在 IIS 管理器的左侧窗格中右键单击父对象，然后选择"添加虚拟目录"，如图 12-9 所示。"添加虚拟目录"对话框将会打开，如图 12-10 所示。"网站名称"和"路径"部分显示新的虚拟目录将被创建的地址信息。"别名"是站点用户将看到的文件夹名称。"物理路径"设置表示可用内容的完整物理地址。默认情况下，虚拟目录将使用"传递身份验证"来决定用户是否具有访问内容的权限。这意味着登录时使用的用户账户必须对内容文件夹具有权限。可以单击"连接为"按钮，并选择"特定用户"选项对其进行修改，这样就可以为特定的账户提供用户名和密码。当"特定用户"的账户选项启用后，对存储在指定物理路径中的信息的所有请求都将通过用户的权限上下文执行。

3．配置 FTP 站点的高级属性

除了 IIS 管理器功能视图中可用的标准属性外，还可以配置"高级设置"选项。为了访问这些设置，可以在"操作"窗格中选择"高级设置"命令。显示的"高级设置"对话框中为可用的选项及其默认值，如图 12-11 所示。"常规"部分包括站点的基本设置。"行为"部分包括 FTP 站点的微调设置的选项。"连接"部分用于控制数据通道的超时时间及最大连接数等。这些设置有助于管理业务量较大的 Web 服务器和 FTP 服务器的性能。"文件处理"部分提供处理部分上传的选项，以及上传数据时允许会话执行操作的选项。

项目 12 部署 FTP 和 SMTP 服务

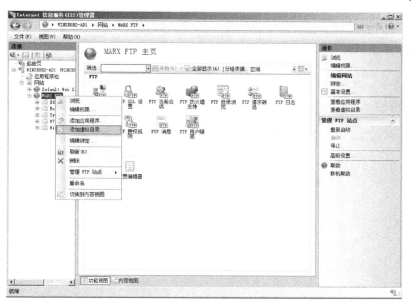

图 12-9 添加虚拟目录

图 12-10 设置虚拟目录

图 12-11 高级设置对话框

4．管理 FTP 站点绑定

FTP 7.5 为网站管理员使用 FTP 管理他们的内容提供了一种简单的方法，即可以通过向网站添加新的 FTP 网站绑定，提供对 FTP 客户端的自动访问。这在远程管理员和 Web 开发人员有权访问或修改特定网站的内容时非常有用。为了添加新的 FTP 绑定，可以在 IIS 管理器中选择一个网站，然后在"操作"窗格中选择"绑定"命令，如图 12-12 所示。

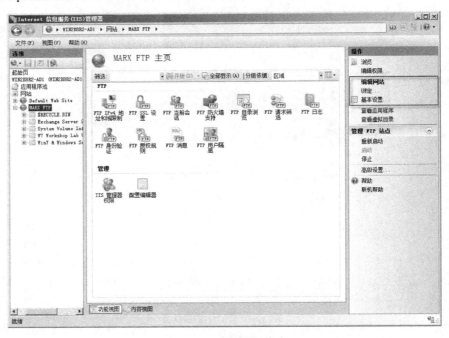

图 12-12 编辑网站绑定

在弹出的"网站绑定"对话框中,单击"添加"按钮创建一个新的网站绑定,如图 12-13 所示。在"添加网站绑定"对话框中,可以修改类型设置为 FTP,可以输入 IP 地址、端口和主机名,决定用户将如何访问 FTP 站点,如图 12-14 所示。在添加 FTP 绑定之后,将在 IIS 管理器的功能视图中看到一组有关 FTP 的命令。可以使用这些功能来修改 FTP 网站绑定的设置,这与网站类似。在"操作"窗格中,还将看到一个新的"管理 FTP 站点"区域。网站中的某个 FTP 站点可以独立于网站被启动、停止和重启。

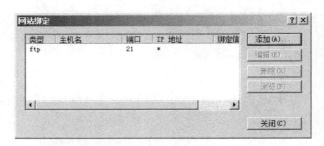

图 12-13 "网站绑定"对话框

图 12-14 "添加网站绑定"对话框

12.2.3 管理 FTP 用户安全性

用户可以通过 FTP 服务器上传和下载敏感数据,可以在多种方法中进行选择,以控制哪些用户有权访问特定的内容。

1. 配置身份验证选项

管理员可以为 FTP 站点设置身份验证，指定用户如何访问站点上的内容。FTP 服务提供的一些内置的方法可以用来管理身份验证。在 IIS 管理器上配置这些设置，首先选择 FTP 站点对象，然后在功能视图中双击"FTP 身份验证"，打开的 FTP 身份验证功能如图 12-15 所示。可以通过"操作"窗格启用或禁用各种身份验证选项。"操作"窗格中的"编辑"命令用于为所选的身份验证方法指定附加信息。

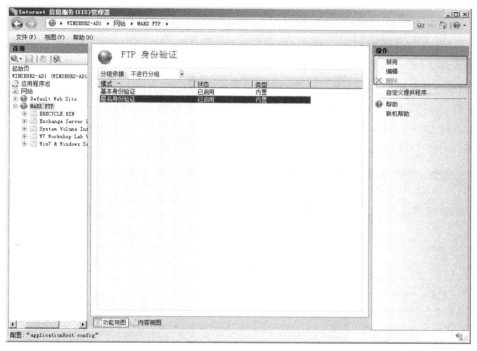

图 12-15 设置 FTP 身份验证

匿名身份验证允许所有用户连接到站点以访问其内容，而忽略他们提供的凭据。如果打算将内容提供给所有访问 FTP 站点的用户使用，或使用其他的安全方法限制对站点的访问，可以使用该选项。当 FTP 用户请求读写数据时，匿名身份验证将会使用指定的用户账户来验证权限。默认的设置是使用内置的 IUSR 账户。可以选择"操作"窗格中的"编辑"命令来指定某个 Windows 账户。可以通过匿名身份验证提供一个指定的用户 ID，如图 12-16 所示。

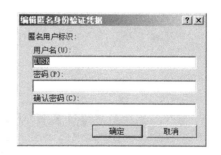

图 12-16 编辑匿名身份验证凭据

基本身份验证要求访问网站的用户提供有效的 Windows 用户账户的凭据。该账户可以是本地 Windows 用户名和密码，也可以是属于某个活动目录域的用户名和密码。在默认情况下发送到 FTP 服务器的凭据是以明文方式传送的，这就存在一种安全风险，尤其是对于 Internet 上的 FTP 连接而言。通常在需要根据用户凭据限制对内容的 FTP 访问时，可以使用基本身份验证。也可以在"操作"窗格中选择"自定义提供程序"命令，在另外两种身份验证方法中进行选择。IIS 管理器身份验证可以配置网站，使其接受 IIS 管理器用户的凭据。如果希望限制没有本地 FTP 服务器的 Windows 账户的用户对 FTP 站点访问，就可以使用该方法。在使用该身份验证方法之前必须安装并启用"IIS 管理"角色服务。与基本身份验证凭据类似，用户名和密码信息是通过明文方式在 FTP 客户端与 FTP 服务器之间传送的。ASP.NET 身份验证是基于.NET 用户管理框架的身份验证。当创建了验证用户凭据的 ASP.NET 网站，可以使用这种身份验证。通常，Web 应用程序使用保存在数据库中的凭据数据来验证对站点的访问和权限。

2．定义 FTP 授权规则

使用 FTP 授权规则可以规定哪些用户有权访问 FTP 站点中的特定内容。在 FTP 服务中可以为站点级别定义授权规则，也可以为特定的逻辑或虚拟文件夹定义授权规则，这样就可以根据用户可以访问的内容的类型来灵活地实现更细化的授权规则。为 FTP 站点定义授权规则，首先选择 FTP 站点对象，然后在功能视图中双击"FTP 授权规则"，展开的 FTP 授权规则功能如图 12-17 所示。可以通过"操作"窗格添加或删除授权规则。

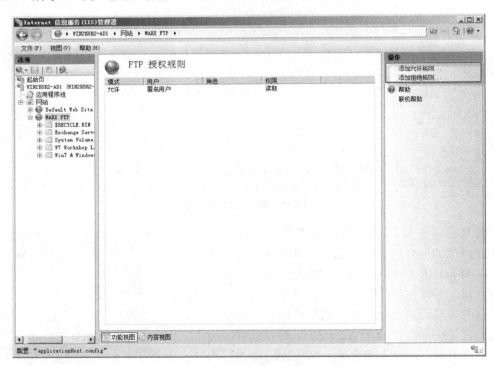

图 12-17　设置 FTP 授权规则

授权规则有两种：允许规则和拒绝规则。默认情况下，新的 FTP 站点将不具有任何预先定义的授权规则。允许和拒绝规则可以应用于以下用户类型：所有用户、所有匿名用户、指定的角色或用户组、指定的用户。当确定了规则所适用的用户或用户组后，可以为用户选择读写权限。创建新规则的对话框，如图 12-18 所示。

项目 12　部署 FTP 和 SMTP 服务

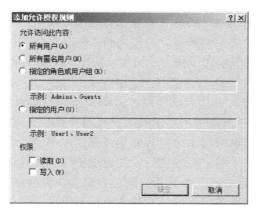

图 12-18　添加允许 FTP 授权规则

3．配置 FTP 用户隔离选项

在管理 FTP 服务器的访问权限和设置时，通常需要为每个用户提供各自的文件夹和目录。用户应当能够从他们自己的文件夹上传和下载文件，但是不应具有访问其他用户文件夹的权限。"FTP 用户隔离"功能用于配置这些设置。修改 FTP 用户隔离设置，可以在 IIS 管理器中选择某个 FTP 站点，然后双击"FTP 用户隔离"功能，如图 12-19 所示。

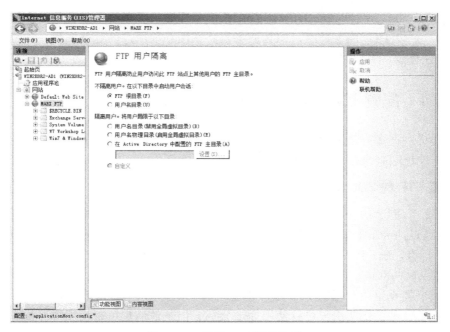

图 12-19　设置 FTP 隔离选项

用户隔离设置默认的选项是"FTP 根目录"，该选项配置服务器在 FTP 根目录启动用户会话。如果希望所有用户都能够访问相同的内容，那么该设置是最为合适的。接下来，可以使用授权规则来进一步定义特定文件夹的权限。

209

每个用户根据他所提供的用户名具有他自己的起始文件夹,"用户名目录"选项配置服务器在该文件夹下启动用户会话。如果用户文件夹的名称不存在,用户将被置于 FTP 站点的根目录下。该默认文件夹设置不作为一种安全机制。如果 FTP 站点被配置为允许匿名身份验证,可以为这些用户创建一个名为 Default 的文件夹。

另外三个选项用于启用 FTP 用户的隔离,可以使用它们来限制对 FTP 站点中特定文件夹的访问。"用户名目录"选项根据用户登录的账户将用户置于指定的主目录中,用户将不能浏览它的上级目录,因此用户将被禁止访问其他文件夹。用户不能看到为 FTP 站点所定义的任何全局虚拟目录,可以选择"用户名物理目录"选项使用户能够访问这些目录。

为支持 FTP 用户隔离设置,需要为用户创建合适的文件夹结构。每个用户的文件夹地址可以是服务器上的物理目录或虚拟目录。文件夹路径基于以下变量:

- ➢ FTPRoot:FTP 站点的根文件夹。
- ➢ UserName:登录过程中由客户端提供的通过身份验证的用户的名称。
- ➢ UserDomain:用于验证凭据的 Windows 域的名称。它是本地 FTP 服务器的名称或活动目录域的名称。

创建的特定文件夹路径根据站点的身份验证设置及试图访问站点内容的用户的类型而定。

最后一个 FTP 用户隔离选项是"在活动目录中配置的 FTP 主目录"。可以使用该方法在活动目录中依据变量 FTPRoot 和 FTPDir 来定义用户的 FTP 文件夹。这些属性存在于运行 Windows Server 2003 或之后版本的活动目录域中。"设置"按钮用来设置用于连接活动目录的凭据。当用户登录 FTP 服务器时,FTP 服务器将试图获取用户的这些属性。如果属性存在并且文件夹路径有效,用户将被置于该文件夹中。否则,用户将被禁止访问服务器。

12.2.4 配置 FTP 网络安全性

FTP 7.5 提供许多方法来确保只有被授权的用户才能访问 FTP 站点,主要使用 SSL、防火墙设置和 IP 地址限制来控制对 FTP 站点的访问。

1. 配置 FTP 的 SSL 设置

默认情况下,FTP 服务器与客户端之间的所有控制通道和数据通道的通信都是采用明文传输方式。在通过 Internet 提供 FTP 访问时,存在一个严重的安全问题。管理员可以使用基于 SSL 的 FTP 标准,在 FTP 7.5 服务器与 FTP 客户端之间采用加密通信。在 IIS 管理器中选择合适的 FTP 站点,并双击"FTP SSL 设置"功能进行配置,如图 12-20 所示。

"SSL 证书"设置用于指定 FTP 站点将使用哪个 SSL 证书。"SSL 策略"部分提供 3 个选项。"允许 SSL 连接"指明用户可以使用 SSL 连接,但是他们也可以使用未加密的连接来连接服务器。"需要 SSL 连接"强制所有用户使用 SSL,并阻止未加密的连接。"自定义"选项用于为控制通道和数据通道指定不同的规则,如图 12-21 所示。可以使用这些选项将实现加密的性能开销降至最低。默认情况下,FTP 的 SSL 功能将使用 40 位的密钥长度。对于大多数场景,这在维持足够安全性的同时也减小了 CPU 性能的开销。可以启用"将 128 位加密用于 SSL 连接"选项以增加加密强度。

项目 12　部署 FTP 和 SMTP 服务

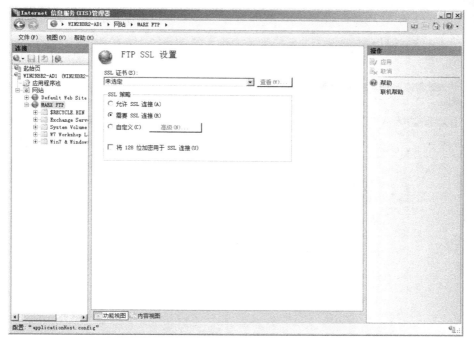

图 12-20　使用 IIS 管理器配置 FTP 的 SSL 设置

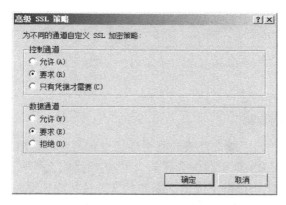

图 12-21　配置 FTP 站点的高级 SSL 策略

2．管理 FTP 防火墙选项

为了访问 FTP 服务器，防火墙必须允许网络数据在控制通道和数据通道中传输。当用户连接到 Web 服务器时，会根据地址中提供的端口建立初始连接，默认使用 21 端口。但是，为了传输数据通道信息，FTP 服务器可以使用一组端口号来进行响应。如果这些端口不被防火墙允许，那么用户将不能使用站点的全部功能。通过 IIS 管理器中的"FTP 防火墙支持"功能就可以避免这一问题。打开"FTP 防火墙支持"功能进行配置，如图 12-22 所示。FTP 7 支持被动模式的 FTP 连接，以指定 FTP 服务器对请求进行响应的端口。"数据通道端口范围"设置用于指定端口的范围，这些端口将被用于向客户端发送响应，应当使用 1024～65535 之间的端口号。"防火墙的外部 IP 地址"设置使 FTP 服务器决定数据包从哪里传来,这有助于对 SSL 加密的应用场景提供支持。

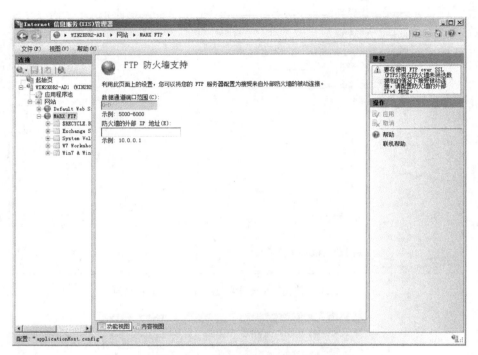

图 12-22 配置 FTP 防火墙支持

3．执行 IP 地址和域限制

可以对访问特定 FTP 站点或文件夹的网络地址进行限制,以增加 FTP 服务器的安全性。要进行相关配置,首先在 IIS 管理器中选择某个 FTP 站点或文件夹,然后选择"FTP IPv4 地址和域限制"功能。"操作"窗格中提供了添加允许条目和添加拒绝条目命令,如图 12-23 所示。IP 地址规则用于设定一个 IP 地址或设定一个通过子网掩码定义的 IP 地址范围。"操作"窗格中的"编辑功能设置"命令可以为任何与已有规则相匹配的 IP 地址指定默认的操作。默认的设置是"允许",它表示这些 IP 地址将被允许连接。通过选择"拒绝"选项,可以仅允许那些与允许条目相匹配的客户端访问。"编辑功能设置"功能可以启用域名限制。由于"IPv4 地址和域限制"设置会自动地被子对象继承,所以在站点需要特别设置时,可以使用"操作"窗格中的"恢复为父项"命令来删除任何特定的设置。

项目 12　部署 FTP 和 SMTP 服务

图 12-23　配置 IPv4 地址和域限制

4．配置请求筛选

使用 FTP 的"请求筛选"功能可以为 FTP 站点定义请求筛选设置。FTP 请求筛选是一种安全功能，通过此功能，系统管理员可以限制协议和内容行为。FTP 请求筛选配置界面如图 12-24 所示，其中包括以下内容：

图 12-24　设置 FTP 请求筛选

➢ 文件扩展名：列表指定 FTP 服务将允许或拒绝其访问的文件扩展名。
➢ 隐藏段：列表指定 FTP 服务将拒绝其访问，且将不在目录列表中显示的隐藏段。
➢ 拒绝的 URL 序列：列表指定 FTP 服务将拒绝其访问的 URL 序列。
➢ 命令：列表指定 FTP 服务将允许或拒绝其访问的 FTP 命令。

12.2.5 管理 FTP 站点设置

1. 监控 FTP 当前会话

可以使用 FTP 站点的"FTP 当前会话"功能来查看当前连接到服务器的用户，如图 12-25 所示。具体信息包括：用户名、客户端 IP 地址、会话开始时间、当前命令、前一命令、命令开始时间、发送的字节数、接收的字节数、会话 ID。

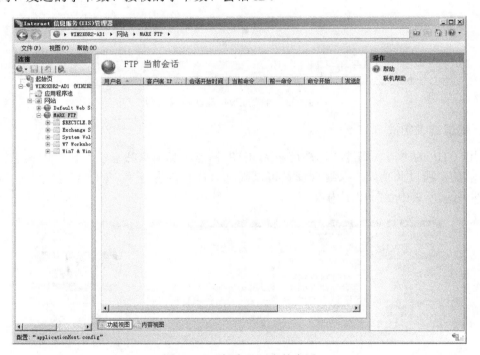

图 12-25　查看 FTP 当前会话

2. 管理 FTP 消息

可以使用"FTP 消息"功能来定义发送至客户端的文本消息。可以定义的文本类型包括：
➢ 横幅：当用户连接 FTP 站点时显示该消息。
➢ 欢迎：用户成功通过 FTP 站点的身份验证后显示该消息。
➢ 退出：用户选择结束连接时显示该消息，它在连接关闭之前发送。
➢ 最大连接数：当 FTP 服务器达到它的最大连接数时显示该消息，用户不能访问站点。

FTP 消息通常包括站点用途的相关提示信息，如图 12-26 所示。

项目 12 部署 FTP 和 SMTP 服务

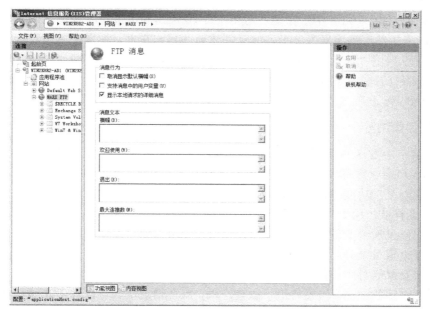

图 12-26 配置 FTP 站点的 FTP 消息

3．配置 FTP 日志记录

FTP 7.5 可以自动创建日志文件，以记录 FTP 站点的操作。默认情况下，日志信息保存在文件夹%SystemDrive%\Inetpub\Logs\LogFiles 中的文本文件中。本地服务器上的每一个 FTP 站点都有各自的文件夹。可以使用"FTP 日志记录"选项来修改日志文件设置，如图 12-27 所示。

图 12-27 配置 FTP 日志记录

"选择 W3C 字段"命令用于指定发送至 FTP 服务器的每条命令或请求的哪些信息会被保存。使用"日志文件滚动更新"来指定何时创建新的日志文件。如果在多个时区管理多台 FTP 服务器，也可以启用"使用本地时间进行文件命名和滚动更新"选项。"操作"窗格中的"查看日志"命令将打开包含 FTP 日志文件的文件夹，这些文本格式的文件包含以逗号分隔的值，可以使用 Windows 记事本或第三方的日志分析软件来查看它们。

4．配置目录浏览

由 FTP 客户端发送的最常使用的一个命令是请求目录列表。当用户更改当前工作目录时，大多数 FTP 客户端软件都会自动执行 LIST 命令。可以在 IIS 管理器中选择某个站点，然后选择"FTP 目录浏览"功能对这些选项进行配置，如图 12-28 所示。

"目录列表样式"用于指定信息返回的风格是默认的 MS.DOS 风格还是 UNIX 风格，该设置确定信息如何呈现给 FTP 客户端。多数 FTP 客户端都能够处理这两种格式。使用"目录列表选项"可以指定目录列表中包含的信息类型。"虚拟目录"选项指定虚拟目录的名称是否返回给用户，如果希望对用户隐藏虚拟目录，那么就禁用该选项，"可用字节"选项返回 FTP 站点的剩余磁盘空间的大小，如果启用了磁盘定额，那么剩余空间将依赖于留给当前连接用户的存储空间的大小；启用"四位数年份"后，将用四位数返回所有的年份信息，而不是两位数。

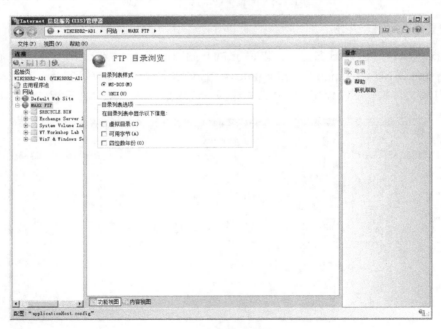

图 12-28　配置目录浏览

12.2.6　安装 SMTP 服务

Windows Server 2008 R2 的 SMTP 服务器功能为许多应用程序和网络连接发送大量的邮件提供支持。通过 SMTP 服务，Web 应用程序可以向用户发送邮件服务器可以接收的电子邮件。

由于邮件也可以存储在文件系统中,因此它们可以被其他应用程序访问。当用户连接邮件服务器上的邮箱以获取他们的邮件时,通常使用的是邮局协议(Post Office Protocol,POP)。

在运行 Windows Server 2008 R2 的计算机上安装 SMTP 服务器功能,可以在服务器管理器中右键单击"功能"对象,然后选择"添加功能",也可在右侧窗格中直接选择"添加功能",如图 12-29、12-30 所示。SMTP 服务器具有一些依赖项,安装过程中系统会进行提示,如图 12-31 所示。安装完成的页面如图 12-32 所示。

图 12-29　添加功能页面

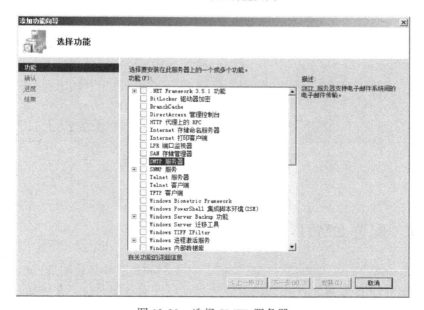

图 12-30　选择 SMTP 服务器

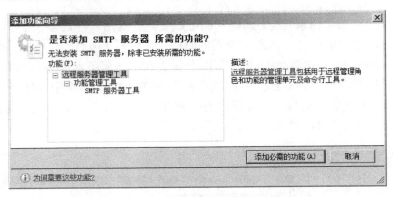

图 12-31　显示 SMTP 服务器功能依赖项

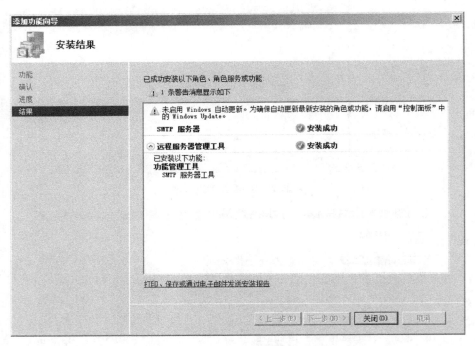

图 12-32　完成 SMTP 服务器安装

12.2.7　配置 SMTP 服务

在运行 Windows Server 2008 R2 的计算机上安装 SMTP 服务器功能后，就可以使用 IIS 6.0 管理器来配置 SMTP 的设置。打开 IIS 6.0 管理器，展开服务器对象，在添加 SMTP 服务器功能时，会自动包含一个名为 SMTP Virtual Server#1 的默认站点，如图 12-33 所示。

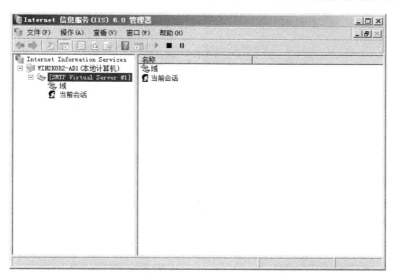

图 12-33　默认 SMTP 站点

1．创建新的 SMTP 虚拟服务器

可以使用"新建 SMTP 虚拟服务器向导"在 Windows Server 2008 R2 中创建新的 SMTP 虚拟服务器。每个虚拟服务器都有各自的一套配置设置，可以独立地对其进行管理。为使用 IIS 6.0 管理器创建新的 SMTP 虚拟服务器，首先右键单击服务器对象，选择"新建"，然后单击"SMTP 虚拟服务器"。向导首页提示输入虚拟服务器的名称，如图 12-34 所示，应当使用具有描述性的名称以指明该虚拟服务器的用途，这样就可以通过 IIS 6.0 管理器的用户界面区分不同的服务器。在"选择 IP 地址"页面中，选择此 SMTP 虚拟服务器的 IP 地址，如图 12-35 所示。如果服务器具有多个物理网络适配器或多个 IP 地址，可以从下拉列表中选择某个特定的 IP 地址。默认的 IP 地址设置是"所有未分配"，这表明 SMTP 虚拟服务器将在所有配置的 IP 地址上进行响应。如果两个 SMTP 虚拟服务器具有相同的 IP 地址和端口，它们是不能同时运行的，因此需要更改 IP 地址。SMTP 连接的默认端口号是 25。如果试图创建一个新的 SMTP 虚拟服务器，而它具有与其他 SMTP 虚拟服务器相同的 IP 地址和端口，将会看到如图 12-36 所示的警告信息。这种情况下，仍然可以继续创建服务器，但是必须在启动服务器之前修改它的设置。

图 12-34　设置 SMTP 服务器名称

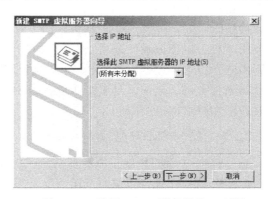
图 12-35　选择 SMTP 服务器的 IP 地址

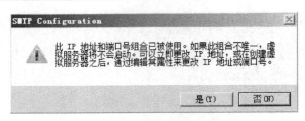

图 12-36　SMTP 配置警告信息

在"选择主目录"页面中,指定 SMTP 虚拟服务器在文件系统中的根目录,如图 12-37 所示。邮件文件和其他数据会保存在该目录中。在"默认域"页面中,可以指定该 SMTP 虚拟服务器将负责的完整域名,如图 12-38 所示,通常会使用 DNS 域名。当结束"新建 SMTP 虚拟服务器向导"时,新的服务器会出现在 IIS 6.0 管理器中。可以查看服务器的属性,以对其配置进行进一步的修改。

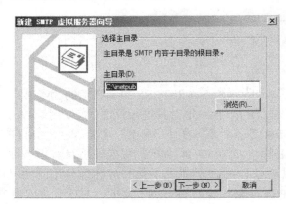

图 12-37　设置主目录

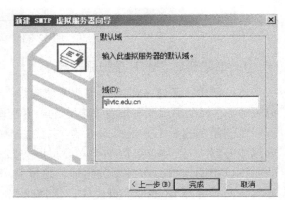

图 12-38　设置默认域

2．配置 SMTP 服务器的常规设置

为了访问 SMTP 虚拟服务器的设置,在 IIS 6.0 管理器中右键单击该服务器,然后选择"属性"。"常规"选项卡中包括设置 SMTP 服务器的网络连接的选项,如图 12-39 所示。可以从下拉列表中选择某个 IP 地址或"所有未分配",也可以通过"高级"按钮来配置多个绑定。"高级"按钮用于更改 SMTP 服务器的端口号。在"常规"选项卡中,还可以限制连接数目和设置连接超时时间,配置这些限制将有助于对访问量大的 SMTP 服务器的性能进行管理。也可以使用"启用日志记录"选项以保存 SMTP 虚拟服务器所发送的邮件的相关信息。"属性"按钮用于选择日志文件的保存路径,可以指定日志文件中包含的信息类型,可以使用标准的文本编辑器来查看日志文件。对于访问量大的 SMTP 服务器,启用日志记录会降低服务器的性能,而且会增加磁盘的占用空间。

3．安全访问 SMTP 虚拟服务器

为了防止对 SMTP 虚拟服务器的未授权使用,为 SMTP 配置发送邮件的访问规则是十分重要的。许多未经对方同意而发送的电子邮件是通过未受保护的 SMTP 中继发送的。可以通过"访问"选项卡中的属性来管理 SMTP 虚拟服务器的使用规则,如图 12-40 所示。

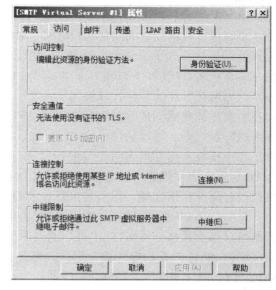

图 12-39　设置常规选项卡　　　　　　图 12-40　设置访问选项卡

可以使用"身份验证"设置来确定 SMTP 虚拟服务器的潜在用户如何向服务器传递他们的凭据，如图 12-41 所示。默认的设置是"匿名访问"，它表示不需要提供凭据就可以连接 SMTP 虚拟服务器。当使用其他方法以防止对服务器的未授权访问时，可以使用该选项。

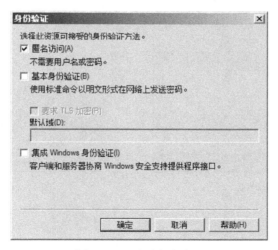

图 12-41　设置身份验证

"基本身份验证"选项要求向 SMTP 虚拟服务器发送用户名和密码。默认情况下，这些登录凭据是以明文方式发送的，因此有可能被拦截。也可以启用传输层安全（TLS）对发送的邮件进行加密，TLS 使用基于证书的方法来创建加密连接。"集成 Windows 身份验证"选项将根据标准的 Windows 账户核实访问系统的凭据。被单独某一个 Windows 账户所使用的应用程序最适合使用该方法，当 SMTP 服务器的所有潜在用户都拥有活动目录域账户时也可以使用该方法。

除了配置身份验证设置，还可以根据 IP 地址和域名限制对 SMTP 虚拟服务器的访问。这有助于确保仅有被授权的网络用户才可以使用 SMTP 服务。为了添加这些限制，在 SMTP 虚拟服务器属性页面的"访问"选项卡中单击"连接"按钮，可以为连接选择默认的行为，如图 12-42 所示。"仅以下列表"选项表明只有与设定的条目规则相匹配的计算机才能够使用服务器，当所有预计的客户计算机属于一个或几个网络时可以使用该选项。"以下列表除外"选项表明所添加的规则是针对不允许使用 SMTP 虚拟服务器的计算机。单击"添加"按钮以创建新的配置规则。可以通过指定 IP 地址或 IP 地址范围来设置限制，也可以使用"DNS 查找"命令，根据域名搜寻指定的 IP 地址。"域"选项指示 SMTP 服务器在有计算机尝试连接时执行 DNS 反向查找操作。该方法试图通过 DNS 名称解析出请求连接的计算机的 IP 地址，启用该选项会降低系统性能，因为它执行许多 DNS 的查询操作。

最后一组访问控制选项是中继限制。如果邮件的发件人地址和收件人地址不属于虚拟服务器的域，那么就执行 SMTP 中继。通过中继这一常用方法，许多垃圾邮件发送者可以利用未受保护的 SMTP 虚拟服务器发送垃圾邮件。"中继限制"选项用于指定哪些计算机可以通过 SMTP 服务器中继邮件，如图 12-43 所示。默认的设置是所有通过身份验证的用户和计算机都可以进行中继，可以使用"添加"命令来定义哪些 IP 地址和域名将被允许中继邮件。

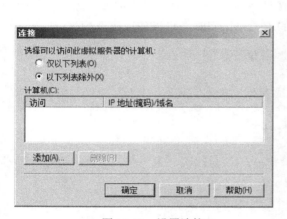

图 12-42　设置连接

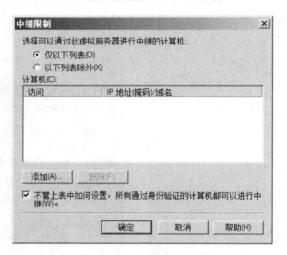

图 12-43　设置中继限制

4. 配置邮件选项

SMTP 虚拟服务器属性页面的"邮件"选项卡用于对经服务器发送的邮件进行限制，如图 12-44 所示。前两个选项用于指定邮件的最大尺寸，以及通过服务器发送的最大数据量。后两个选项用于限制每个连接发送的邮件数目，以及每封邮件的收件人的数目。所有这些方法都有助于减少对服务器的未授权访问，并有助于节省资源。

"将未送达报告的副本发送到"设置用于指定无法送达的邮件将被发往的邮件地址。"死信目录"设置用来指定这些邮件将被发往的文件夹的路径。可以查看这些邮件或文件，以检测未送达的邮件。

5. 定义传递属性

在 Internet 上通信时，网络路由问题和服务器故障可能会导致服务的中断。SMTP 标准充分考虑到可靠性。当 SMTP 服务器在向指定的地址发送邮件时，会自动保存邮件的副本。如果目的服务器无法访问，SMTP 服务器会进行重试操作。可以通过"传递"选项卡中的属性来具体管理该行为，如图 12-45 所示。

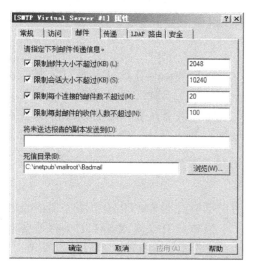

图 12-44 设置邮件选项卡

图 12-45 设置传递选项卡

"出站"规则定义在发生故障时进行重试的时间间隔，还可以为"出站"和"本地"设置配置"延迟通知"和"过期超时"选项，以决定何时终止邮件的重发。在邮件到达最终的目的地之前，SMTP 服务器通常是通过其他 SMTP 服务器发送它们。管理员可以配置 SMTP 服务器，使它们在中继邮件之前要求进行身份验证。"传递"选项卡中的"出站安全"设置用于指定在连接其他 SMTP 服务器时所使用的身份验证信息。"出站连接"设置指定对其他 SMTP 服务器连接的数量的限制，以及它们将保持活动状态的时间。"高级"设置为 SMTP 虚拟服务器如何处理邮件提供了附加的选项，这些选项包括：

- 最大跃点计数：当邮件被发送到一台 SMTP 服务器，邮件本身包含一个跃点计数以记录它被发送过的次数。若邮件超过了最大跃点计数的设置，它将被认为是无法送达的。
- 虚拟域：该设置指示 SMTP 服务器自动重写出站邮件的发件人地址的域。如果希望保证出站的邮件具有统一的域名，可以使用该设置。
- 完全限定的域名：该设置根据地址（A）和邮件交换器（MX）记录来指定 SMTP 虚拟服务器的 DNS 地址。一般而言，域中的每一台 SMTP 服务器都应当具有唯一的完全限定的域名，其中包括服务器名称。
- 智能主机：为"智能主机"设置定义服务器名称或 IP 地址后，从该 SMTP 虚拟服务器发出的所有邮件都将通过指定的服务器进行路由。当多台内部服务器需要通过指定的 SMTP 服务器（可以访问 Internet）路由它们的邮件时，通常可以使用该设置。使用"智能主机"设置可以节省带宽，并且可以提高安全性，因为只有特定的服务器才需要访问外部网络。"发送到智能主机之前尝试随接进行传递"选项指示本地 SMTP 服务器尝试直接连接目的 SMTP 服务器。如果该操作失败，邮件将被发送到指派的智能主机。

> 对传入邮件执行反向 DNS 查找：该设置指示 SMTP 服务器执行 DNS 反向查找，以检查用户的域是否与邮件头中的 IP 地址相匹配。启用该选项，可减少或杜绝使用不一致头信息的邮件及对 SMTP 服务器的未授权使用。

6．启用 LDAP 路由

轻量级目录访问协议（Lightweight Directory Access Protocol，LDAP）是目录服务软件之间相互通信的主要标准。通过"LDAP 路由"选项卡可以配置 SMTP 虚拟服务器，使其能够使用 LDAP 查询解析出邮件中的发件人地址和收件人地址。该配置选项指定 SMTP 服务器将会连接何种类型的 LDAP 系统，以及指定服务器的地址。其他具体设置包括连接和查询 LDAP 服务器时所需的身份验证信息，如图 12-46 所示。

7．管理安全性权限

通过"安全"选项卡可以定义哪些 Windows 用户可以管理 SMTP 虚拟服务器的设置，如图 12-47 所示。列表中定义了具有操作员身份的用户，操作员有权修改 SMTP 虚拟服务器的配置。默认情况下，列表中包括管理员组和本地服务、网络服务的内置账户。可以单击"添加"按钮在"操作员"列表中添加新的用户或组。

图 12-46　设置 LDAP 选项卡

图 12-47　设置安全选项卡

8．为 ASP.NET 配置 SMTP 设置

许多 Web 应用程序都有向用户发送电子邮件的基本要求。为了完成该任务，Web 应用程

序需要可用的 SMTP 服务器的信息。可以使用 IIS 管理器为运行于 IIS 7.5 上的 ASP.NET 应用程序配置这些设置。首先在左侧窗格中选择合适的 Web 服务器、网站或 Web 应用程序，然后打开"SMTP 电子邮件"设置，如图 12-48 所示。此处进行的设置仅用于向 Web 应用程序提供信息，它不会对 SMTP 虚拟服务器的配置做出任何的修改。

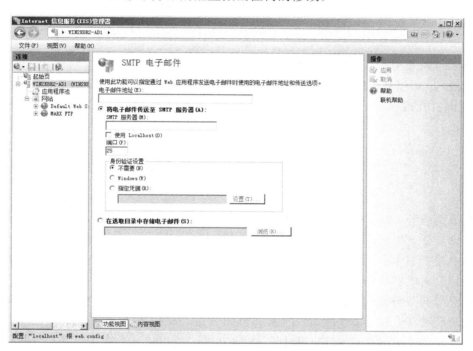

图 12-48　为 Web 站点配置 SMTP 电子邮件设置

项目 13　部署远程桌面服务

远程桌面服务是使远程用户能够在运行 Windows Server 2008 R2 的计算机上建立交互会话的一项技术,可以允许用户远程运行另一台计算机上的程序如同本地一样,可以允许用户通过 Web 页面打开远程应用程序,可以允许用户通过 Internet 连接到公司内部网络上的指定桌面计算机上。

13.1　项目分析

远程桌面服务(以前称为终端服务)使远程用户能够在运行 Windows Server 2008 R2 的计算机上建立交互式桌面或应用程序会话。在进行远程桌面服务会话的过程中,远程桌面服务客户端实际上是把整个会话的处理任务交托给远程桌面服务器。因此,这项由远程桌面服务所提供的功能使公司能够将中央服务器上的资源分配给众多用户或客户端。

远程桌面服务与我们所熟悉的其他 Windows 版本中的远程桌面相比有很多相似点,诸如:都是使用户能够在远程计算机上建立交互式桌面会话;都是依赖于系统远程桌面服务,均使用相同的协议(远程桌面协议 RDP)和相同的 TCP 端口(3389)来建立会话。但也存在很大的差别,远程桌面服务提供了更好的可扩展性,以及许多重要的附加功能。Windows Server 2008 R2 中的远程桌面服务包括了远程桌面会话、远程桌面虚拟化、远程桌面授权、远程桌面连接代理、远程桌面网关、远程桌面 Web 访问等功能。

13.2　项目实施

13.2.1　安装远程桌面服务器

完全执行"远程桌面服务"需要添加"远程桌面服务"服务器角色。与其他的服务器角色相同,首先在 Windows Server 2008 R2 上打开"服务器管理器",单击"添加角色",在打开的"添加角色向导"页面中,选中"远程桌面服务"复选框,如图 13-1 所示。

在"添加角色向导"页面中单击"下一步"按钮,打开"远程桌面服务"页面。该页面对"远程桌面服务"角色做了简要的介绍。单击"下一步"按钮,打开"选择角色服务"页面,如图 13-2 所示。

项目 13　部署远程桌面服务

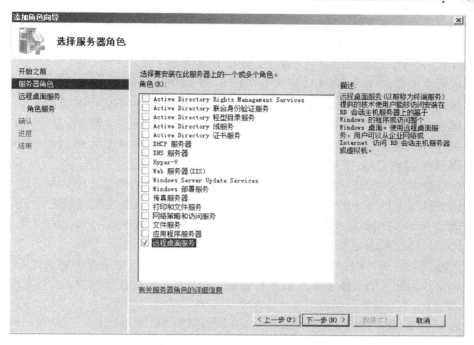

图 13-1　添加远程桌面服务角色

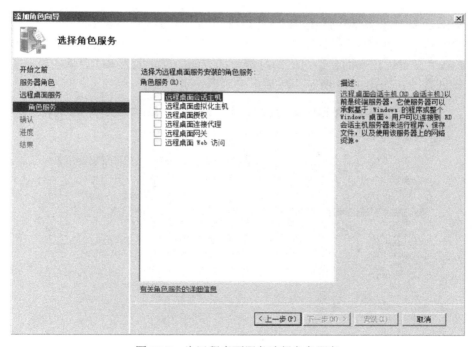

图 13-2　为远程桌面服务选择角色服务

在"添加角色向导"的"选择角色服务"页面中，可以在以下"远程桌面服务"角色相关的 6 种角色服务中任意进行选择。

➢ 远程桌面会话主机（RD 会话主机）：以前称为终端服务器。它使服务器可以承载基于 Windows 的程序或整个 Windows 桌面。用户可以连接到 RD 会话主机服务器来运行程序、保存文件，以及使用该服务器上的网络资源。
➢ 远程桌面虚拟化主机（RD 虚拟化主机）：使用户能够使用 RemoteApp 和桌面连接连接到虚拟机。需要注意的是，远程桌面虚拟化主机需要 Hyper-V 支持。
➢ 远程桌面授权（RD 授权），以前称为 TS 授权，它管理连接到 RD 会话主机服务器所需的远程桌面服务客户端访问许可证（RDS CAL）。可以使用 RD 授权来安装、颁发和跟踪 RDS CAL 的可用性。
➢ 远程桌面连接代理（RD 连接代理）：以前称为 TS 会话代理，它支持负载平衡 RD 会话主机服务器场中的会话负载平衡和会话重新连接。RD 连接代理还用于为用户提供通过 RemoteApp 和桌面连接对 RemoteApp 程序和虚拟机进行访问的权限。需要注意的是，远程桌面连接代理必须在域中使用。
➢ 远程桌面网关（RD 网关）：以前称为 TS 网关，它使授权用户能够通过 Internet 连接到企业网络上的 RD 会话主机服务器和远程桌面。需要注意的是，远程桌面网关需要添加 IIS 支持。
➢ 远程桌面 Web 访问（RD Web 访问）：以前称为 TS Web 访问，它使用户能够在运行 Windows 7 的计算机上通过开始菜单或通过 Web 浏览器访问 RemoteApp 和桌面连接，向用户提供一个 RemoteApp 程序和虚拟机的自定义视图。需要注意的是，远程桌面 Web 访问同样需要添加 IIS 支持。

要安装远程桌面会话主机角色，只需选中"远程桌面会话主机"复选框，然后单击"下一步"按钮。在"指定远程桌面会话主机的身份验证方法"页面上为 RD 会话主机服务器选择适当的身份验证方法，如图 13-3 所示，然后单击"下一步"按钮。

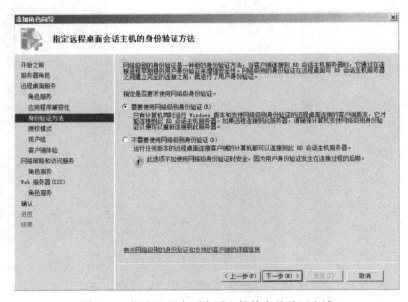

图 13-3　指定远程桌面会话主机的身份验证方法

在"指定授权模式"页面上为 RD 会话主机服务器选择适当的授权模式,如图 13-4 所示,然后单击"下一步"按钮。

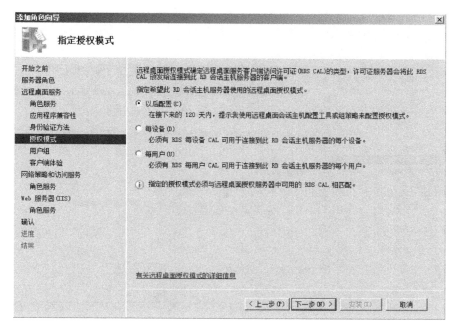

图 13-4　指定授权模式

在"选择允许访问此远程桌面服务器的用户组"页面上添加希望能够远程连接到此 RD 会话主机服务器的用户或用户组,如图 13-5 所示,然后单击"下一步"按钮。

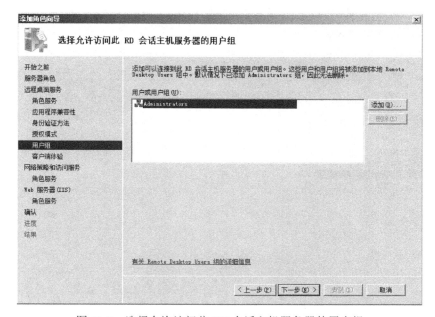

图 13-5　选择允许访问此 RD 会话主机服务器的用户组

在"配置客户端体验"页面上选择希望用于远程客户端(可使用此 RD 会话主机连接)的功能,如图 13-6 所示,然后单击"下一步"按钮。

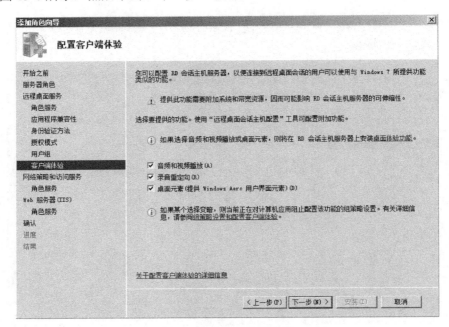

图 13-6　配置客户端体验

如果服务器未安装网络策略和访问服务角色,此处将进行安装与配置,单击"下一步"按钮,在"角色服务"中选中网络策略服务器,如图 13-7 所示,单击"下一步"按钮。

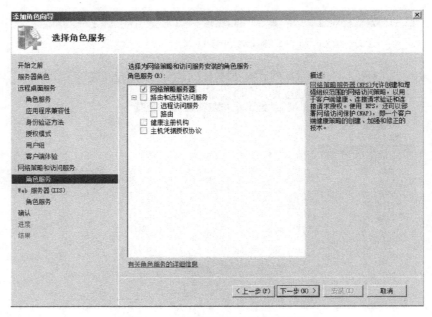

图 13-7　选择网络策略服务器角色

如果服务器未安装 Web 服务，此处将进行安装和配置，单击"下一步"按钮，在"角色服务"中选中需要安装的 Web 服务角色，如图 13-8 所示，单击"下一步"按钮。

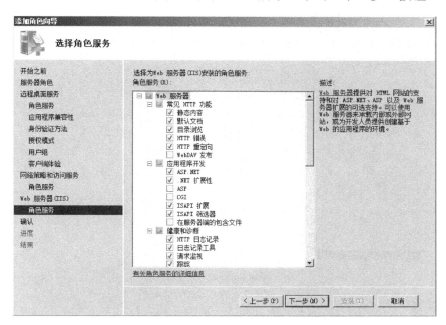

图 13-8　选择 Web 服务器 IIS 安装的角色服务

在"确认安装选择"页面上确认是否将安装所选角色、角色服务或功能，如图 13-9 所示，确认完毕后，单击"安装"按钮。

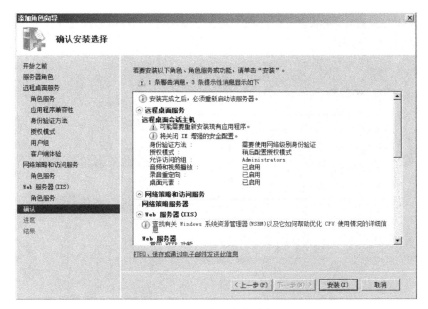

图 13-9　确认安装选择

在"安装进度"页面上将显示安装进度。在"安装结果"页面上，系统将提示重新启动服务器以完成安装过程，如图 13-10 所示。单击"关闭"按钮，然后在"添加角色服务"窗口中单击"是"按钮，重新启动服务器。

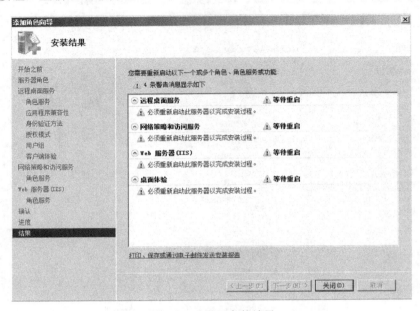

图 13-10　显示安装结果

服务器重新启动后，将显示安装结果页面，如图 13-11 所示。单击"关闭"按钮，即完成远程桌面服务的安装。

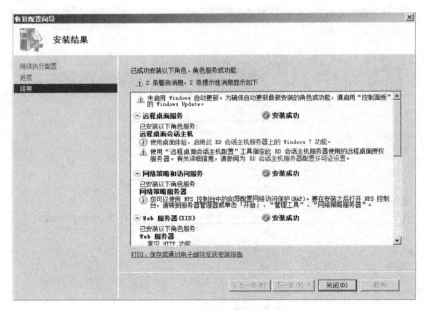

图 13-11　显示成功安装服务器结果

13.2.2 远程桌面服务管理器

Windows Server 2008 R2 可以使用远程桌面服务管理器查看远程桌面会话主机（RD 会话主机）服务器上的用户、会话和进程的相关信息并对其进行监视，还可以执行某些管理任务。运行远程桌面服务管理器，可以单击"开始"，依次指向"管理工具"、"远程桌面服务"，然后单击"远程桌面服务管理器"，或在"运行"对话框中直接运行"tsadmin.msc"。远程桌面服务管理器运行界面如图 13-12 所示。

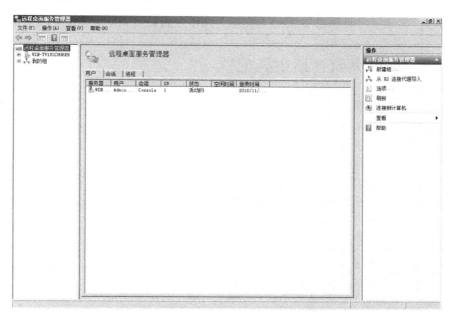

图 13-12　远程桌面服务管理器运行界面

在远程桌面服务管理器中，可以配置进程列表和状态对话框的刷新间隔，刷新间隔可以设置为手动或特定的秒数。还可以配置在远程桌面服务管理器中执行的操作是否需要进行确认，退出远程桌面服务管理器时是否保存设置，以及退出远程桌面服务管理器时是否记住远程桌面会话主机（RD 会话主机）服务器的连接状态等。

在远程桌面服务管理器中，可以管理用户、会话和进程，具体允许操作如下：
➢ 在远程桌面服务管理器的"用户"选项卡上查看连接到远程桌面会话主机（RD 会话主机）服务器的用户的相关信息。
➢ 在远程桌面服务管理器的"会话"选项卡上查看远程桌面会话主机（RD 会话主机）服务器上正在运行的会话的相关信息。
➢ 在远程桌面服务管理器的"进程"选项卡上查看远程桌面会话主机（RD 会话主机）服务器上正在运行的进程的相关信息。
➢ 在远程桌面服务管理器中使用"连接"操作来连接到用户会话。
➢ 在远程桌面服务管理器中使用"断开连接"操作来断开用户与会话的连接。

➢ 在远程桌面服务管理器中使用"注销"操作来将用户从会话中注销。
➢ 在远程桌面服务管理器中使用"远程控制"操作来远程控制用户会话。
➢ 在远程桌面服务管理器中使用"发送消息"操作向用户会话发送消息。
➢ 在远程桌面服务管理器中使用"结束进程"操作来结束用户会话中正在运行的进程。
➢ 在远程桌面服务管理器中使用"重置"操作来重置用户会话。重置用户会话时，会立即将该会话从远程桌面会话主机（RD 会话主机）服务器中删除。
➢ 在远程桌面服务管理器中使用"刷新"操作来更新"用户"、"会话"和"进程"选项卡上显示的信息。
➢ 在远程桌面服务管理器中使用"状态"操作来查看有关用户会话的更多信息。

13.2.3 远程桌面会话主机配置

Windows Server 2008 R2 中的远程桌面服务服务器角色由几个角色服务组成，其中一个服务为远程桌面会话主机（RD 会话主机）。远程桌面会话主机服务器是托管远程桌面服务客户端使用的基于 Windows 的程序或完整的 Windows 桌面的服务器。使用远程桌面会话主机配置（以前称为终端服务配置）可以配置新连接的设置、修改现有连接的设置，以及删除连接。可以按连接配置设置，也可以为整台服务器配置设置。完成配置后，用户可以使用"远程桌面连接"或 RemoteApp 连接到 RD 会话主机服务器来运行程序、保存文件和使用该服务器上的网络资源。

运行远程桌面会话主机配置，可以单击"开始"按钮，依次指向"管理工具"、"远程桌面服务"，然后单击"远程桌面会话主机配置"，或在"运行"对话框中，直接运行 tsconfig.msc。远程桌面会话主机配置管理器运行界面如图 13-13 所示。

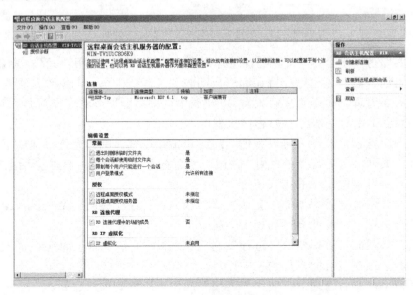

图 13-13 远程桌面会话主机配置管理器运行界面

1. 配置连接 RDP-Tcp 属性

连接属性被用来自定义通过某种特定的传输协议（例如基于 TCP 的 RDP）或远程桌面服务器上特定的网络适配器来发起的所有远程桌面服务会话的行为。默认情况下，只有一个连接（名为 RDP-Tcp）可以用来配置。通过所有本地的网络适配器，该连接的配置属性适用于 RDP 会话。除了这个默认的连接之外，也可以创建新的适用于第三方传输协议或特定适配器的连接。在仅使用 Windows Server 2008 R2 提供的内置功能的情况下，RDP-Tcp 连接通常仅作为唯一的一个连接，"RDP-Tcp 属性"对话框为整个服务器提供主要的配置选项。在"远程桌面会话主机配置"控制台中的"连接"区域中，右键单击相应的连接名，然后单击"属性"，即可打开"RDP-Tcp 属性"对话框，如图 13-14 所示。

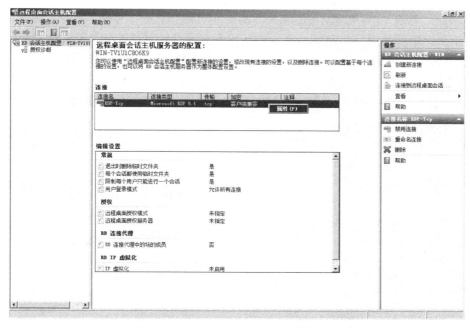

图 13-14　配置远程桌面服务连接属性

（1）"常规"选项卡用于在安全层、加密级别和网络级别身份验证的三个安全领域进行设置，如图 13-15 所示。由于所有的 RDP 连接都是自动进行加密的，所以安全层设置确定终端服务连接使用的加密类型，有三种安全级别可以使用，分别是：RDP 安全层、SSL（TLS1.0）和协商。

> "RDP 安全层"选项规定使用"远程桌面"协议中内置的加密。该选项的优点是它不需要额外的配置，并且能够提供高性能。缺点是它不为所有的客户端类型都提供终端服务器身份验证。虽然 RDP 6.0 可以为运行 Windows Vista 及其以后版本的客户端提供服务器身份验证，但是运行 Windows XP 及其之前版本的终端服务客户端不支持服务器身份验证。如果希望使运行 Windows XP 的 RDP 客户端在建立连接之前能够对终端服务器进行身份验证，那么必须配置 SSL 加密。

> SSL（TLS1.0）选项比 RDP 加密多具有两个优点。首先，它提供更为强大的加密功

能。其次，它可以为 RDP 客户端 6.0 之前的版本提供服务器身份验证。但是，该选项也有它的不足。首先，不管是对于加密还是身份验证，SSL 都需要一个计算机证书。默认情况下，只有自签名证书被使用，这相当于没有身份验证。为了提高安全性，必须从受信任的证书授权中心（CA）获取一个有效的计算机证书并将该证书保存在终端服务器的计算机账户证书存储中。SSL 的另一个缺点是，相比于其他 RDP 连接，它强大的加密功能会降低服务器的性能。

> 协商选项规定，只有在被客户端和服务器都支持的情况下，终端服务器才会使用 SSL 安全性，否则，会使用内置的 RDP 加密。因此"协商"是默认选项。

> "常规"选项卡中的"加密级别"设置用于定义 RDP 连接中所使用的加密算法的强度。默认的选项是"客户端兼容"，它是客户端计算机所支持的最大强度。其他可用的选项是"符合 FIPS 标准"（最高）、"高"和"低"。

当"仅允许运行使用网络级别身份验证的远程桌面的计算机连接"设置被启用时，只有支持 NLA 的客户端被允许连接终端服务器。为了确定计算机运行的远程桌面连接客户端版本是否支持 NLA，可以打开 RDC 客户端，单击"远程桌面连接"对话框左上角的图标，然后单击"关于"，在"关于远程桌面连接"对话框中查看关键词"支持网络级别的身份验证"。

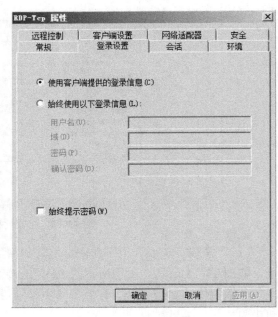

图 13-15　常规选项卡　　　　　　　图 13-16　登录设置选项卡

（2）"登录设置"选项卡可以设置通过一个预先定义的用户名和密码来配置所有的终端服务客户端，这种共享证书的方式使得用户不必申请任何证书就能连接终端服务器。该选项适合于测试环境或者公共终端。当选择"始终使用以下登录信息"选项后，用户在进行连接之前至少必须提供密码，如图 13-16 所示。

（3）"会话"选项卡用于控制终端服务器的会话超时设置，如图 13-17 所示。该选项卡可以为断开的会话选择超时设置，为活动的或空闲的会话设置时间限制，以及为断开的连接和会话限制定义操作行为。默认情况下,这些设置不是在"RDP-Tcp 属性"对话框中进行定义的,而是在各个用户的域账户属性中进行定义的。可以选中"改写用户设置"复选框并选择其下的策略来重新定义这些用户已经定义过的设置。

(4)"环境"选项卡可用于决定用户配置文件中定义的初始程序是否能够于终端服务会话启动时自动运行,它也可用于为通过 RDP 连接到本地终端服务器的所有用户指定一个初始程序,如图 13-18 所示。

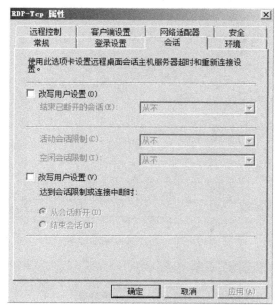

图 13-17 会话选项卡

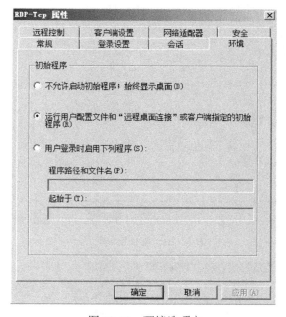

图 13-18 环境选项卡

(5)"远程控制"选项卡可以设置管理员使用远程控制来远程控制或查看用户会话,如图 13-19 所示。默认情况下,定义该功能行为的属性是以"每用户"为根据,在各个用户账户的属性对话框中被设置的。而"远程控制"选项卡可用于在"每服务器"的基础上控制该功能的设置。用户账户默认的设置使管理员能够在得到用户许可的情况下与其他用户的远程桌面服务会话进行交互,也可以完全阻止管理员浏览其他用户的会话或与其进行交互。

(6)"客户端设置"选项卡可用于配置某些用户接口功能的重定向,如图 13-20 所示。在该选项卡的"颜色深度"区域中,可以定义终端服务器发送到客户端的颜色信息的深度。默认的设置是"每像素 16 位",可以将其调高或调低。通常,在 RDP 连接中需要更大的位深度时,外观效果的提高是以牺牲服务器性能为代价的。在"重定向——禁用下列项目"区域中,可以确定哪些功能不被重定向到客户端。禁用重定向的优点是它提高了服务器的性能,但这是以禁用所选的每个特定功能为代价的。

(7)"网络适配器"选项卡可用于限定默认的 RDP-Tcp 连接在某个特定的网络适配器上监听 RDP 连接请求。该选项卡也可用于限制远程桌面服务器所允许的连接数量。默认情况下没有设置限制,如图 13-21 所示。

(8)"安全"选项卡可用于为终端服务器所有的 RDP 连接设置用户权限,如图 13-22 所示。

由于此设置可以使用"远程桌面用户"组来代替，因此不推荐使用该选项卡来配置用户以访问终端服务。

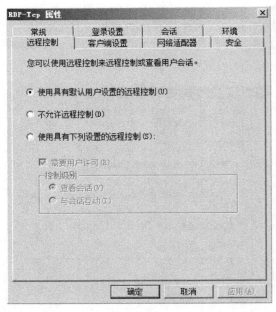

图 13-19　远程控制选项卡

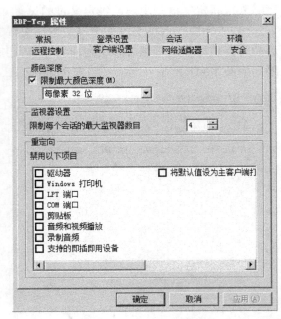

图 13-20　客户端设置选项卡

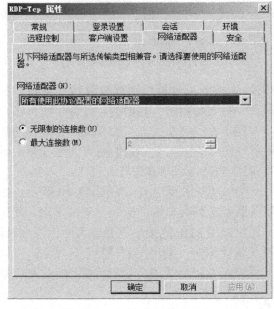

图 13-21　网络适配器选项卡

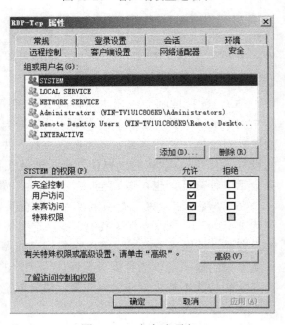

图 13-22　安全选项卡

2．配置远程桌面会话主机服务器设置

除了 RDP-Tcp 属性的选项卡外，TSC 控制台提供了远程桌面服务配置的第二组重要选项，

它们位于"编辑设置"区域内。这些设置仅适用于整个远程桌面服务器,与 RDP-Tcp 或其他的连接设置不同,它们不能被配置为只适用于一种传输协议或一个特定的网络适配器。"编辑设置"区域提供了 8 个终端服务器选项,它们被分为 4 类:常规、授权、RD 连接代理和 RD IP 虚拟化。双击其中任何一项即可对其进行修改。

(1) "常规"选项卡可用于配置以下有关用户登录会话的功能,如图 13-23 所示。

> 退出时删除临时文件夹:该选项是默认启用的,启用该选项后,当用户退出终端服务会话时,所有的临时数据都会被删除。这样删除临时数据会降低服务器的性能,但同时也会保护隐私,因为它防止用户潜在地访问其他用户的数据。该设置只有在下一个选项"每个会话都使用临时文件夹"也启用时,才能起作用。

> 每个会话都使用临时文件夹:该选项是默认启用的,它确保为每个用户会话新建一个用来保存临时数据的文件夹。当禁用该选项时,所有活动的会话将会共享临时数据。在用户间共享临时数据可以提高服务器性能,但这是以牺牲用户隐私为代价的。

> 限制每个用户只能进行一个会话:该选项是默认启用的,启用后,每个用户只允许有一个远程桌面服务器的登录会话。该默认设置可以确保在开始新的会话之前先注销当前会话,因而可以防止用户配置文件中的数据丢失,也可以防止阻塞的用户会话,保护服务器资源。

> 用户登录模式:此区域中的设置可用于防止新的用户登录终端服务器。"允许所有连接"选项是默认的设置。为了防止不明用户连接终端服务器,可以选择"允许重新连接,但拒绝新用户登录"选项。为了使用户只有在重启服务器后才能连接服务器,可以选择"允许重新连接,但服务器重新启动后才允许新用户登录"选项。

(2) "授权"选项卡可用于配置远程桌面授权模式,默认选中"未指定",如图 13-24 所示。可设置为指定每设备授权或者每用户授权。

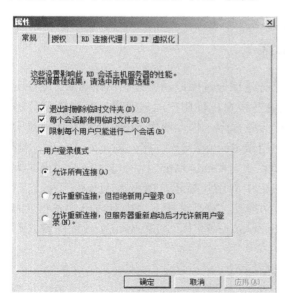

图 13-23 常规选项卡

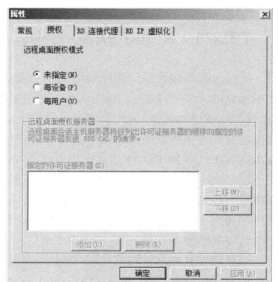

图 13-24 授权选项卡

（3）"RD 连接代理"选项卡可用于配置 RD 连接服务器成员的设置，如图 13-25 所示。RD 连接代理设置可以将新的用户会话定向到场中拥有最少会话的服务器，以在场中各服务器之间实现会话负载的平衡，也可以确保用户能够在场中选择合适的成员服务器进行断开会话的自动重连。

（4）"RD IP 虚拟化"选项卡用于设置是否启用 IP 虚拟化，如图 13-26 所示。RD IP 虚拟化是一种新的远程桌面服务角色服务，当启用 RD IP 虚拟化时，可选择是为每会话还是每程序指定虚拟 IP 地址。

图 13-25　RD 连接代理选项卡

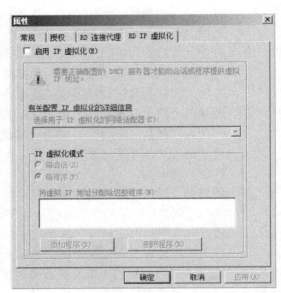
图 13-26　RD IP 虚拟化选项卡

13.2.4　RemoteApp 管理器配置

通过远程桌面服务，组织可以为用户提供随时随地通过网络访问任何 Windows 设备上标准 Windows 程序的权限。RemoteApp 则可配置这些程序，使用户可以通过远程桌面服务远程访问程序，就如同最终用户在本地计算机上运行这些程序一样。使用 RemoteApp 管理器使在远程桌面会话主机服务器上安装的程序可供用户用做 RemoteApp 程序。RemoteApp 管理器会自动安装在已安装 RD 会话主机角色服务的计算机上。RemoteApp 程序与客户端的桌面集成在一起，而不是在远程桌面会话主机服务器的桌面中向用户显示。RemoteApp 程序在自己的可调整大小的窗口中运行，可以在多个显示器之间拖动，并且在任务栏中有自己的条目。如果用户在同一个 RD 会话主机服务器上运行多个 RemoteApp 程序，则 RemoteApp 程序将共享同一个远程桌面服务会话。

用户可以通过多种方式访问 RemoteApp 程序：
- 使用远程桌面 Web 访问（RD Web 访问），通过 RemoteApp 和桌面连接访问指向该程序的链接。

➤ 双击已由管理员创建并分发的远程桌面协议（.rdp）文件。
➤ 在桌面或"开始"菜单上，双击由管理员使用 Windows Installer（.msi）程序包创建并分发的程序图标。
➤ 双击文件扩展名与 RemoteApp 程序关联的文件。这可以由管理员使用 Windows Installer 程序包进行配置。

用户可以通过运行 Windows（R）7 的计算机上的"开始"菜单或通过 RD Web 访问网站来访问 RemoteApp 和桌面连接。

1. 在 RemoteApp 中发布应用程序

若要将程序添加到 RemoteApp 程序列表中，首先在 RD 会话主机服务器中打开 "RemoteApp 管理器"。要打开 "RemoteApp 管理器"，请单击"开始"按钮，依次指向"管理工具"、"远程桌面服务"，然后单击"RemoteApp 管理器"，如图 13-27 所示。

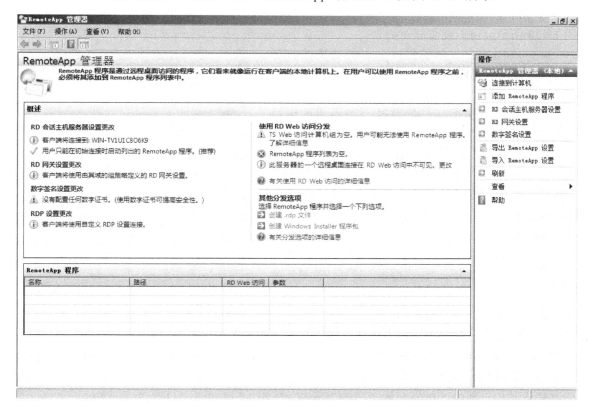

图 13-27　RemoteApp 管理器

在"操作"窗格中，选择"添加 RemoteApp 程序"命令，在"欢迎使用 RemoteApp 向导"页面上单击"下一步"按钮，如图 13-28 所示。

在"选择要添加到 RemoteApp 程序列表的程序"页面上选中要添加到 RemoteApp 程序列表中的每个程序旁边的复选框，如图 13-29 所示，此处可以选择多个程序。

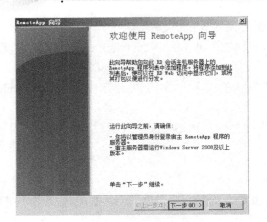
图 13-28　欢迎使用 RemoteApp 向导

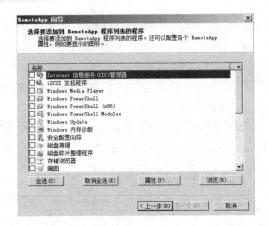
图 13-29　选择添加到 RemoteApp 的程序

若要配置 RemoteApp 程序的属性，右键单击该程序名称，然后单击"属性"按钮，如图 13-30 所示，可以配置以下内容：

➢ 将向用户显示的程序名。若要更改该名称，在"RemoteApp 程序名称"框中输入新名称。
➢ 程序可执行文件的路径。若要更改该路径，在"位置"框中输入新路径，或单击"浏览"按钮找到.exe 文件。
➢ RemoteApp 程序的别名。别名是程序的唯一标识符，默认值为程序的文件名（不带扩展名）。建议不要更改此名称。
➢ 程序是否可通过 RD Web 访问进行访问。默认情况下，将启用"RemoteApp 程序可通过 RD Web 访问获得"设置。若要更改此设置，选中或清除该复选框。

图 13-30　配置 RemoteApp 程序的属性

➢ 是否允许命令行参数，或是否始终使用相同的命令行参数。
➢ 将使用的程序图标。若要更改该图标，单击"更改图标"按钮。
➢ 当可以通过 RD Web 访问获得程序时，看到该程序的图标的域用户和域组。若要指定域用户和域组，单击"用户分配"选项卡。

完成了程序属性的配置之后，单击"确定"按钮，然后单击"下一步"按钮。在"复查设置"页面上进行复查设置，如图 13-31 所示，然后单击"完成"按钮。所选的程序应出现在"RemoteApp 程序"列表中，如图 13-32 所示。

2．RD Web 访问

远程桌面 Web 访问（RD Web 访问）使用户可以通过运行 Windows 7 的计算机上的"开始"菜单或通过 Web 浏览器来访问 RemoteApp 和桌面连接。RemoteApp 和桌面连接向用户提供 RemoteApp 程序和虚拟桌面的自定义视图。此外，RD Web 访问还包含远程桌面 Web 连接，使用户可以从 Web 浏览器远程连接到任何对其具有远程桌面权限的计算机的桌面。用户启动 RemoteApp 程序时，远程桌面服务会话会在托管 RemoteApp 程序的远程桌面会话主机（RD 会话主机）服务器上启动。如果用户连接到某个虚拟桌面，则会建立远程桌面与远程桌面虚拟化主机（RD 虚拟化主机）服务器上运行的虚拟机之间的连接。若要为用户提供访问 RemoteApp 和桌面连接的权限，必须将 RD Web 访问配置为指定提供 RemoteApp

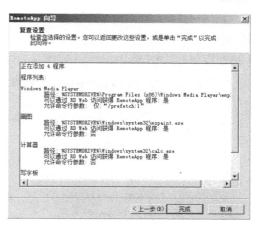

图 13-31　复查设置页面

程序和虚拟桌面（显示给用户）的源。可以将 RD Web 访问配置为：远程桌面连接代理（RD 连接代理）服务器或 RemoteApp 源。通过 RD 连接代理服务器，用户可以访问在 RD 虚拟化主机服务器上托管的虚拟桌面和在远程桌面会话主机（RD 会话主机）服务器上托管的 RemoteApp 程序。若要配置 RD 连接代理服务器，需要使用远程桌面连接管理器工具。

图 13-32　添加的 RemoteApp 程序

3．对远程桌面 Web 访问启用 RemoteApp 程序

默认情况下，将程序添加到远程桌面会话主机（RD 会话主机）服务器上的"RemoteApp 程序"列表中时，即对 RD Web 访问启用了 RemoteApp 程序。如果想要确定是否对 RD Web 访问启用 RemoteApp 程序，可以在"RemoteApp 管理器"中的"RemoteApp 程序"列表中，验证希望通过 RD Web 访问的程序旁边的"RD Web 访问"列中是否出现"是"值。如果要更改 RemoteApp 程序是否可通过 RD Web 访问进行访问，可以单击该程序名称，然后在"操

作"窗格中选择"在 RD Web 访问中显示"或"在 RD Web 访问中隐藏",如图 13-33 所示。如果将 RD Web 访问配置为使用 RD 会话主机服务器作为 RemoteApp 和桌面连接的源,则对 RD Web 访问启用的 RemoteApp 程序将自动通过 RemoteApp 和桌面连接进行访问。

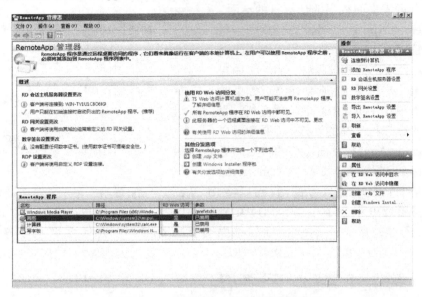

图 13-33　更改 RemoteApp 程序设置

4. 为 RemoteApp 和桌面连接配置 RD Web 访问服务器

若要为用户提供访问 RemoteApp 和桌面连接的权限,必须将 RD Web 访问配置为指定提供 RemoteApp 程序和虚拟桌面的源。首先,连接到 RD Web 访问网站,在 RD Web 访问服务器上,单击"开始"按钮,依次指向"管理工具"和"远程桌面服务",然后单击"远程桌面 Web 访问配置",如图 13-34 所示。

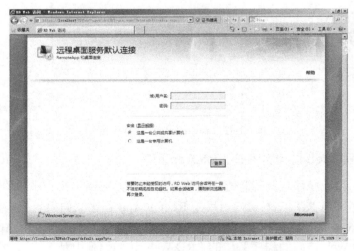

图 13-34　远程桌面 Web 访问配置登录页面

再使用 RD Web 访问服务器上的本地管理员账户或作为 RD Web 访问服务器上的 TS Web 访问管理员组成员的账户登录该站点。在标题栏上，单击"配置"按钮，如图 13-35 所示。

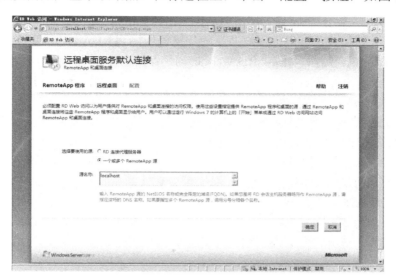

图 13-35　远程桌面 Web 访问配置页面

如果选择"RD 连接代理服务器"，则在"源名称"框中输入 RD 连接代理的 NetBIOS 或完全限定的域名（FQDN）。如果选择"一个或多个 RemoteApp 源"，则在"源名称"框中输入 RemoteApp 源的 NetBIOS 或完全限定的域名（FQDN）。如果使用 RD 会话主机服务器场作为 RemoteApp 源，则需指定服务器场的 DNS 名称。如果指定多个 RemoteApp 源，应使用分号分隔每个名称。完成设置后，单击"确定"按钮以保存更改，页面将自动跳转到 RemoteApp 程序页面，如图 13-36 所示。

图 13-36　RemoteApp 程序页面

5. 连接到远程桌面 Web 访问

默认情况下，访问 RD Web 网站可以使用安装了 RD Web 访问的 Web 服务器的完全限定的域名（FQDN），即 https://server_name/rdweb

如果从公用计算机或从与其他用户共享的计算机连接到 RD Web 访问网站，单击"这是一台公共或共享计算机"，每次登录到 RD Web 访问网站时，都必须提供用户名和密码。如果使用的是个人专用工作计算机，单击"这是一台专用计算机"，系统会记住用户名，这样每次登录到 RD Web 访问网站时只需提供您的密码即可。

为了防止未经授权的访问，RD Web 访问会话会在处于非活动状态一段时间之后自动超时。如果 RD Web 访问会话超时，则需要再次登录。根据在登录 RD Web 访问网站时选择"这是一台公共或共享计算机"还是选择"这是一台专用计算机"，超时值会有所不同。管理员可以使用 Internet 信息服务（IIS）管理器工具来配置默认的超时值。

使用远程桌面服务对客户端计算机有一定的要求。若要使用 RD Web 访问，客户端计算机运行的至少必须为 Internet Explorer 6.0 和至少支持远程桌面协议（RDP）6.1 的远程桌面连接（RDC）版本。此外，还必须启用远程桌面服务 ActiveX 客户端控件。

项目 14 部署系统更新管理

Microsoft Windows Server Update Services（WSUS）3.0 为在网络中管理更新提供了一个全面的解决方案。最新的 WSUS 3.0 SP2 版本与 Windows Server 2008 R2 集成，支持 Windows 7 客户端，新的 WUA 客户端增强了性能，改善了用户体验。

14.1 项目分析

14.1.1 WSUS 概述

Windows Server Update Services（WSUS）是 Microsoft Update 服务的专门版本，供 Windows 从中自动下载更新。由于企业可以在内部网络上运行 WSUS，并用它来向计算机分发更新，因此可以更高效地利用带宽，并可以对已安装于客户端计算机的更新进行完全控制。

在运行 WSUS 后，它会与 Microsoft Update 网站连接，下载有关可用更新的信息，并将可用的更新添加到需要管理员审批的更新列表中。在管理员审批好并排好优先级之后，WSUS 会自动将其提供给 Windows 计算机。Windows Update 客户端会检查 WSUS 服务器，然后自动下载并安装经审批的更新。

14.1.2 WSUS 架构

1. 简单 WSUS 部署

最基本的 WSUS 部署包括企业内部的防火墙内联网服务于私人客户端计算机，如图 14-1 所示。WSUS 服务器连接到 Microsoft Update 下载更新，这就是所谓的同步。在同步过程中，WSUS 确定是否有新的更新已被上次同步时采用。如果这是第一次同步 WSUS，所有更新可供下载。默认情况下，WSUS 服务器使用 HTTPS 协议的端口 80 用于 HTTP 协议，使用端口 443 用于从 Microsoft 获取更新。如果企业网络和 Internet 之间存在防火墙，则必须使服务器可以通过这些端口直接向 Microsoft 获取更新。如果其他应用已经使用这种通信定制端口，那么将必须设置替代端口。

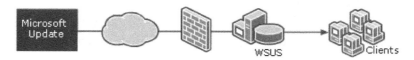

图 14-1 WSUS 的简单部署

自动更新是 WSUS 的客户端组件。自动更新必须使用分配到 WSUS 网站在 Microsoft Internet 信息服务（IIS）站点的端口。如果服务器上没有安装 WSUS 运行的网站，则可以使用默认的 Web 站点或自定义网站。WSUS 默认设置的 Web 站点将使用 80 端口进行自动更新侦听。如果 80 端口被其他的自定义网站占用，那么 WSUS 将使用备用的侦听端口 8530 或 8531。架设 WSUS 自定义 Web 站点主要是为了适应自动更新客户端软件。

除了简单部署，在大型网络中我们还可以配置多个 WSUS 服务器同步于父 WSUS 服务器。

2. WSUS 服务器的层次结构

WSUS 服务器可以创建在复杂的分层结构中。WSUS 服务器既可以与 Microsoft Update 同步，也可以与另一台 WSUS 服务器同步。当多个 WSUS 服务器连接在一起，WSUS 服务器层次就分为上游 WSUS 的服务器和下游 WSUS 服务器，如图 14-2 所示。

图 14-2　WSUS 服务器层次

WSUS 服务器连接有两种方式：
- 集中管理模式：单个服务器（主服务器）作为独立管理服务器，而一个或多个从属服务器（复制服务器）只是复制主服务器上的数据。在主服务器上创建的计算机组和更新的批准信息将复制到所有的复制服务器中。由于计算机组的成员关系不会复制，因此需要在复制服务器上添加客户端计算机对象到计算机组中。而且只能在安装 WSUS 服务器的过程中将 WSUS 服务器配置为复制服务器，如果企业组织需要集中管理更新批准和计算机组，便可以使用此模式。
- 分布管理模式：此模式只允许配置每台 WSUS 服务器为独立管理服务器，如果需要将 WSUS 委派给其他站点的管理员进行控制，则可以采用此模式。分布管理模式是所有 WSUS 服务器的默认安装选项，安装过程中不需要任何修改，服务器就将配置为此模式。此模式下可以配置 WSUS 服务器从 Windows Update 或者从其他 WSUS 服务器中获取更新程序，但是如果配置为从其他 WSUS 服务器中获取更新程序时，上游 WSUS 服务器只把更新元数据和更新文件同步到下游 WSUS 服务器中，而不包含其他的计算机组和更新批准等信息。

14.2　项目实施

14.2.1　安装 WSUS

目前，WSUS 的最高版本为 WSUS 3.0 SP2。安装 WSUS 3.0 SP2 需要满足以下先决条件：
- 操作系统为 Windows Server 2008 R2、Windows Server 2008 SP1、Windows Server 2003

SP1 或更高版本。
- IIS 6.0 或更高版本。
- Microsoft .NET Framework 2.0 或更高版本。
- 支持数据库为 Microsoft SQL Server 2008 精简版、标准版或企业版、SQL Server 2005 SP2 或 Windows 内部数据库。
- Microsoft 管理控制台 3.0。
- Microsoft Report Viewer Redistributable 2008。

需要注意的是，如果服务器安装的操作系统是 Windows Server 2008 R2，则必须安装 WSUS 3.0 SP2 版本，其他的 WSUS 版本不能使用；并且系统分区和安装 WSUS 3.0 SP2 的分区都必须采用 NTFS 文件系统进行格式化，系统分区上至少有 1 GB 的可用空间，存储数据库文件的卷上至少有 2 GB 的可用空间，存储内容的卷上至少有 20 GB 的可用空间，建议可用空间为 30 GB。

安装 WSUS，首先在微软网站下载最新的 WSUS 安装文件 WSUS30-KB972455-x64.exe。双击安装程序文件，使用"Windows Server Update Services 3.0 SP2 安装向导"进行安装，如图 14-3 所示。

图 14-3 Windows Server Update Services 3.0 SP2 安装向导

在"安装模式选择"页面中选择安装"包括管理控制台的完整服务器安装"，如图 14-4 所示。单击"下一步"按钮。

如果系统缺少必要的组件，Windows Server Update Services 3.0 SP2 安装向导会显示相关提示信息，如图 14-5 所示，安装过程中断。必须在满足要求的情况下，WSUS 安装才能继续。

在满足安装条件的情况下，Windows Server Update Services 3.0 SP2 安装向导将显示"许可协议"页面，如图 14-6 所示，选中"我接受许可协议条款"，单击"下一步"按钮。为保证 WSUS 报告功能可以使用，安装程序还将提示用户需要自行安装 Microsoft Report Viewer 2008 SP1 Redistributable 简体中文版。

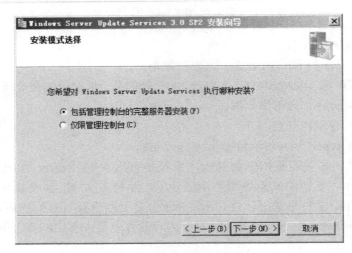

图 14-4　选择安装模式

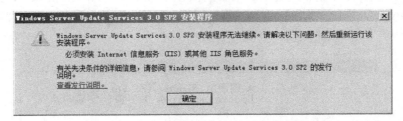

图 14-5　Windows Server Update Services 3.0 SP2 安装向导提示信息

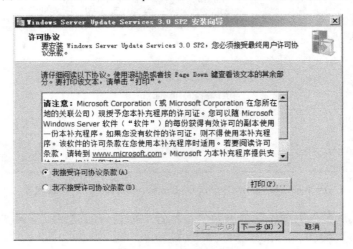

图 14-6　显示许可协议页面

在"选择更新源"页面设置存储更新文件的路径，如图 14-7 所示。选中"本地存储更新"复选框，即可设置存储更新文件的路径。当本地存储更新文件时，硬盘分区要求采用 NTFS 格式，并且空间不小于 6G。如果不选中"本地存储更新"复选框，则更新将存储在 Windows Update 上，以后下载会较慢。完成设置后，单击"下一步"按钮。

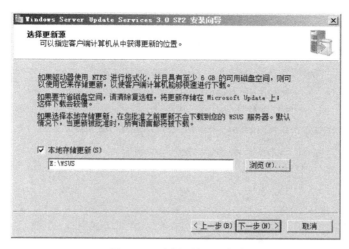

图 14-7　选择更新源页面

在"数据库选项"页面设置 Windows Server Update Services 3.0 SP2 的数据库存储位置。由于 WSUS 运行需要后台数据库支持，因此此处需要为 WSUS 指定所使用的数据库。可以选择安装 Windows Internal Database，或者使用远程计算机上现有的数据库服务器，如图 14-8 所示。完成设置后，单击"下一步"按钮。

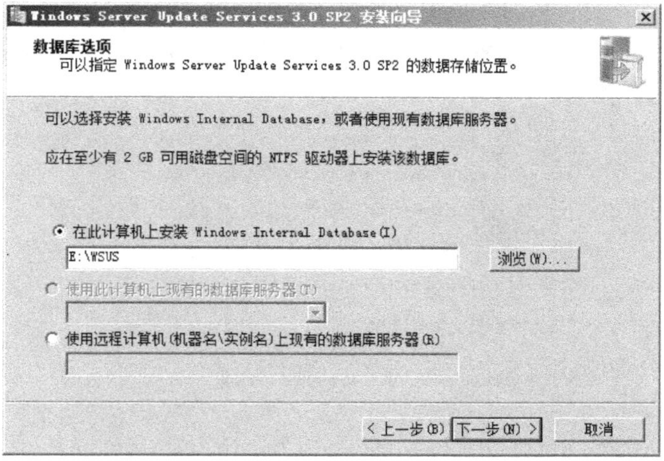

图 14-8　数据库选项页面

在"网站选择"页面中指定用于 Windows Server Update Services 3.0 SP2 Web 服务的网站，如图 14-9 所示。可以选择"使用现有 IIS 默认网站"或"创建 Windows Server Update Services 3.0 SP2 网站"，完成设置后，客户端计算机访问 Windows Server Update Services 3.0 SP2 站点的地址为：http://机器名，端口为：80。完成设置后，单击"下一步"按钮。

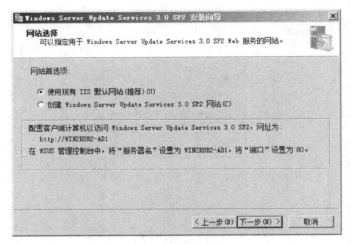

图 14-9　网站选择页面

在"准备安装 Windows Server Update Services 3.0 SP2"页面中将显示以上配置信息，如图 14-10 所示。如确认无误，单击"下一步"按钮 Windows Server Update Services 3.0 SP2 开始安装，如图 14-11 所示。安装完成后，Windows Server Update Services 3.0 SP2 安装向导将显示安装成功，单击"完成"按钮，结束安装，如图 14-12 所示。

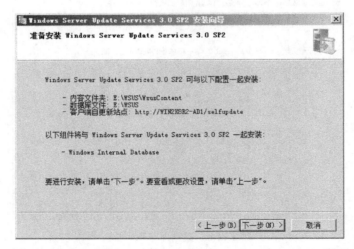

图 14-10　准备安装 Windows Server Update Services 3.0 SP2 页面

项目14　部署系统更新管理

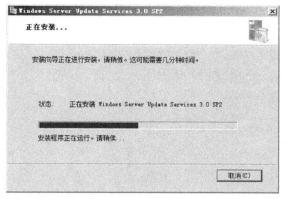 

图 14-11　安装 Windows Server Update Services 3.0 SP2　　图 14-12　Windows Server Update Services 3.0 SP2 安装成功

14.2.2　配置 WSUS

1. 使用 WSUS 配置向导

Windows Server Update Services 3.0 SP2 安装完成后，初次运行 WSUS 将自动启动 WSUS 配置向导，如图 14-13 所示，在"开始之前"页面中，显示相关提示信息。

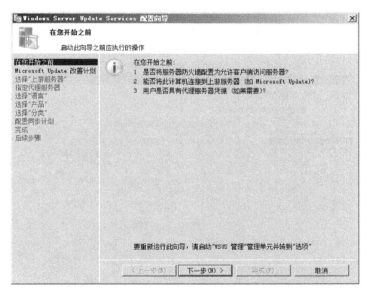

图 14-13　开始之前页面

单击"下一步"按钮，进入"加入 Microsoft Update 改善计划"页面，如图 14-14 所示。在该页面中设置是否加入 Microsoft Update 改善计划，如果加入改善计划，那么 WSUS 服务器将向微软发送有关更新质量的信息，包括多少客户端、哪些成功安装了更新等。

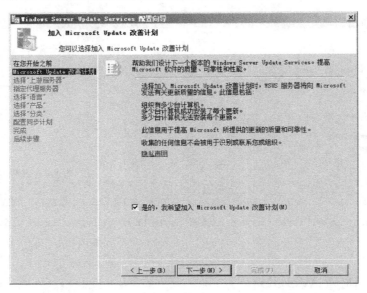

图 14-14　设置是否加入 Microsoft Update 改善计划

单击"下一步"按钮进入"选择上游服务器"页面，为 WSUS 服务器选择同步更新的上游服务器，如图 14-15 所示。可以选择从 Microsoft Update 进行同步，也可以选择从其他 Windows Server Update Services 服务器进行同步。如果选择从另一台 WSUS 服务器进行同步，那么需要指定该服务器的名称及其与上游服务器进行通信所使用的端口。如果要使用 SSL，需要选中"在同步更新信息时使用 SSL"复选框，在这种情况下，服务器将使用端口 443 进行同步。如果这是副本服务器，需要选中"这是上游服务器的副本"复选框。

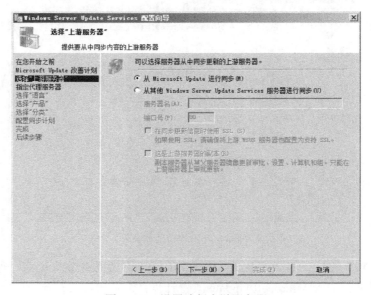

图 14-15　设置选择上游服务器

单击"下一步"按钮，进入"指定代理服务器"页面，为 WSUS 服务器指定访问上游服务器所需的代理服务器，如图 14-16 所示。如果需要设置代理服务器，就选中"在同步时使用代理服务器"复选框，然后在相应的框中输入代理服务器名称和端口号。如果要使用特定用户凭据连接到代理服务器，就选中"使用用户凭据连接到代理服务器"复选框，然后在相应的框中输入用户名、域和用户密码。如果要为连接到代理服务器的用户启用基本身份验证，就选中"允许基本身份验证（以明文形式发送密码）"复选框。

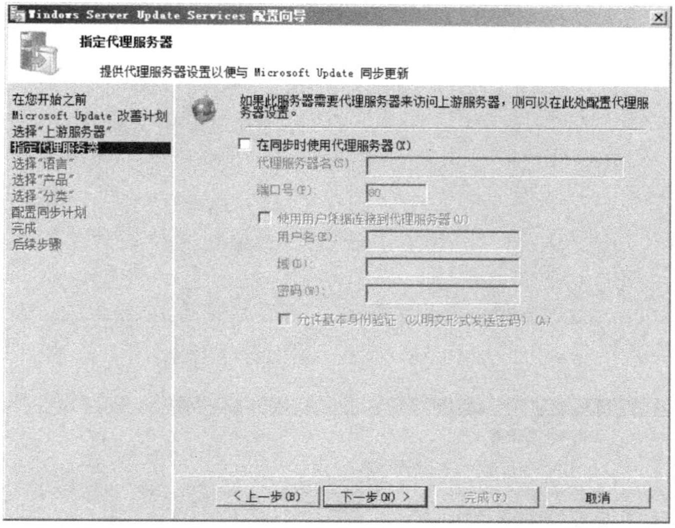

图 14-16　设置指定代理服务器

单击"下一步"按钮进入"连接到上游服务器"页面，如图 14-17 所示。单击"开始连接"按钮，此按钮可以保存并上传 WSUS 的设置，并收集有关可用更新的信息，连接过程如图 14-18 所示。在成功完成下载后，单击"下一步"按钮，如图 14-19 所示。

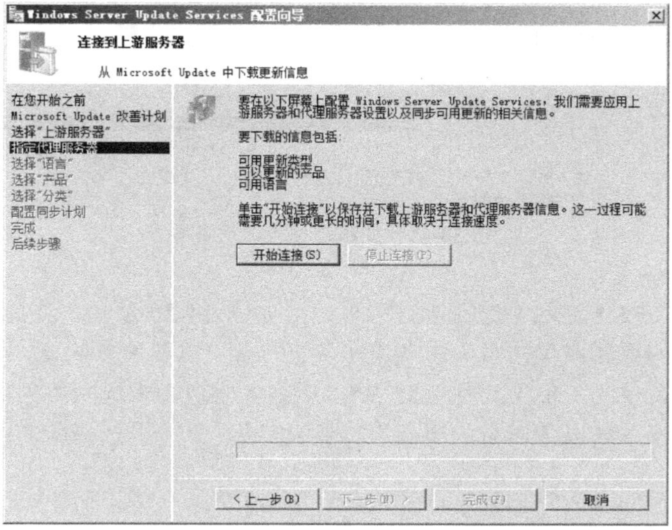

图 14-17　连接到上游服务器

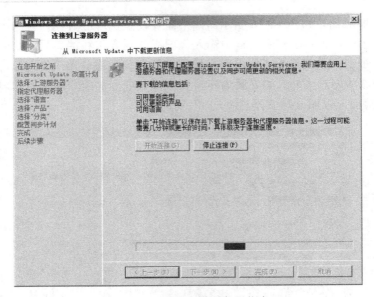

图 14-18　下载上游服务器信息

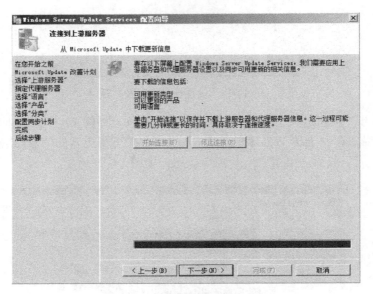

图 14-19　完成连接上游服务器

单击"下一步"按钮进入"选择语言"页面，如图 14-20 所示。在此可以设置 WSUS 服务器接收所有语言的更新或仅接收一个语言子集的更新。需要注意的事，每选择一个语言子集都会增加一定的磁盘空间，但又要保证此 WSUS 服务器包含本地网络内所有客户端所需要的语言。如果选择"仅下载以下语言的更新"，则可以通过复选框选择所需的更新语言。

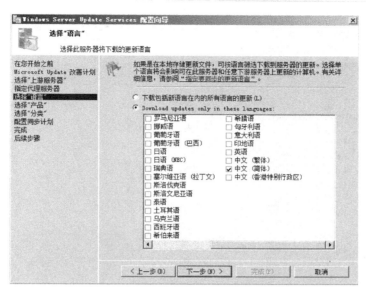

图 14-20　选择语言

单击"下一步"按钮进入"选择产品"页面，如图 14-21 所示，可以在此页面中指定需要更新的产品。可以选择产品类别（如 Windows）或特定产品（如 Windows Server 2008 R2），如选择产品类别，则将包含该类别下的所有产品。

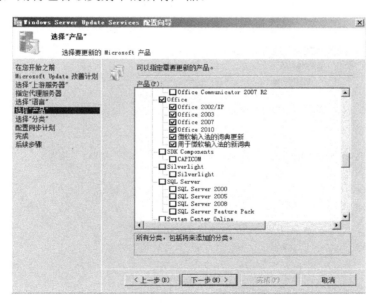

图 14-21　选择产品

单击"下一步"按钮进入"选择分类"页面，指定要同步的更新分类，如图 14-22 所示。微软产品的更新包含多种分类，默认情况下，选中"安全更新程序"、"定义更新"和"关键更新程序"3 类。

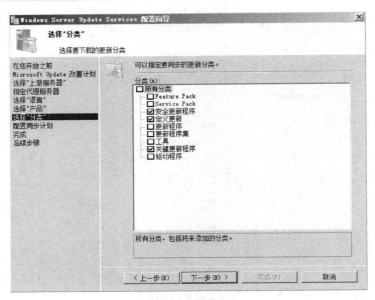

图 14-22　选择分类

单击"下一步"按钮进入"设置同步计划"页面，在该页面中可以选择手动或自动执行同步，如图 14-23 所示。如果选择"手动同步"，则必须从 WSUS 管理控制台启动同步过程。如果选择"自动同步"，WSUS 服务器将按指定的间隔进行同步。"第一次同步"设置每天同步的时间，"每天同步一次"设置每天同步的次数。

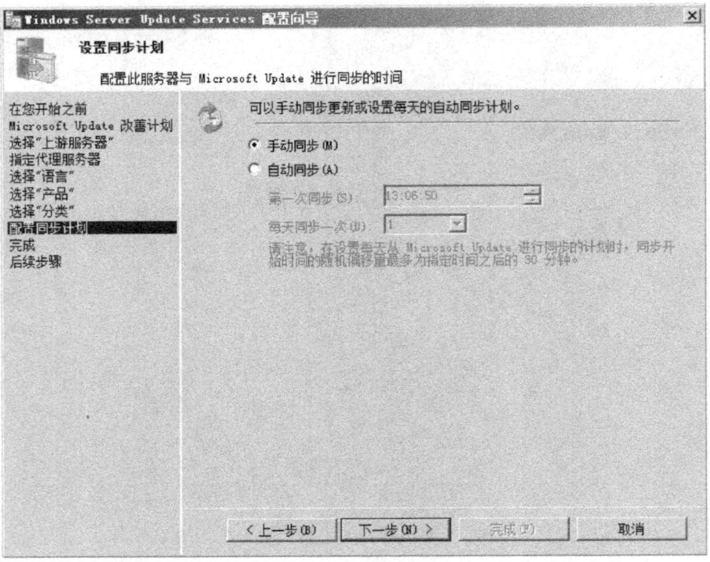

图 14-23　设置同步计划

单击"下一步"按钮进入"完成"页面，如图 14-24 所示。在该页面中可以选中"启动 Windows Server Update Services 管理控制台"复选框来启动 WSUS 管理控制台，以及选中"开始初始同步"复选框来启动首次同步。

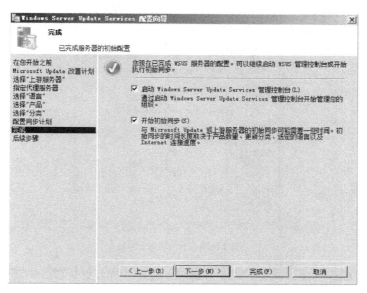

图 14-24 设置完成

单击"下一步"按钮进入"后续步骤"页面,在此页面中可以浏览完全配置系统所需的主题帮助,如图 14-25 所示。

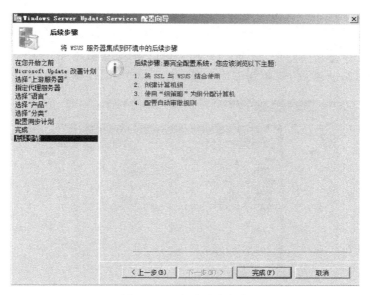

图 14-25 查看后续步骤

单击"完成"按钮,启动 WSUS 控制台,如图 14-26 所示。在 WSUS 控制台中可以完成更改 WSUS 设置、审批更新、拒绝更新、查看报告等操作。

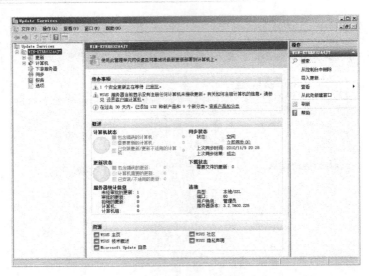

图 14-26　WSUS 控制台

在 WSUS 管理控制台上选择"更新"选项,将为"所有更新"、"关键更新"、"安全更新"和"WSUS 更新"显示更新状态摘要。在"所有更新"部分单击"计算机所需的更新"项,在更新列表上可以选择要为测试计算机组上的安装进行审批的更新。在"更新"面板的底部窗格中,将提供有关选定更新的信息。如要选择多个连续的更新,在单击更新时按住 Shift 键;要选择多个不连续的更新,在单击更新时按住 Ctrl 键。右击选定的更新,然后单击"审批"。在"审批更新"对话框中,可以选择测试组,然后单击向下键。单击"已审批进行安装",然后单击"确定"按钮。将会看到"审批进度"窗口,它显示影响更新审批的各种任务的进度。完成审批之后,请单击"关闭"。24 小时之后,可以使用 WSUS 报告功能来确定是否已将这些更新部署到测试组计算机上。更新概述界面如图 14-27 所示,审批更新界面如图 14-28 所示。

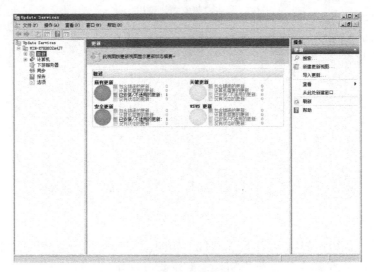

图 14-27　显示更新概述

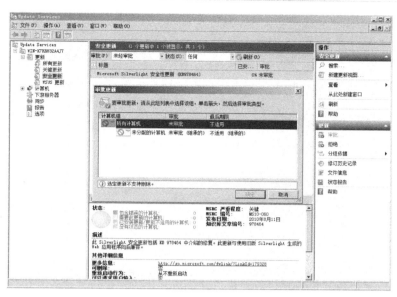

图 14-28　审批安全更新

查看 WSUS 的各种报告,可以在报告界面中选择相应功能,如图 14-29 所示。对 WSUS 设置进行修改,可以在选项界面中选择相应功能,如图 14-30 所示。

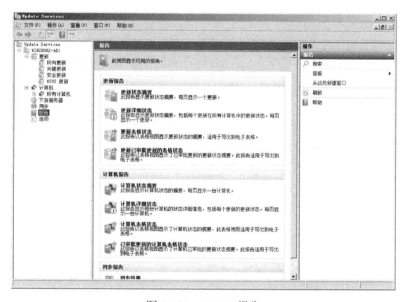

图 14-29　WSUS 报告

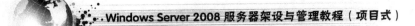

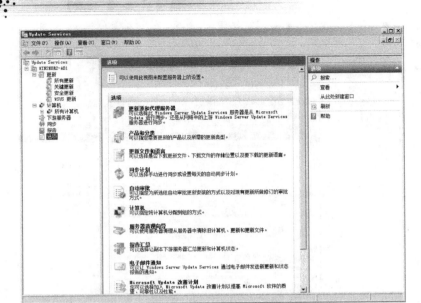

图 14-30 WSUS 选项

14.2.3 配置客户端计算机

配置客户端计算机使用指定的 WSUS 服务器,可以通过本地组策略编辑器实现。首先运行本地组策略编辑器,打开"本地计算机策略"—"计算机配置"—"管理模板"—"Windows 组件"—"Windows Update"—"指定 Intranet Microsoft 更新服务位置"策略,如图 14-31 所示。

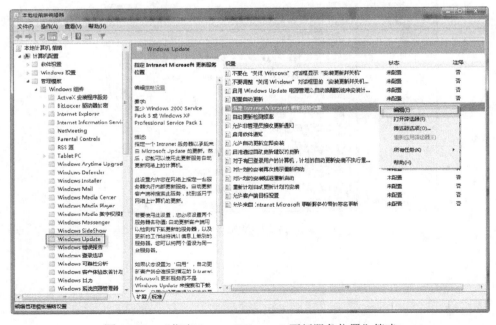

图 14-31 "指定 Intranet Microsoft 更新服务位置"策略

在"指定 Intranet Microsoft 更新服务位置"详细信息窗格中选中"已启用",然后在"设置检测更新的 Intranet 更新服务"框和"设置 Intranet 统计服务器"框中输入同一 WSUS 服务器的 HTTP URL,然后单击"确定"按钮,如图 14-32 所示。客户端计算机 Windows Update 即指向了指定的 WSUS 服务器。

图 14-32 设置"指定 Intranet Microsoft 更新服务位置"策略

项目 15 部署服务器存储和群集

Windows Server 2008 R2 针对企业网络中服务器的不同存储类型可以提供多种用于管理的内建工具与解决方案,并且可以配置服务器群集,为企业网络中用于公共服务的服务器提供负载平衡和高可用性。

15.1 项目分析

15.1.1 服务器存储技术

随着服务器存储需求的日益增长,新的存储技术的数量也在不断增加。近年来,服务器存储的选择范围已经从简单的直接连接存储(DAS)扩展为网络连接存储(NAS),陆续还出现了光纤信道(FC)和 iSCSI SAN。

1. 直接连接存储

DAS 是只连接到一台服务器的存储方式,它由服务器内部的硬盘通过 SCSI 或 FC 控制器连接到服务器。DAS 的主要功能是为单台服务器提供直接通过内部或外部总线对存储设备的快速、基于块的数据访问。DAS 是比较经济的一种解决方案,其局限性主要在于它只能从一台单独的服务器直接访问,从而导致存储管理效率比较低。在 Windows Server 2008 R2 中用于管理 DAS 的主要工具是"磁盘管理"控制台,可以在"服务器管理器"中使用这个工具,它允许对磁盘进行分区和对卷集进行格式化。还可以使用 Diskpart.exe 命令行工具执行与"磁盘管理"同样的功能及其他附加功能。

2. 网络连接存储

NAS 是一个独立的存储解决方案,为其他服务器和客户机提供文件网络访问服务。NAS 主要的优点在于它易于实现且可以在局域网上为客户机和服务器提供大量存储空间,缺点在于服务器和客户机是通过局域网访问 NAS 设备,所以对数据的访问相对较慢,且数据访问是基于文件的而不是基于块的,因此 NAS 的性能几乎都比 DAS 慢。由于它的特点和局限性,NAS 适合作为文件服务器、Web 服务器及不需要快速访问数据的其他类型的服务器。NAS 设备配备有自带的管理工具,这些工具通常是基于 Web 的。

3. 存储区域网络

SAN 是一种专用于在服务器和存储子系统之间传送块数据的高性能网络。操作系统会认为 SAN 存储是在本地安装的。与 DAS 不同,在 SAN 中存储不局限于一台服务器,而是对许多服务器中的任意一台都可用的,SAN 存储可以从一台服务器移到另一台服务器。SAN 由一些专用设备构成,包括主服务器上的 HBA、用于存储交换的交换机、磁盘存储子系统等。SAN 通常以两种形式出现:光纤信道和 iSCSI。通过 Windows Server 2008 R2 中的虚拟盘服务(VDS),使用"磁盘管理"、"SAN 存储管理器"、"存储资源管理器"、"iSCSI 启动程序"等工具或 DiskRAID.exe 等命令行工具可以实现对 SAN 存储进行管理。

15.1.2 服务器群集

在 Windows Server 2008 R2 中,可以通过设置服务器群集实现负载平衡等功能,以提高服务可伸缩性和高可用性。负载平衡是以一种对用户透明的方式将输入的连接请求分配到两个或更多服务器上的一种方法。实现负载平衡最简单的方法是过 DNS 实现的服务器循环分配组。网络负载平衡(NLB)群集既可用于提供负载平衡,也可用于提高可伸缩性,故障转移群集可以用于提高应用程序的可用性或在服务器失效的情况下提供服务。

15.2 项目实施

15.1.2 存储管理

在 Windows Server 2008 R2 中可以用于管理磁盘、卷和分区的工具是"磁盘管理"。通过"磁盘管理",可以初始化磁盘,使磁盘联机或脱机,在磁盘内创建卷,格式化卷,更改磁盘分区类型,扩展或压缩卷,以及创建容错磁盘组。要访问"磁盘管理",可以在"运行"框中输入 Diskmgmt.msc,或在"服务器管理器"中的"存储"节点下选择"磁盘管理",或在"计算机管理"控制台中选择"磁盘管理"节点。"磁盘管理"工具如图 15-1 所示。

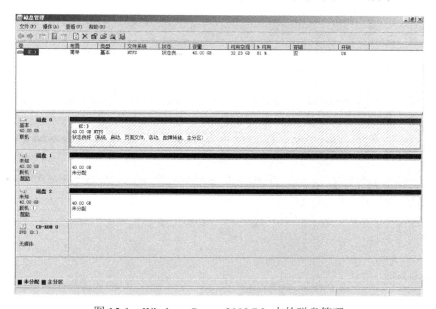

图 15-1 Windows Server 2008 R2 中的磁盘管理

1. 基本磁盘和动态磁盘

"磁盘管理"允许对基本磁盘和动态磁盘进行管理。基本磁盘是包含基本分区、扩展分区或逻辑驱动器的一种物理磁盘,所有磁盘都默认为基本磁盘。可以在一个基本磁盘上创建的分区数量取决于磁盘分区类型。在主引导记录(MBR)分区类型的磁盘上,可以在每个基本磁盘上创建最多 4 个主分区,或可以创建最多 3 个主分区和一个扩展分区,在这个扩展分区内,可以创建无限数量的逻辑驱动器。在 GUID 分区表分区类型的基本磁盘上,可以创建最多 128 个主分区。对于大于 2TB 的磁盘及 64 位系统上的磁盘,推荐使用 GPT 磁盘。

动态磁盘提供了基本磁盘不提供的一些高级功能,如创建无限数量卷、跨越多个磁盘的卷(跨区卷和带区卷)及容错卷(镜像卷和 RAID-5 卷)。动态卷包含的 5 种类型分别为:简单卷、跨区卷、带区卷、镜像卷和 RAID-5 卷。在以前版本的 Windows 中,需要在创建这些卷类型之前将基本磁盘转换成动态磁盘。但在 Windows Server 2008 R2 中,"磁盘管理"会在创建这些卷类型时自动将基本磁盘转换成动态磁盘。

2. 创建卷

可以使用"磁盘管理"或 Diskpart 命令行工具在 Windows Server 2008 R2 中创建以下卷类型。

> 简单卷(Simple Volume)或基本卷。简单卷是无容错能力的基本驱动器。一个简单卷可以由磁盘上的一个单独区域或同一磁盘上连接到一起的多个区域组成。在"磁盘管理"中创建一个简单卷,可以右键单击磁盘上的未分配空间,然后选择"新建简单卷",如图 15-2 所示。如果磁盘未联机,则需要先右键单击相应的磁盘,选择"联机",并初始化磁盘。

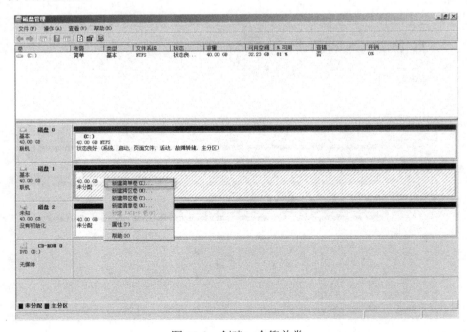

图 15-2 创建一个简单卷

➢ 跨区卷（Spanned Volume）。跨区卷是由一个以上物理磁盘上的磁盘空间组成的一种动态卷。如果一个简单卷不是系统卷或启动卷，则可以将其扩展跨越多个附加磁盘以创建一个跨区卷，也可以通过使用一个以上磁盘上的未分配空间创建一个新的卷作为跨区卷。要创建一个新的跨区卷，在"磁盘管理"中右键单击想要创建跨区卷的其中一个磁盘上的未分配空间，然后选择"新建跨区卷"，如图15-3所示。这个步骤将打开"新建跨区卷向导"，在其中可以从可用磁盘中向跨区卷添加空间，如图15-4所示。完成设置后，在磁盘管理中显示的创建好的跨区卷如图15-5所示。

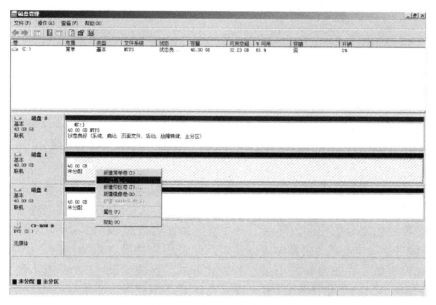

图15-3 创建一个跨区卷

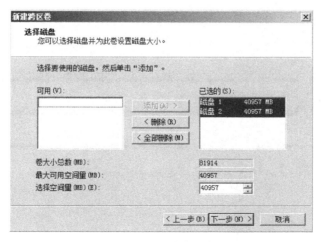

图15-4 新建跨区卷

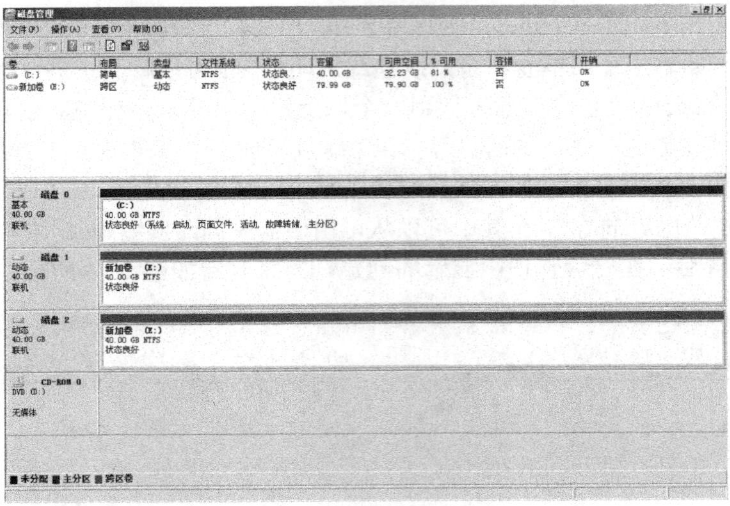

图 15-5　在磁盘管理中的跨区卷

➢ 带区卷（Striped Volume）。带区卷也被称为 RAID 0，是在跨越两个或多个物理磁盘的带区中存储数据的一种动态卷。在 Windows 可用的卷类型中，带区卷提供了最好的性能，但它不提供容错功能。如果带区卷中的一个磁盘失效，整个卷中的数据都会丢失。要创建一个新的带区卷，在"磁盘管理"中右键单击想要创建带区卷的其中一个磁盘上的未分配空间，然后选择"新建带区卷"，如图 15-6 所示。这个步骤将打开"新建带区卷向导"，在其中可以从可用磁盘中向带区卷添加空间，如图 15-7 所示。完成设置后，在磁盘管理中显示的创建好的带区卷如图 15-8 所示。需要特别注意的是，和所有 RAID 的解决方案一样，带区卷是用相同大小的磁盘建立的。

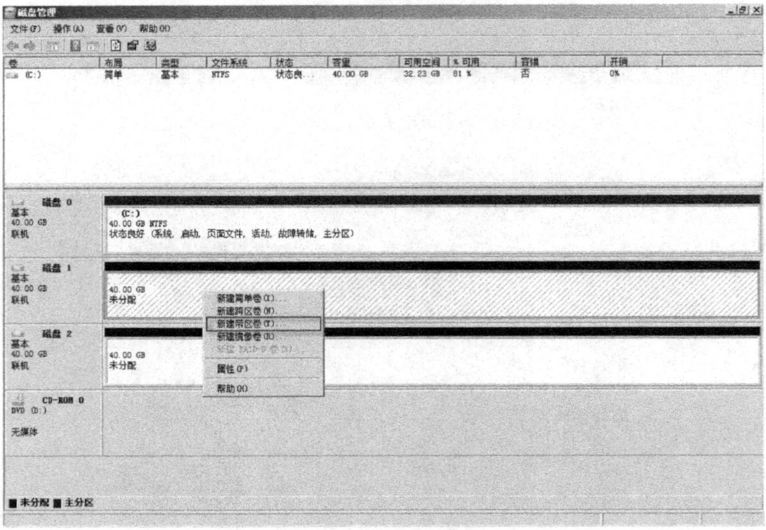

图 15-6　创建一个带区卷

项目15 部署服务器存储和群集

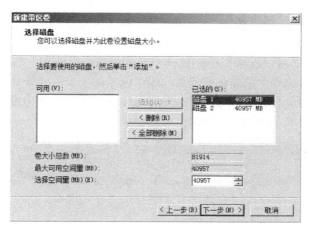

图 15-7　新建带区卷

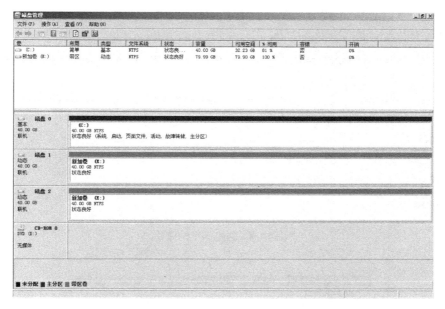

图 15-8　在磁盘管理中的带区卷

➢ 镜像卷（Mirrored Volume）。镜像卷也被称为 RAID 1，是通过使用同一个卷的两个副本或镜像提供数据冗余的一种容错卷。所有写入镜像卷的数据都写入这两个卷中，而这两个卷分别位于不同的物理磁盘上。如果这些物理磁盘中的一个失效，在失效磁盘上的数据变得不可用，但系统继续使用未受影响的另一个磁盘维持运转。作为一种容错解决方案，镜像卷同时具有优点和缺点。镜像卷的一个优点是它提供了非常好的读性能和相当好的写性能，此外，做镜像只需要两个磁盘，且几乎任何卷都可以被镜像，包括系统卷和启动卷。镜像卷的缺点是它要求保留磁盘总存储容量的 50% 用于容错。总的来说，镜像卷适用于以下情况：需要一个容错的存储解决方案，且只有两个磁盘；需要较好的读写性能；或需要为系统卷、启动卷或其他关键任务数据提供容错性。要

创建一个镜像卷,可以添加一个镜像到一个已有的卷上或创建一个新的镜像卷。在"磁盘管理"中添加一个镜像到一个已有的卷上,可以右键单击已有的卷,然后选择"添加镜像"。在"磁盘管理"中创建一个新的镜像卷,可以右键单击一个磁盘上的未分配空间,然后选择"新建镜像卷",如图 15-9 所示。在"新建镜像卷向导"中,可以从可用磁盘中向镜像卷添加空间,如图 15-10 所示。完成设置后,磁盘管理中显示的创建好的镜像卷如图 15-11 所示。

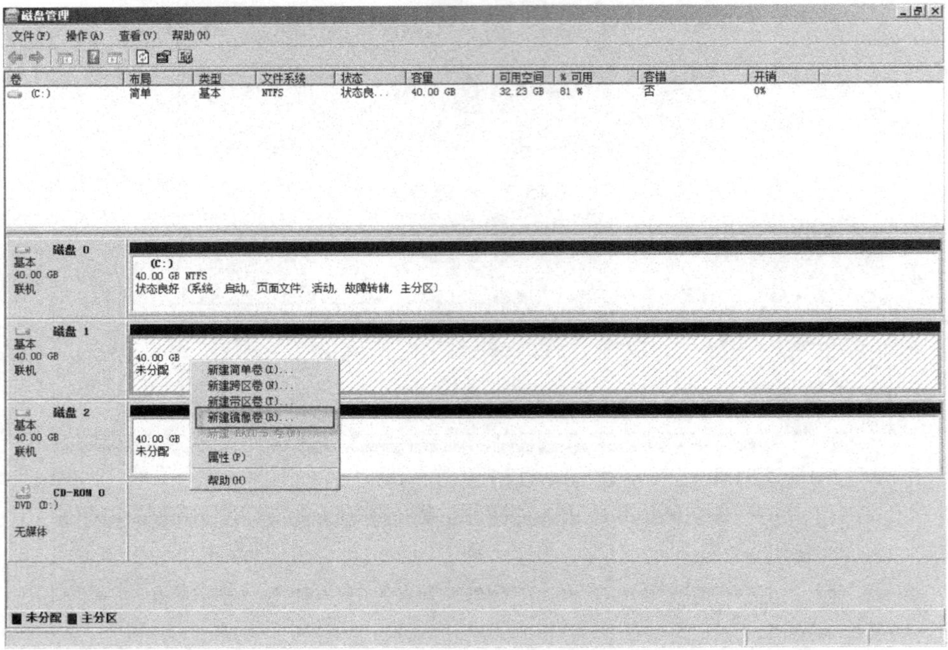

图 15-9 创建一个镜像卷

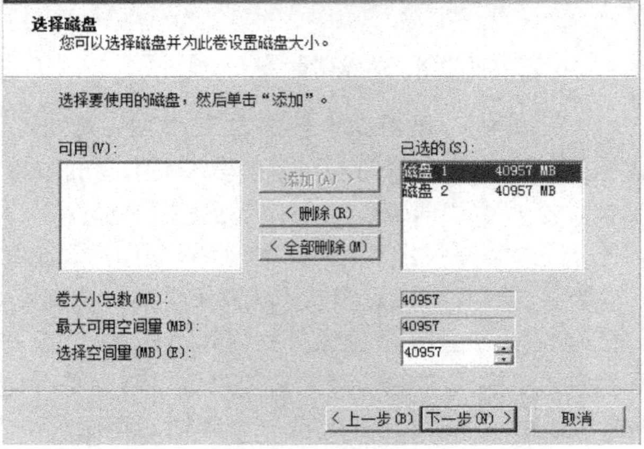

图 15-10 新建镜像卷

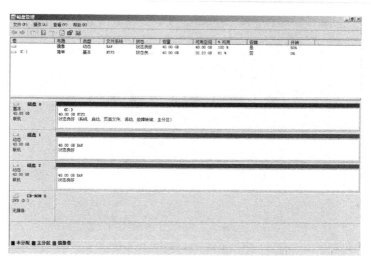

图 15-11　在磁盘管理中的镜像卷

> RAID-5 卷（RAID-5 Volume）。RAID-5 卷是从至少 3 个物理硬盘组合自由空间到一个逻辑卷的一种容错卷。RAID-5 卷将跨越一组磁盘的数据连同奇偶校验信息一起划分为带区。当单个磁盘失效时，Windows Server 2008 R2 使用这一奇偶校验信息在失效磁盘上重新创建相应的数据。RAID-5 卷只允许磁盘组中一个磁盘上的数据丢失。在 RAID-5 卷中用于容错的空间近似与一个磁盘的容量相等。要创建一个 RAID-5 卷，可以在"磁盘管理"中右键单击一个磁盘上的未分配空间，然后选择"新建 RAID-5 卷"，如图 15-12 所示。在"新建 RAID-5 卷向导"中，可以从可用磁盘中向镜像卷添加空间，如图 15-13 所示。完成设置后，在磁盘管理中显示的创建好的 RAID-5 卷，如图 15-14 所示。

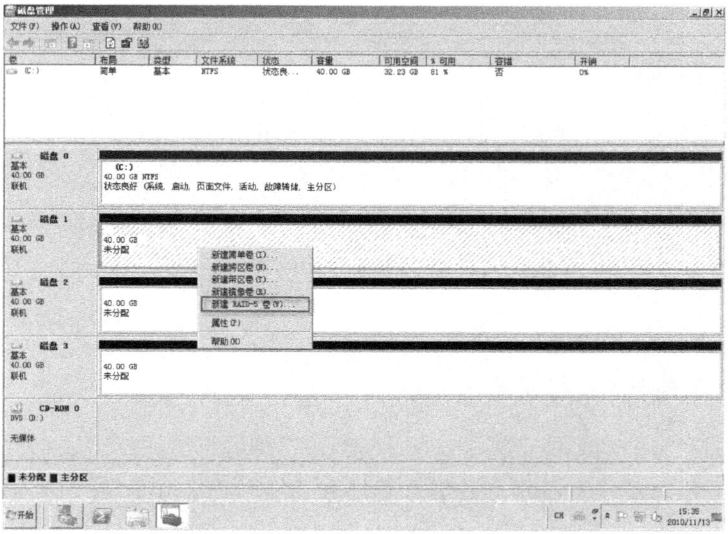

图 15-12　创建一个 RAID-5 卷

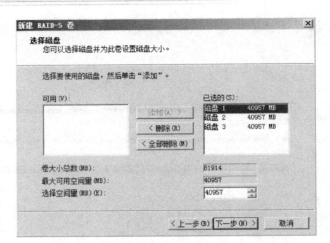

图 15-13　新建 RAID-5 卷

图 15-14　在磁盘管理中的 RAID-5 卷

 学习提示：软件 RAID 与硬件 RAID

在"磁盘管理"中创建的 RAID-5 卷是软件 RAID 的一个例子，因为该 RAID 是通过操作系统创建的。但是在一些厂商销售的磁盘外围设备中包括他们自己内置的 RAID 安装工具，如果使用这些厂商的软件配置 RAID-5 卷，则存储设备是作为单个本地卷出现在 Windows Server 2008 中的。这样配置的 RAID 是对操作系统透明的，称为硬件 RAID。虽然软件 RAID 的性能比硬件 RAID 差，但软件 RAID 代价低且易于配置，它除了需要多个磁盘之外没有其他特别的硬件要求。如果成本比性能更重要，软件 RAID 不失为一种合适的解决方案。

3．扩展卷

在 Windows Server 2008 R2 中，可以通过将现存的简单卷或跨区卷扩展到同一磁盘或不同磁盘上的未分配空间上，从而实现为这些简单卷或跨区卷添加更多空间。要扩展的卷必须是使用 NTFS 文件系统格式化的或未格式化的。

在"磁盘管理"中扩展一个卷，首先右键单击想要扩展的简单卷或跨区卷，然后选择"扩展卷"，如图 15-15 所示，再按照扩展卷向导提示进行操作即可。需要注意的是不能将一个启动卷或系统卷扩展到另一个磁盘上。

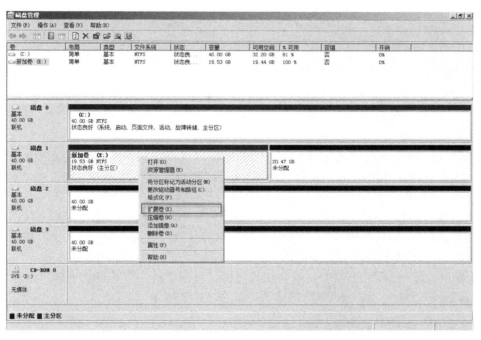

图 15-15　在磁盘管理中扩展卷

4．压缩卷

在 Windows Server 2008 R2 中，可以通过将简单卷或跨区卷使用的空间压缩到卷末端的连续空间上来减少这些卷所用的空间。在需要增加一个磁盘上的未分配空间或为新分区腾出空间时，可以尝试对该磁盘上现存的卷进行压缩。在对一个分区进行压缩时，其上的任何文件都会在磁盘上自动重定位，并且不需要为压缩分区而对磁盘重新格式化。

在"磁盘管理"中压缩一个卷，首先右键单击想要压缩的简单卷或跨区卷，然后选择"压缩卷"，如图 15-16 所示，再按照压缩卷向导提示进行操作即可。

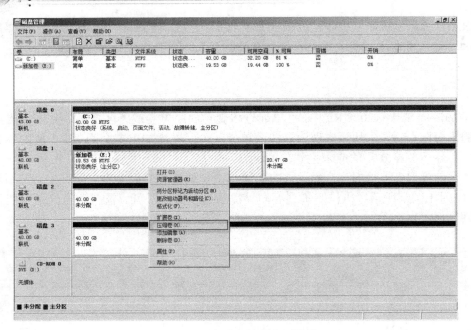

图 15-16　在磁盘管理中压缩卷

5．设置虚拟硬盘

虚拟硬盘（VHD）格式是一种公共可用映像格式规范，用于指定封装在单个文件中的虚拟硬盘，它能够在承载本机文件系统的同时支持标准的磁盘和文件操作。在 Windows Server 2008 R2 中，可以使用"磁盘管理"创建、附加和分离虚拟硬盘（VHD）。

若要创建 VHD，可在"磁盘管理"的"操作"菜单上选择"创建 VHD"，在创建和附加虚拟硬盘对话框中指定 VHD 文件在物理计算机上的存储位置及 VHD 的大小，如图 15-17 所示，创建好的虚拟硬盘将自动连接至计算机。

对于从其他途径获得的 VHD，若要使其可用，可在"操作"菜单上选择"附加 VHD"，然后使用完全限定路径指定该 VHD 的位置，如图 15-18 所示。

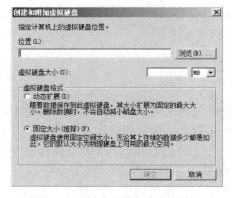

图 15-17　创建和附加虚拟硬盘

图 15-18　附加虚拟硬盘

若要分离 VHD，在"操作"菜单上选择"分离 VHD"，也可以右键单击卷列表或图形视图中的 VHD，然后选择"分离 VHD"。分离 VHD 时不会删除 VHD 和存储在其中的任何数据。

15.2.2 配置 NLB 群集

1．网络负载平衡概述

作为 Windows Server 2008 R2 的一个可安装功能，NLB 通过使用虚拟 IP 地址和一个共享名在一个 NLB 群集中的多个服务器之间透明地分配客户的请求。NLB 是一种完全分布式的解决方案，它不使用集中式的调度程序。从客户的角度，NLB 群集看起来像是一个单独的服务器。在一般情况下，NLB 多用于创建 Web 群集，用于支持一个网站或网站组的一组计算机。此外，NLB 还可以用于创建终端服务器群集、VPN 服务器群集等。

作为一种负载平衡机制，NLB 具有很多优点。首先，NLB 可以自动检测已经与 NLB 群集断开连接的服务器，然后将客户请求重新分配到剩余的有用主机上，这个功能防止客户向失效服务器发送请求。其次，在 NLB 中可以指定每个主机将处理的负载的百分比，然后客户在主机之间按统计分配，以使每个服务器接收到与它百分比相对应的输入请求。除了负载平衡，NLB 还支持可伸缩性。

2．创建 NLB 群集

创建 NLB 群集的过程相对简单。首先，从在两个以上的服务器上安装 Windows Server 2008 R2 开始，然后在这些服务器上配置想要提供给客户的服务和应用，并确认创建的配置完全相同。其次，打开服务器管理器，在所有希望加入 NLB 群集的服务器上添加"网络负载平衡"功能，如图 15-19 所示。最后，使用"网络负载平衡管理器"配置群集。

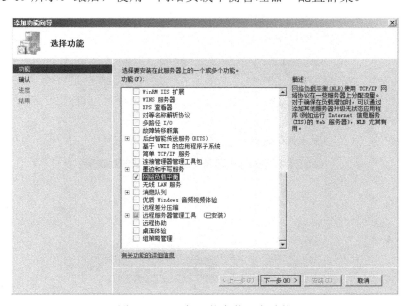

图 15-19　添加网络负载平衡功能

3. 配置 NLB 群集

首先从"管理工具"运行"网络负载平衡管理器"。在"网络负载平衡管理器"控制台中，右键单击"网络负载平衡群集"，然后选择"新建群集"，如图 15-20 所示。

图 15-20　在网络负载平衡管理器控制台中新建群集

在"新群集：连接"页面上，在"主机"处输入主机名称或 IP 地址，然后单击"连接"按钮，连接到将要成为新群集的一部分的主机。正常连接后，可在"可用于配置新群集的接口"中选择在群集中希望使用的接口，然后单击"下一步"按钮，如图 15-21 所示。

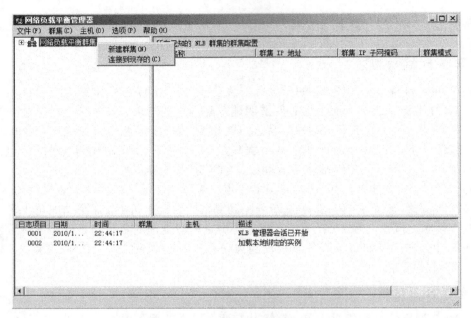

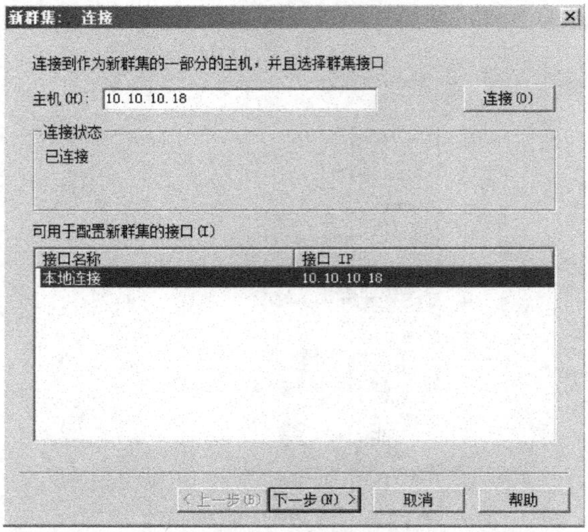

图 15-21　设置新群集连接

在"新群集：主机参数"页面上，在"优先级"下拉列表中选择一个值。这个参数为每个主机指定一个唯一标识，如图 15-22 所示。在当前群集成员中具有最低优先级的主机负责处理群集的所有不被端口规则所覆盖的网络流量。可以替换这些优先级或通过指定"网络负载平衡属性"对话框的"端口规则"选项卡上的规则为特定范围的端口提供负载平衡功能。在"专用 IP 地址"区域中，确认来自选定接口的指定 IP 地址在列表中可见。否则，使用"添加"按钮添加该地址，然后单击"下一步"按钮继续。

在"新群集：群集 IP 地址"页面上，单击"添加"按钮输入群集中每个主机共享的群集 IP 地址，如图 15-23 所示。NLB 会在被选中成为群集一部分的所有主机的选定接口上添加这个 IP 地址到相应的 TCP/IP 栈。由于 NLB 并不支持动态主机配置协议，所以它在所配置的每个接口上都禁用 DHCP，并必须使用静态 IP 地址。

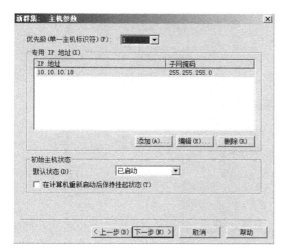

图 15-22　设置新群集主机参数

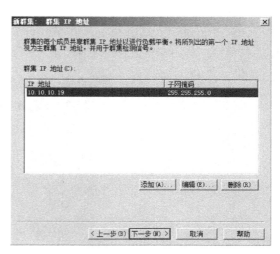

图 15-23　设置新群集 IP 地址

在"新群集：群集参数"页面中的"群集 IP 配置"区域，核实已经为 IP 地址和子网掩码设置了适当的值，然后为该群集输入一个完整的 Internet 名称。在"群集操作模式"区域中，选中"单播"以指定对于群集操作应该使用单播媒体访问控制（MAC）地址，如图 15-24 所示。在单播模式中，群集的 MAC 地址被分配给计算机的网络适配器而不使用网络适配器内置的 MAC 地址。建议接受单播的默认设置，单击"下一步"按钮继续。

在"新群集：端口规则"页面上，单击"编辑"按钮，修改默认的端口规则，如图 15-25 所示。编辑端口设置的规则有：在"端口范围"区域中，指定一个与想要在 NLB 群集中提供的服务相对应的范围。在"协议"区域中，根据需要选择 TCP 或 UDP 作为端口规则应该覆盖的、特定的 TCP/IP 协议，只有针对指定协议的网络流量才受该规则影响，不受端口规则影响的流量由默认主机处理。在"筛选模式"区域中，如果希望在群集中由多主机处理针对端口规则的网络流量，则选择"多个主机"；如果希望由单主机处理针对端口规则的网络流量则选择"单一主机"。在"相关性"区域中，如果希望来自同一个客户 IP 地址的多连接由不同群集主机进行处理，则选择"无"；如果希望 NLB 将来自同一个客户 IP 地址的多请求引导到相同的群集主机上，则保留"单一"选项；如果希望 NLB 将来自本地子网的多请求引导到相同的群集主机上，则选择"网络"选项，如图 15-26 所示。

图 15-24　设置新群集参数　　　　　　　图 15-25　设置新群集端口规则

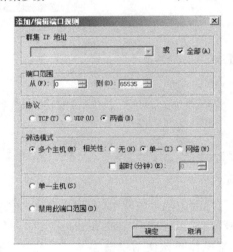

图 15-26　添加/编辑端口规则

在添加端口规则之后，单击"完成"按钮以创建该群集。以后要添加更多主机到群集中，可以右键单击该新群集，然后选择"添加主机到群集"。根据与用于配置初始主机相同的指令为附加的主机配置主机参数，以保持所有的群集范围的参数相同。

15.2.3　创建故障转移群集

1．故障转移群集概述

故障转移群集是用于在选定的应用和服务上防止停机的一组（两台或更多）计算机。群集服务器通过物理线缆互相连接并共享磁盘存储。如果群集节点中的一个失效，在失效的过程中另一个节点开始接管失效节点所提供的服务。在整个故障转移过程中，连接到服务器的用户不会察觉。故障转移群集服务器可以承担多种功能角色，这些角色包括文件服务器、打印服务器、邮件服务器和数据库服务器，且这些服务器可以为多种其他服务和应用提供高可用性。

2．创建故障转移群集

创建故障转移群集的过程需要多个步骤。第一步是为群集配置物理硬件。然后，需要安装"故障转移群集"功能并执行"故障转移群集验证工具"，这个工具用于确认群集所需的硬件和软件先决条件是否满足。一旦配置得到该工具的验证，通过执行"创建群集向导"创建该群集。最后，为了对群集的行为进行配置并定义选定服务的可用性，需要执行"高可用性向导"。

3．故障转移群集的硬件准备

故障转移群集具有相当复杂的硬件要求。要对硬件进行配置，检查以下对服务器、网络适配器、线缆、控制器和存储的要求列表。

> 服务器：使用包含相同或相似组件的匹配计算机。
> 网络适配器和线缆：与故障转移群集解决方案中的其他组件一样，网络硬件必须与 Windows Server 2008 R2 兼容。如果使用 iSCSI，每个网络适配器都必须专用于网络通信或 iSCSI 之中的一个，不能同时用于两者。并且在连接群集节点的网络架构中，要避免有单点失效现象发生。
> 设备控制器或用于存储的相应适配器：如果正在所有群集服务器上使用串联的 SCSI 或 FC，专用于群集存储的海量存储设备控制器应该是相同的，它们还应该使用相同的固件版本。如果正在使用 iSCSI，每个群集服务器都必须具有一个或多个专用于群集存储的网络适配器或 HBA。用于 iSCSI 的网络不能用于网络通信。在所有的群集服务器中，用于连接到 iSCSI 存储目标的网络适配器应该是相同的。建议使用千兆以太网或更高速的网络。
> 与 Windows Server 2008 R2 兼容的共享存储：对于一个两节点的故障转移群集，存储设备应该至少包括两个单独的卷（LUN）在硬件层面进行配置。第一个卷将作为见证磁盘，第二个卷将包含与用户共享的文件。要使用包含在故障转移群集中的本地磁盘支持，使用基本磁盘而不是动态磁盘，并使用 NTFS 格式对存储分区进行格式化。

4．安装故障转移群集功能

在创建故障转移群集之前，必须在群集中的所有节点上安装"故障转移群集"功能。在"添加功能向导"中，选中"故障转移群集"复选框。单击"下一步"按钮，然后根据提示安装该功能。一旦该功能在所有节点上安装完毕，就可以对硬件和软件配置进行验证。

5．对群集配置进行验证

在创建新群集之前，使用"验证配置向导"来确认节点满足故障转移群集的硬件和软件的先决条件。执行"验证配置向导"，首先打开"故障转移群集管理工具"程序组。在"故障转移群集管理"中，在"管理"区域或"操作"窗格中单击"验证配置"。在向导完成之后，可以进行任意所需的配置更改，然后重新运行该测试直到配置得到成功验证为止。在验证了群集的先决条件之后,可以使用"创建群集向导"创建该群集。

6. 运行"创建群集向导"

创建群集过程中的下一步是运行"创建群集向导"。"创建群集向导"为群集安装软件基础,将所附的存储转换成群集磁盘,并为群集在"活动目录"中创建一个计算机账户。要运行这个工具,在"故障转移群集管理"中的"管理"区域或"操作"窗格中单击"创建一个群集"。在"创建群集向导"中,在提示的时候只需输入群集节点的名称,然后该向导就允许为该群集命名并分配一个 IP 地址,之后群集就创建好了。在向导完成之后,需要为希望对其提供故障转移保护的服务或应用进行配置。要执行这方面的配置,运行"高可用性向导"。

7. 运行"高可用性向导"

"高可用性向导"为一个特定的服务或应用配置故障转移服务。要执行"高可用性向导",在"故障转移群集管理"中,在"操作"窗格或"配置"区域中单击"配置一个服务或应用"。

要完成"高可用性向导",首先在"在你开始之前"页面上查看上边的文本,然后单击"下一步"按钮。在"选择服务或应用"页面上选择希望为其提供故障转移服务(高可用性)的服务或应用,然后单击"下一步"按钮。按照向导中的指令指定有关所选服务所需的细节。最后,在该向导运行且"摘要"页面出现之后,单击"查看报告",查看关于该向导所执行的任务的报告。单击"完成"按钮,关闭该向导。

8. 测试故障转移群集

在完成"高可用性向导"之后,可在"故障转移群集管理"中对故障转移群集进行测试。在控制台树中,确认"服务和应用"是展开的,然后选择刚才"高可用性向导"添加的服务。右键单击"群集服务",选择"移动这个服务或应用到另一个节点",然后单击可选的节点。在群集服务实例移动的过程中可以在管理单元的中心窗格中观察状态的改变。如果服务移动成功,则故障转移保护已经起到作用了。

参 考 文 献

[1] 微软技术资源库 http://technet.microsoft.com/zh-cn/library/default.aspx.
[2] William Panek . McTs:Windows Server 2008 R2 Complete Study Guide:California,SYBEX,2011.
[3] Rand Morimoto . Windows Server 2008 R2 Unleashed:Indiana,Sams,2010.
[4] Matthew Hester . Microsoft Windows Server 2008 R2 Administration Instant Reference:California,SYBEX, 2010.
[5] William R.Stanek . 精通 Windows Server 2008.北京:清华大学出版社, 2009.
[6] Dan Holme . Configuring Windows Server 2008 Active Directory:Washington,Microsoft, 2008.
[7] Charlie Russel . Windows Server 2008 高级管理应用大全.北京:人民邮电出版社, 2010.
[8] Tony Northrup . Windows Server 2008 网络基础架构.北京:清华大学出版社, 2009.
[9] JC.Mackin . Windows Server 2008 应用程序基础架构.北京:清华大学出版社, 2010.
[10] Ian Mclean . Windows Server 2008 网管员自学宝典.北京:清华大学出版社, 2009.
[11] Jesper M.Jonansson . Windows Server 2008 Security:Washington,Microsoft, 2008.
[12] Joseph Davies . Windows Server 2008 网络互联和网络访问保护参考手册.北京:机械工业出版社, 2009.

反侵权盗版声明

电子工业出版社依法对本作品享有专有出版权。任何未经权利人书面许可,复制、销售或通过信息网络传播本作品的行为;歪曲、篡改、剽窃本作品的行为,均违反《中华人民共和国著作权法》,其行为人应承担相应的民事责任和行政责任,构成犯罪的,将被依法追究刑事责任。

为了维护市场秩序,保护权利人的合法权益,我社将依法查处和打击侵权盗版的单位和个人。欢迎社会各界人士积极举报侵权盗版行为,本社将奖励举报有功人员,并保证举报人的信息不被泄露。

举报电话:(010)88254396;(010)88258888
传　　真:(010)88254397
E-mail:　dbqq@phei.com.cn
通信地址:北京市万寿路 173 信箱
　　　　　电子工业出版社总编办公室
邮　　编:100036